ホモ・デウス 下

テクノロジーとサピエンスの未来

Y・N・ハラリ
柴田裕之 訳

河出書房新社

ホモ・デウス 下

目次

第3部　ホモ・サピエンスによる制御が不能になる

［上巻目次］

ホモ・デウス

下

——テクノロジーとサピエンスの未来

第6章
現代の契約

現代というものは取り決めだ。私たちはみな、生まれた日にこの取り決めを結び、死を迎える日までそれに人生を統制される。この取り決めを撤回したり、その法《のり》を越えたりできる人はほとんどいない。この取り決めが私たちの食べ物や仕事や夢を定め、住む場所や愛する相手や死に方を決める。

一見すると現代とは極端なまでに複雑な取り決めのように見える。だから、自分がどんな取り決めに同意したのかを理解しようとする人は、まずいない。何かソフトウェアをダウンロードし、添えられている、難解な法律用語が何十ページも並ぶ契約書に同意するよう求められたときに、一目見て、最後のページまでスクロールして、「同意する」という欄に印をつけ、後は気にしないのと同じだ。ところが実際には、現代とは驚くほど単純な取り決めなのだ。契約全体を一文にまとめることができる。すなわち、人間は力と引き換えに意味を放棄することに同意する、というものだ。

近代に入るまで、ほとんどの文化では、人間は何らかの宇宙の構想の中で役割を担っていると信じられていた。その構想は全能の神あるいは自然の永遠の摂理の手になるもので、人類には変えられなかった。この宇宙の構想は人間の命に意味を与えてくれたが、同時に、人間の力を制限した。人間はちょうど、舞台上の役者のようなものだった。脚本は彼らの言葉や涙や仕草の一つひとつに意味を与えたが、演技に厳しい制約を課した。ハムレットは第一幕でクローディアスを殺害するわけにはいかないし、デンマークを離れてインドのヒンドゥー教の修行所に行くこともできない。シェイクスピアがそんなことは許さない。それと同じで、人間は永遠には生きられないし、すべての病気を免れるわけにはいかないし、好き勝手にすることもできない。脚本にそう書かれてはいないからだ。

近代以前の人間は、力を放棄するのと引き換えに、自分の人生が意味を獲得できると信じていた。戦場で勇敢に戦うかどうかや、法律の認める王を支持するかどうか、禁じられた食べ物を朝食に食べるかどうか、隣人と不倫をするかどうかは本当に重要だった。そのせいで、いくらか不都合なことも出てきたが、災難から心理的に守ってもらえた。戦争や疫病《えきびょう》や旱魃《かんばつ》といった、何か恐ろしいことが起こったら、人々は次のように言って自分を慰めた。「私たちはみな、神か自然の摂理の手になる壮大なドラマの中で役を演じている。脚本がどうなっているのかは関知しないが、万事が何か目的があって起こるのは確実だ。この恐ろしい戦争や疫病や旱魃でさえ、もっと壮大な枠組みの中で果たす役割がある。そのうえ、脚本家は当てにできるので、話は素晴らしくて有意義な結末を迎えると思って間違いない。だから、戦争や疫病や旱魃でさえも、けっきょくは最善の結果につながる——仮に、今ここではなくても、あの世では」

現代の文化は、宇宙の構想をこのように信じることを拒む。私たちは、どんな壮大なドラマの役者でもない。人生には脚本もなければ、脚本家も監督も演出家もいないし、意味もない。私たちの科学的な理解の及ぶかぎりにおいて、宇宙は盲目で目的のないプロセスであり、響きと怒りに満ちているが、何一つ意味はない〔「響きと怒りに……」はシェイクスピアの『マクベス』の有名な台詞の転用〕。芥子《けし》粒《つぶ》のように小さい惑星で無限小の時を送る間、私たちはあれこれ頭を悩ませ、あちこち歩き回り、そして、やがてそれきりとなる。

脚本はなく、人間は壮大なドラマで役を演じているわけでもないので、恐ろしいことが私たちの身に降りかかりかねないし、どんな力も私たちを救いに来たり、私たちの苦しみに意味を与えてくれたりはしない。良い結末も悪い結末もない。いや、結末などまったくない。物事が、後から後から起こるだけだ。現代世界の人は、目的があるとは考えない。原因があるとだけ信じている。もし現代というものにモットーがあるとしたら、それは「ひどいことも起こるものだ」となる。

その一方で、もし物事を拘束する脚本や目的なしに、ただひどいことが起こるのなら、人間もまた、あらかじめ決められた役に縛られてはいないことになる。だから、何でも好きなことができる——方法さえ見つけられれば。私たちを束縛するものは、自らの無知以外、何一つない。疫病にも旱魃にも人知を超えた意味はなく、私たちにはそれを根絶できる。戦争はより善い未来への途上にある必要悪ではなく、私たちは敵と和解できる。死後に私たちを待ち受ける楽園はないが、技術的な問題をいくつか克服すれば、この地上に楽園を生み出し、そこで永遠に生きることができる。

研究に資金を投入すれば、科学が飛躍的に発展し、テクノロジーの進歩が加速する。新しいテクノロジーが経済成長を促し、経済が成長すれば、さらに多くのお金を研究に回せる。月日の流れに伴って、私たちはますます多くの食べ物を食べ、ますます速い乗り物に乗り、ますます優れた機械を使うことができる。いつの日か、人間の知識は厖大なものになり、テクノロジーが目覚ましく進歩し、私たちは永遠の若さを与えてくれる秘薬や、真の幸福をもたらす秘薬、その他、何であれ望みどおりの秘薬を創り出せる。そして、どんな神にもそれを止めることはできない。

このように、現代の取り決めは、人間に途方もない誘惑を、桁外れの脅威と抱き合わせで提供する。私たちは全能を目前にしていて、もう少しでそれに手が届くのだが、足下には完全なる無という深淵がぽっかり口を開けている。現代の生活は、実際的なレベルでは、意味を持たない世界の中での力の追求から成る。現代文化は史上最強で、絶え間なく研究や発明、発見、成長を続けている。同時に、これまでどの文化も直面したことのないほど大きな実存的不安に苛まれている。

本章では、現代における力の追求を取り上げる。次章では、人類がしだいに大きくなる力をどのように使って、宇宙の無限の空虚さの中になんとか再び意味をこっそり持ち込もうとしてきたかを考察する。たしかに私たち現代人は力と引き換えに意味を捨てることを約束したが、その約束を守らせるものはこの世に存在しない。私たちは、代償を払わずに現代の取り決めの恩恵をそっくり享受できるほど自分が賢いとばかり思っている。

銀行家はなぜチスイコウモリと違うのか？

現代における力の追求は、科学の進歩と経済の成長の間の提携を原動力としている。これまで、ほとんどの時代で科学はカタツムリが這うようにゆっくりと進歩し、経済は完全な凍結状態にあった。人口が徐々に増えていたので、生産もそれに比例して増え、散発的な発見が一人当たりの生産量の増大につながることさえときどきあったが、それはじつに緩慢な過程だった。

仮に西暦一〇〇〇年に一〇〇人の村人が一〇〇トンの小麦を生産し、一一〇〇年に一〇五人の村人が一〇七トンの小麦を生産したとしても、このわずかな成長が生活のリズムや社会・政治的な秩序を変えることはなかった。今日では誰もが成長で頭がいっぱいなのに対して、近代以前の人々は、成長など眼中になかった。君主も聖職者も農民も、人間による生産はおおむね一定しており、他人から何かくすねないかぎり豊かになれず、子孫が自分たちよりも高い水準の生活を送れるとは思っていなかった。

このような停滞状態に陥っていたのは、主に、新しい事業のための資金調達が難しかったからだ。十分な資金がなければ、湿地の排水を行なったり、橋を渡したり、港を築いたりするのは容易ではなく、新種の小麦を開発したり、新しいエネルギー源を見つけたり、新たな通商路を切り拓いたりすることなど論外だった。資金が乏しかったのは、当時は信用に基づく経済活動がほとんどなかったからだ。なぜなかったかと言えば、経済が成長すると人々が信じていなかったからで、成長を信じなかったのは、経済が停滞していたからだ。こうして、停滞が停滞を招いていた。

赤痢が毎年のように流行する中世の町にあなたが住んでいたとしよう。あなたは治療薬を見つけようと決心する。研究室を準備し、薬草や珍しい化学薬品を買い揃え、助手たちに給料を払い、有名な医師たちを訪ねて意見を聞くためには資金がいる。研究に没頭する間、自分や家族が食いつなぐためにもお金がかかる。だが、懐は寂しい。地元の粉屋やパン屋や鍛冶屋のもとに出向き、いずれ治療薬を見つけて豊かになった暁には返済することを約束して、数年間、支払いをつけにしてくれるように頼むことは可能だろう。

あいにく、粉屋やパン屋や鍛冶屋は応じてくれそうにない。今日自分の家族を養わなければならず、奇跡の特効薬などというものができるとは思っていないからだ。彼らは長年生きてきたが、恐ろしい病気を治す新薬を誰かが見つけたという話は聞いたためしがない。だから、必要なものが欲しければ現金で払え、と言う。だが、あなたはまだ治療薬を発見しておらず、時間はすべて研究に取られているときに、そんなお金は手に入れられるはずがないではないか。そこでしかたなく畑を耕す生活に戻り、町の人々は赤痢に苦しみ続け、新薬を開発しようとする人はなく、金貨一枚として人から人へと渡ることはない。こうして経済は停滞し、科学は立ちすくんだ。

近代に入り、人々がしだいに将来を信頼するようになり、その結果、信用《クレジット》に基づく経済活動の奇跡が起こったおかげで、この悪循環がようやく断ち切られた。信用とは、信頼の経済的な表れだ。今日、もし私が新薬を開発したいのに十分なお金がなければ、銀行の融資を受けたり、個人投資家やベンチャーキャピタルファンドを頼ったりできる。二〇一四年夏に西アフリカでエボラ出血熱が拡がったとき、この病気の薬やワクチンをせっせと開発していた製薬会社の株式に何が起こったと思うだろうか？　テクミラ社の株価は五割、バイオクリスト社の株価は九割値上がりした。中世に疫病が発生したときに上向くのは人々の顔で、それは彼らが天を仰いで神に自らの罪の許しを求めて祈ったからだ。近頃の人々は、新しい致死的な感染症のニュースを耳にすると、スマートフォンに手を伸ばしてブローカーに電話する。証券取引所にとっては、感染症の流行さえもビジネスチャンスなのだ。

新規事業の成功が積み重なると、将来に対する人々の信頼も増し、信用も拡大し、利率が下がり、起業家は前より簡単に資金を調達でき、経済が成長する。その結果、人々はなおさら将来を信頼し、経済は成長を続け、科学もそれに足並みを揃えて進歩する。

これは理論上は単純に聞こえる。それならば、なぜ人類は近代になるまで、経済成長に弾みがつくのを待たなければならなかったのか？　人々が何千年にもわたって将来の成長をほとんど信じなかったのは、愚かだったからではなく、成長が私たちの直感や、人間が進化の過程で受け継いできたものや、この世界の仕組みに反しているからだ。自然界の系の大半は平衡状態を保ちながら存在していて、ほとんどの生存競争はゼロサムゲームであり、他者を犠牲にしなければ繁栄はない。

たとえば、ある谷では毎年ほぼ同じ分量の草が生えるとする。その草を食べて、およそ一万匹のウサギが暮らし、そのうちでものろまで愚かで不運なウサギたちが、一〇〇匹のキツネの餌食になる。キツネのうちに、特別賢く勤勉な者がいて、平均より多くのウサギをたいらげれば、他のキツネたちはひもじい思いをするだろう。もし、どういうわけかすべてのキツネが同時により多くのウサギを首尾良く捕まえたら、ウサギの数が激減し、翌年はなおさら多くのキツネが飢えることになる。ウサギの数はときどき増減するとしても、長期的には、キツネは前の年よりもたとえば三パーセント以上多くウサギを狩ることは見込めない。

もちろん、生態系の現実のうちにはもっと複雑なものもあるし、あらゆる生存競争がゼロサムゲームであるわけではない。多くの動物は効果的に協力し、貸し借りをするものさえ少しはいる。自然界の貸し手として最も有名な例がチスイコウモリだ。チスイコウモリは洞窟の中に何千匹も集まり、夜な夜な外を飛び回って餌食を探す。寝ている鳥や無防備な哺乳動物を見つけると、その肌に小さな切り込みを入れ、血を吸う。だが、すべてのチスイコウモリが毎晩餌食を見つけられるわけではない。この暮らしの不確かさに対処するために、彼らは血を貸し借りする。餌食を見つけられなかったコウモリは、ねぐらに戻ってくると、運の良かった仲間に頼んで、盗んだ血液を吐き戻してもらう。彼らは自分が誰に血を貸したかをしっかり覚えているので、後日、自分が空腹のままねぐらに戻ったときには、前に貸した相手に近づくと、相手は借りを返してくれる。

とはいえ、チスイコウモリは人間の銀行家とは違い、利息を課すことはない。もしコウモリAがコウモリBに一〇ミリリットルの血を貸したら、Bは同じ量を返す。また、チスイコウモリはローンを使って新しいビジネスを始めることも、吸血市場の成長を促すこともない。血液は他の動物が作るものだから、コウモリたちは生産量を増やしようがない。血液市場にも変動はあるとはいえ、チスイコウモリは、血液の量が二〇一七年には二〇一六年よりも三パーセント増えるとか、二〇一八年には血液市場が再び三パーセント成長するとか、見込むことはできない。そのため、彼らは成長を信じていない(1)。人類は何百万年もかけて進化する間、チスイコウモリやキツネやウサギと同じような状況にあった。だから、人間も成長を信じるのが苦手なのだ。

ミラクルパイ

人間は進化圧のせいで、この世界を不変のパイと見るのが習い性となった。もし誰かがパイから大きく一切れ切り取ったら、他の誰かの分が確実に小さくなる。一つの家族あるいは都市は栄えるかもしれないが、人類全体としては今よりも多くを生産することはない。したがって、キリスト教やイスラム教のような伝統的な宗教は、既存のパイを再分配するか、あるいは、天国というパイを約束するかし、現在の資源の助けを借りて人類の問題を解決しようとした。

それに対して現代は、経済成長は可能であるばかりか絶対不可欠であるという固い信念に基づいている。祈りや善行や瞑想は慰めや励みとなるかもしれないが、飢饉や疫病や戦争といった問題は成長を通してしか解決できない。この根本的な信条は、一つの単純な考え方に要約できる。「もし何か問題が起こったら、おそらくより多くのものが必要なのだ。そして、より多くのものを手にするには、より多くを生産しなければならない」

現代の政治家と経済学者は、成長が不可欠である主な理由は三つあると主張する。第一に、生産が増えれば、より多くを消費して生活水準を上げられ、しかもそのおかげで、より幸せな人生を楽しめるとされている。第二に、人口が増えているかぎり、現状を維持するだけのためにも経済成長が必要とされる。たとえば、インドの年間人口増加率は一・二パーセントだ。これは、インドの経済が毎年最低でも一・二パーセント拡大しなければ、失業率が上がり、給料が下がり、平均的な生活水準が落ちてしまうことを意味する。第三に、インドの人口増加が止まったとしても、そして、中産階級が現在の生活水準で満足できるとしても、貧困に喘ぐ何億もの人々に対しては、インドはどうするべきなのか？　もし経済が成長せず、そのためパイが同じ大きさのままだった場合、豊かな人から少し取り上げて、貧しい人にもっと与えることは可能だ。だが、そのためには非常に厳しい選択を迫られることになり、おそらく多くの恨みを買い、暴力行為さえ招きかねない。そうした厳しい選択や恨みや暴力を避けたければ、もっと大きなパイが必要になる。

現代は、「より多くのもの」を、宗教的原理主義や第三世界の独裁主義から結婚生活の低迷まで、ほとんどありとあらゆる公の問題や個人の問題に適用できる万能薬に変えた。パキスタンやエジプトのような国々が健全な成長率を維持できさえすれば、それらの国の人も自家用車や満杯の冷蔵庫の恩恵を享受するようになり、無責任な約束をする原理主義の指導者に従う代わりに、この世での繁栄の道を選ぶことだろう。同様に、コンゴやミャンマーのような国の経済が成長すれば、豊かな中産階級が生まれるだろう。そのような中産階級こそが、自由民主主義の基盤を成す。そして、不満を抱えたカップルの場合には、もっと大きな家を手に入れ（そうすれば、狭い空間を共有しないで済む）、食器洗い機を買い（そうすれば、誰が洗い物をする番かをめぐって喧嘩をしなくて済む）、週に二回、高額のセラピーを受ければ、結婚生活が救われるとのことだ。

このように経済成長は、現代のあらゆる宗教とイデオロギーと運動を結びつけるきわめて重要な接点となっている。誇大妄想気味の五か年計画を推進したソ連は、アメリカの最も無慈悲な悪徳資本家と同じぐらい、成長に取り憑《つ》かれていた。キリスト教徒とイスラム教徒はみな天国の存在を信じており、天国への行き方についてだけ意見が合わないのとちょうど同じで、冷戦のさなかには、資本主義者も共産主義者も経済成長を通してこの世に天国を生み出すのだと信じており、その具体的な手法についてだけ言い争っていたにすぎない。

今日、ヒンドゥー教の信仰復興推進者や信心深いイスラム教徒、日本の国家主義者、中国の共産主義者は、まったく異なる価値観や目標を固守することを宣言しているかもしれないが、その誰もが、経済成長こそ、本質的に違うおのおのの目標を実現するカギであると信じるに至っている。たとえば二〇一四年、敬虔なヒンドゥー教徒であるナレンドラ・モディは、出身州のグジャラートで経済成長を促進するのに成功し、不振の国家経済を再び活気づけられるのは彼だけだと広く見られていたおかげで、インドの首相に選ばれた。同じような見方のおかげで、イスラム教徒のレジェップ・タイイップ・エルドアンは二〇〇三年以来、トルコで権力の座を占め続けている。公正発展党という彼の政党の名前は、この党が経済発展をどれほど重視しているかを物語っている。実際、エルドアン政権は一〇年以上にわたって毎年のように、目を見張るような成長率を維持している。

日本の首相で国家主義者の安倍晋三は、日本経済を二〇年に及ぶ不況から抜け出させることを約束して二〇一二年に就任した。その約束を果たすために彼が採用した積極的でやや異例の措置は、「アベノミクス」と呼ばれてきた。その間、隣の中国では共産党は相変わらず伝統的なマルクス・レーニン主義の理想を口先では称えつつも、実際に従っているのは鄧小平《とうしょうへい》の二つの有名な原則、「発展こそ揺るぎない道理だ」「黒い猫であれ白い猫であれ、ネズミを捕るのが良い猫だ」で、端的に言えば、たとえマルクスとレーニンなら喜ばなかったようなことでも、経済成長を促すためには必要なことは何でもやれというものだった。

シンガポールでは、この生真面目で実際的な都市国家にふさわしく、このような考え方がさらに推し進められており、大臣の給与はGDPと連動している。シンガポールの経済が成長すると、政府の閣僚は昇給になる(2)。まるで、経済成長こそが彼らの職務であるかのようだ。

このように成長にこだわるのはわかりきったことに思えるかもしれないが、それは私たちが現代世界に暮らしているからにすぎない。過去にはそうではなかった。インドのマハーラージャやオスマン帝国のスルタン、鎌倉幕府の将軍、漢王朝の皇帝は、自らの政治的命運を賭けて経済成長を保証することは、まずなかった。モディやエルドアン、安倍、中国の習近平国家主席が揃って自分の政治生命を経済成長に賭けているという事実は、成長が世界中でほとんど宗教のような地位を獲得したことを物語っている。実際、経済成長の信奉を宗教と呼んでも間違っていないのかもしれない。なぜなら今や経済成長は、私たちの倫理的ジレンマのすべてとは言わないまでも多くを解決すると思われているからだ。経済成長は良いことといっさいの源泉とされているので、人々は倫理的な意見の相違を忘れ、何であれ、長期的な成長を最大化するような行動方針を採用することを奨励される。たとえば、モディの治めるインドには厖大な数の宗派や政党、運動、グル（導師）が存在するが、みな最終目標こそ異なるものの、経済成長という隘路《あいろ》を通らなくてはならないことに変わりはないのだから、さしあたりは力を合わせようというわけだ。

したがって、「より多くのもの」という信条は、社会の平等を維持したり、生態の調和を守ったり、親を敬ったりといった、経済成長を妨げかねないことはすべて無視するように個人や企業や政府に強いる。ソ連では、国家が統制する共産主義こそが成長への最短経路であると指導部が考えたので、何百万もの富農や表現の自由やアラル海など、何であれ集産化の行く手を阻むものはすべて蹂躙された。今日、自由市場資本主義の何らかのバージョンのほうが、長期的な成長を確実にする上ではるかに効率的であることが一般に受け容れられており、そのため、強欲な実業界の大物や金持ちの農場経営者や表現の自由は保護されるが、自由市場資本主義の邪魔になる生態系の中の動植物の生息環境、社会構造、伝統的な価値観は、排除されたり破壊されたりする。

ハイテクのスタートアップ企業で働き、一時間に一〇〇ドル稼ぐソフトウェアエンジニアを例に取ろう。ある日、彼女の高齢の父親が脳卒中で倒れる。そして、今や買い物や料理、さらには入浴にまで介助が必要になる。彼女は父親を自宅に引き取り、朝は出勤時間を遅らせ、夕方は早く帰宅し、自ら世話をすることもできる。収入も勤務先の生産性も下がるだろうが、父親は自分を敬い愛する娘に面倒を見てもらえる。あるいは、このエンジニアはメキシコ人の介護士を時給一二ドルで雇い、住み込みで父親の身の周りの世話をしてもらうこともできる。そうすれば、自分と勤め先はこれまでどおり仕事ができ、介護士とメキシコ経済までもが恩恵を受ける。このエンジニアはどうするべきなのか？

自由市場資本主義には断固とした答えがある。経済成長のためには家族の絆を緩めたり、親元から離れて暮らすことを奨励したり、地球の裏側から介護士を輸入したりせざるをえないのなら、そうするしかない。ただし、この答えには事実に関する言明ではなく倫理的な判断がかかわっている。ソフトウェアエンジニアリングを専門とする人と高齢者の介護に時間を捧げる人の両方がいるときには、より多くのソフトウェアを作り、より多くの専門的介護を高齢者に提供できることは間違いない。とはいえ、経済成長は家族の絆よりも重要だろうか？　自由市場資本主義は大胆にもそのような倫理的判断を下すことによって、科学の領域から境界線を越えて宗教の領域へと足を踏み入れたのだ。

おそらくほとんどの資本主義者は宗教というレッテルを嫌うだろうが、資本主義は宗教と呼ばれてもけっして恥ずかしくはない。天上の理想の世界を約束する他の宗教とは違い、資本主義はこの地上での奇跡を約束し、そのうえそれを実現させることさえある。飢饉と疫病を克服できたのは、資本主義が成長を熱烈に信奉していることに負うところが大きい。人間の暴力を減らし、寛容さを育み、協力を促進した手柄の一部さえ、資本主義に帰せられる。次章で説明するとおり、ここにはさらに他の要因も絡んでいるが、資本主義は、人々が経済を、あなたの得は私の損というゼロサムゲームと見なすのをやめて、あなたの得は私の得でもあるという、誰もが満足する状況と見るように促すことで、全世界の平和に重要な貢献をしたことに疑問の余地はない。この相互利益のアプローチはおそらく、汝《なんじ》の隣人を愛せ、右の頬を打たれたら左の頬も向けよという、二〇〇〇年近いキリスト教の教えよりもはるかに、全世界の平和に役立ってきただろう。

資本主義は、成長という至高の価値観の信奉から、自らの第一の戒律を導き出す。その戒律とはすなわち、汝の利益は成長を増大させるために投資せよ、だ。君主や聖職者は歴史の大半を通して、派手なお祭り騒ぎや豪華な宮殿や無用な戦争に利益を浪費してきた。あるいは、金貨を鉄の箱にしまって封をし、地下に埋めた。今日、敬虔な資本主義者は利益を使って新たに従業員を雇ったり、工場を拡張したり、新製品を開発したりする。

彼らはもしやり方がわからなければ、銀行家やベンチャーキャピタリストなど、やり方を知っている人にそのお金を与える。それを銀行家やベンチャーキャピタリストはさまざまな起業家に貸す。農家は融資を受けて新しい畑に小麦を植え、建設業者は新たに住宅を建て、エネルギー企業は新しい油田を探し、軍需工場は新兵器を開発する。こうした活動からあがる利益のおかげで、起業家は利息とともにローンを返済できる。その結果、小麦と家と石油と兵器が増えただけでなく、お金も増え、それを銀行やファンドが再び貸し出せる。このサイクルは止まることなく回り続ける。少なくとも資本主義者に言わせればそうなる。「もう、これまで。十分成長した。これ以上頑張らなくていい」と資本家が言う時点には、私たちはけっしてたどり着くことはない。なぜ資本主義のサイクルがけっして止まりそうにないのかを知りたければ、一〇万ドル貯めて、その使い道を考えている友人と一時間ばかり話をすることだ。

「銀行の利率はあまりに低過ぎる」と彼はこぼすだろう。「ろくに利息もつかないような普通預金にはお金を預けておきたくない。国債を買えば二パーセント稼げるかもしれない。いとこのリッチーは去年シアトルでマンションを買って、もうその投資で二〇パーセント儲《もう》けている。僕も不動産に手を出すべきかもしれない。でも、また不動産バブルが起こっているとみんな言っているし。それで、君は株式市場はどう思う？　ある友人が教えてくれたんだけれど、近頃では、ブラジルや中国みたいな新興国の経済に連動するETF（上場投資信託）を買うのが一番だって」。彼がそこで一息ついたので、あなたは「でも、一〇万ドルあれば、それでもう満足していればいいんじゃないの？」と尋ねる。すると彼は、なぜ資本主義がとどまるところを知らないかを、私よりもうまく説明してくれるだろう。

資本主義はけっして歩みを止めないという教訓は、至る所で見られる資本主義のゲームによって子供やティーンエイジャーの頭にまで叩き込まれている。近代以前に誕生したチェスのようなゲームは、停滞した経済を前提としている。チェスでは双方が一六個の駒で対戦を始め、終わったときに駒の数が増えていることは絶対ない。稀にポーン〔将棋で言えば「歩」に相当する駒〕がクイーンになることもあるが、新しいポーンを生み出したり、ナイト（騎士）を戦車にアップグレードしたりはできない。だからチェスのプレイヤーはけっして投資を考える必要がない。それに対して現代の盤上ゲームやコンピューターゲームの多くは、投資と成長に焦点を当てている。

それがとくにはっきりしているのが、「マインクラフト」や「カタンの開拓者たち」

「シドマイヤーズ　シヴィライゼーション」といった、文明型の戦略ゲームだ。この手のゲームは中世や石器時代、あるいは空想の妖精の国などを舞台にしているものの、原理はいつも同じで、きまって資本主義に基づいている。都市や王国、あるいは文明をまるごと一つ構築するのが目的だ。最初はただの村と周囲の畑といった、ささやかな基盤から始める。まずその資産から、小麦や木材、鉄、金などの収入が得られる。それから、この収入を賢く投資しなければならない。兵士のような非生産的ではあるけれどやはり必要なツールと、さらに多くの村や畑や鉱山といった生産的な資産のどちらかを選ぶ必要がある。必勝戦略はたいてい、非生産的な必需品には最低限の投資をする一方で、生産的な資産を最大化することだ。新たに村を作れば、次回には収入が増え、（必要なら）より多くの兵士を雇えるだけでなく、生産への投資も同時に増やすことができる。ほどなく、村を町にアップグレードしたり、大学や港や工場を設けたり、あちこちの海を探検したり、文明を打ち立てたりして、ゲームに勝つことが可能になる。

方舟《はこぶね》シンドローム

とはいえ、経済は本当に永遠に成長し続けられるのだろうか？　いずれ資源を使い果たし、勢いが衰えて停止するのではないか？　永続的な成長を確保するためには、資源の無尽蔵の宝庫をなんとかして発見しなければならない。

新しい土地を探検して征服するというのが一つの解決法だ。事実、ヨーロッパ経済の成長と資本主義体制の発展は、何世紀にもわたって、帝国による海外の領土の征服に大きく依存してきた。ところが、地上の島や大陸には限りがある。いずれは新たな惑星を、さらには新たな銀河さえ、探検して征服することを期待している起業家もいるが、当面、現代の経済はもっと良い発展の仕方を見つけざるをえなかった。

現代に解決策をもたらしたのは科学だった。キツネの経済が発展できないのは、ウサギの数を増やす方法をキツネが知らないからだ。ウサギの経済が停滞しているのは、草をもっと速く育たせることがウサギにはできないからだ。それに引き換え、人間の経済が成長できるのは、新しい材料やエネルギー源を人間が発見できるからだ。

世界は決まった大きさのパイであるという伝統的な見方は、世界には原材料とエネルギーという二種類の資源しかないことを前提としている。だがじつは、資源には三種類ある。原材料とエネルギーと知識だ。原材料とエネルギーは量に限りがあり、使えば使うほど残りが少なくなる。それに対して、知識は増え続ける資源で、使えば使うほど多くなる。実際、手持ちの知識が増えると、より多くの原材料とエネルギーも手に入る。私がアラスカでの石油探査に一億ドル投資して油田を見つければ、より多くの石油が手に入るが、私の孫たちの取り分が減る。一方、もし太陽エネルギーの研究に一億ドル投資し、このエネルギーをより効率的に利用する新しい方法を発見すれば、私も孫たちも揃ってより多くのエネルギーを手に入れられる。

成長へと続く科学の道は、何千年もの間、閉ざされていた。それは人々が、この世界が提供しうる重要な知識はもうすべて聖典や古代からの伝承の中に含まれていると信じていたからだ。もし、ある企業が世界中の油田はもうすべて発見されていると信じていたら、石油探査に時間とお金を浪費しないだろう。同様に、ある人間の文化が、知る価値のあることはもう何もかも知っていると信じていたら、わざわざ新しい知識を探し求めたりはしないだろう。これが近代以前、大半の人間の文明が採用していた立場だ。ところが、人類は科学革命によって、この素朴な思い込みから解放された。最も偉大な科学的発見は、無知の発見だった。人類は、自分たちが世界についてどれほどわずかしか知らないかに気づいた途端、新たな知識を追求するべきじつにもっともな根拠を突然手にし、それが進歩へ向かう科学の道を開いたのだった。

その後の各世代は科学の助けを借りて、新たなエネルギー源や新種の原材料、より優れた機械、斬新な生産手法を発見したり発明したりしてきた。その結果、二〇一六年の人類は、これまでよりもはるかに多くのエネルギーと原材料を思いのままにしており、生産は急激に増えている。蒸気機関や内燃機関やコンピューターなどの発明からは、前代未聞の産業がいくつも誕生した。二〇年先の二〇三六年に目をやるとき、私たちは今よりもはるかに多くを生産し、消費しているだろうと、自信を持って予測できる。ナノテクノロジーや遺伝子工学やAIがまたしても生産に大革命を起こし、果てしなく拡大を続ける私たちのスーパーマーケットに、新たなセクションをまるごといくつも開設させるのは確実だ。

したがって私たちには、資源の欠乏という問題を克服する可能性が十分ある。現代の経済にとって真の強敵は、生態環境の崩壊だ。科学の進歩と経済の成長はともに、脆弱な生物圏の中で起こる。そして、進歩と成長の勢いが増すにつれて、その衝撃波が生態環境を不安定にする。裕福なアメリカ人と同じ生活水準を世界中の人々全員に提供するためには、地球があといくつか必要になるが、私たちにはこの一個しかない。もし進歩と成長が本当に生態系を破壊することになれば、チスイコウモリやキツネやウサギだけでなく、サピエンスまでもが莫大な代償を払う羽目になるだろう。生態環境のメルトダウンは経済の破綻や政治の大混乱や人類の生活水準の低下を招き、人間の文明の存続そのものさえ脅かしかねない。

私たちは、進歩と成長のペースを落とせば、この危険を軽減することができるだろう。投資家たちが今年、自分の金融資産で六パーセントの収益を見込んでいるとしたら、一〇年後には三パーセントの収益で、二〇年後にはわずか一パーセントの収益で満足する術を学ぶこともできるだろう。そうすれば、三〇年後には経済が成長をやめても、私たちはすでに手に入れたもので満足していられる。とはいえ、成長の教義はそのような異端の考え方には断固として異議を唱える。そして、ペースを落とす代わりに、私たちはなおさら足を速めるべきだと主張する。もし私たちの発見のせいで生態系が不安定になり、人類が脅かされるのなら、自らを守るものを発見するべきだ。オゾン層が徐々に小さくなり、私たちが皮膚癌にかかりやすくなるのなら、もっと優れた日焼け止めや癌の治療法を発明し、それによって、日焼け止め工場や癌センターの増設も促すべきだ。もし新たな産業がみな大気と海洋を汚染し、地球温暖化と大量絶滅を引き起こしたなら、私たちはバーチャル世界とハイテクの保護区を建設し、たとえ地球が地獄のように暑くて荒涼として汚染されていたとしても、人生の素晴らしさをもたらすものをすべて供給してもらうべきだ、というわけだ。

すでに北京はあまりに大気汚染が深刻なので、人々は外出を避け、裕福な中国人は大枚をはたいて室内用空気浄化装置を設置する。大富豪たちは庭を覆う保護設備さえ造らせている。二〇一三年、外国の外交官や中国の上流階級の子供たちが学ぶ北京のインターナショナルスクールは、さらに一歩先を行き、テニスコート六面と運動場を覆う、総額五〇〇〇万ドルの巨大なドームを建設した。他の学校も後に続いており、中国の空気浄化市場は活況を呈している。もちろん北京の住民のほとんどには、自宅でそんな贅沢を味わう余裕はないし、我が子をインターナショナルスクールに通わせるお金もない(3)。

人類は気がつくと、同時に二つのレースで走り続ける羽目になっていた。一方で私たちは、科学の進歩と経済の成長を加速させざるをえないように感じている。一〇億の中国人と一〇億のインド人がアメリカの中産階級のような暮らしを望んでおり、彼らはアメリカ人がスポーツ用多目的車やショッピングセンターなしの生活を送る気はさらさらないときに、自分の夢の実現を保留するべき理由など思いつかない。その一方で私たちは、生態環境の破綻よりもつねに少なくとも一歩先を行かなければならない。この二つのレースをこなすのは、年々難しくなる。なぜなら、デリーのスラムの住民をアメリカンドリームに一歩近づけるごとに、地球を破局の瀬戸際へと一歩近づけることにもなるからだ。

明るい話題としては、人類は何百年にもわたって、生態環境のメルトダウンの犠牲にならずに経済の成長の恩恵を享受してこられたことが挙げられる。その過程で他の多くの種が絶滅し、人類も何度となく経済危機や生態学的災害に直面したが、これまでのところ、いつもなんとか切り抜けてきた。とはいえ、将来の成功はどんな自然の摂理によっても保証されているわけではない。科学が今後もずっと、経済が凍りつくのと生態環境がオーバーヒートするのを同時に防いでくれるなどと、誰に言えるだろうか？　そして、レースのペースは速まるばかりなので、エラーの許容範囲も狭まる一方だ。かつては一〇〇年に一度、何か驚くべきものを発明すれば十分だったとしても、今日では二年に一度の割合で驚異の発明をする必要がある。

私たちは生態環境の破綻が人間の社会階級《カースト》ごとに違う結果をもたらしかねないことも憂慮するべきだ。歴史に正義はない。災難が人々を襲うと、貧しい人のほうが豊かな人よりもほぼ必ずはるかに苦しい目に遭う。そもそも、豊かな人々がその悲劇を引き起こしたときにさえ、そうだ。地球温暖化はすでに、裕福な西洋人の生活よりも、アフリカの乾燥した国々に住む貧しい人の生活に、より大きな影響を与えている。矛盾するようだが、ほかならぬ科学の力が危険を増大させるかもしれない。なぜなら、その力に、豊かな人々が満足してしまうからだ。

温室効果ガスの排出について考えてほしい。ほとんどの学者と、しだいに多くの政治家が、地球温暖化は現実に起こっており、それが非常に危険なものであることを認めるようになっている。それにもかかわらず、私たちの実際の行動は、今のところとりたてて言うほどの変化を見せずにいる。地球温暖化はしきりに話題に上るが、現実には、人類はこの大惨事を食い止めるのに必要な重大な経済的犠牲や社会的犠牲や政治的犠牲を払おうとはしない。二〇〇〇年と二〇一〇年を比べると、排出量はまった

世界の二酸化炭素排出量（1970～2013）

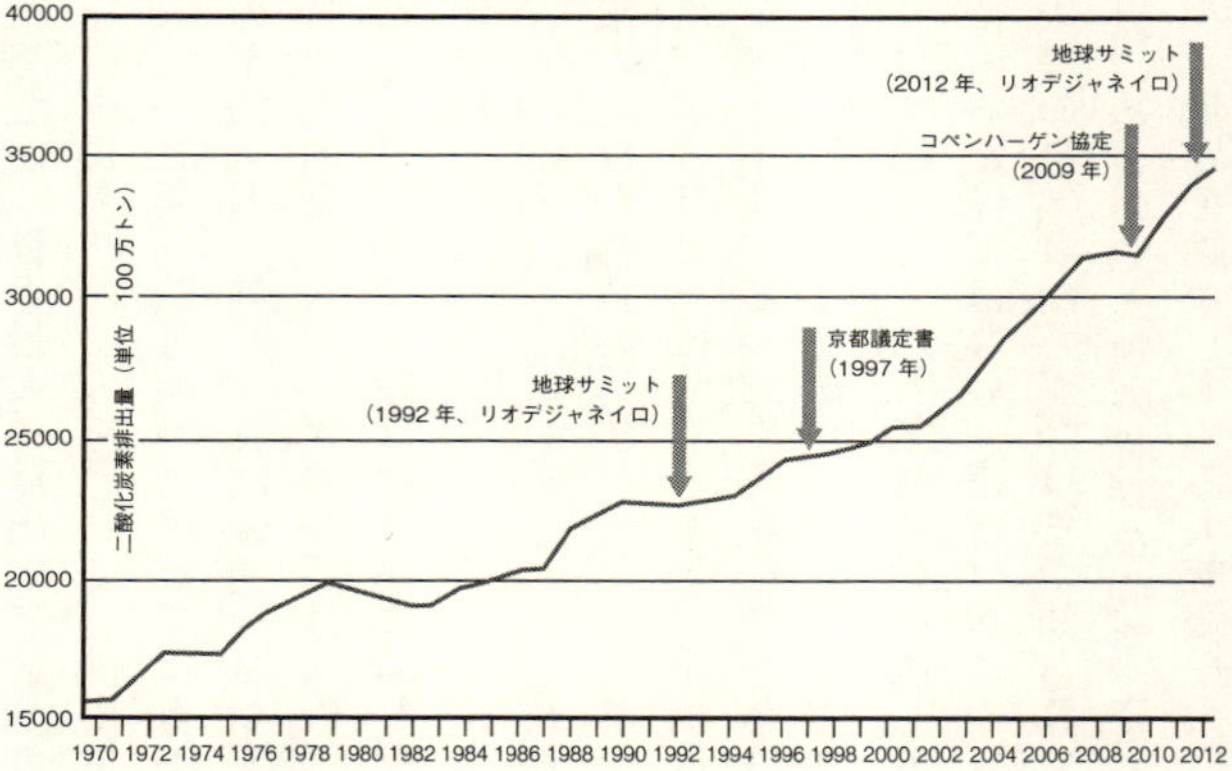

欧州委員会の地球大気研究の排出量データベースより

図26　地球温暖化が盛んに話題になり、これほど会議やサミットが開かれて議定書や協定が締結されているにもかかわらず、これまでのところ、全世界の温室効果ガス排出量の削減は実現していない。グラフをよく見ると、排出量が減っているのは経済危機や不況の時期だけなのがわかる。たとえば、2008年と2009年に温室効果ガスの排出量がわずかに落ち込んだのは、世界的な金融危機のせいだった。それに対して、2009年のコペンハーゲン協定に留意する決議の採択は、目立った効果をあげなかった。地球温暖化を食い止める唯一の確実な方法は、経済成長を停止させることだが、進んでそうしようとする政府は1つもない。

く減っていない。それどころか、一九七〇年から二〇〇〇年にかけての年間上昇率一・三パーセントを上回る年率二・二パーセントの割合で増えた[4]。温室効果ガス排出の削減に関する一九九七年の京都議定書は、地球温暖化を止めるのではなく、たんに遅らせることを目指したが、世界最大の排出国アメリカは、この議定書を批准することを拒み、自国の経済成長を妨げるのを恐れて、排出量を大幅に削減する試みはまったくしていない。[5]

二〇一五年一二月のパリ協定ではもっと野心的な目標が設定され、産業革命以前からの平均気温上昇一・五度未満を目指すことになった。だが、この目標に到達するのに必要な困難なステップの多くは二〇三〇年以降に、あるいは二一世紀後半にまで先送りし、事実上、難題は次世代に回したのだから、好《い》い気なものだ。現在の各政権は環境に優しいふりをすることで、ただちに政治的な利益を得ることができたが、その一方で、排出量を削減する（そして成長を鈍化させる）という重大な政治的代償は、将来の政権が背負い込まされた。それでもなお、この箇所の執筆時（二〇一六年一月）には、アメリカをはじめとする、排出量の多い国々が、パリ協定を批准して発効させるかどうかは、まったく予断を許さない。経済が成長してさえいれば、科学者と技術者がいつも世界の破滅から私たちを救ってくれると信じている政治家と有権者が、あまりに多過ぎる。こと気候変動に関しては、成長の熱狂的な信者たちは、奇跡をただ期待するだけではない。奇跡は起こって当然と考えているのだ。

未来の科学者たちが今はまだ知られていない地球の救出法を発見するだろうという前提に基づいて人類の将来を危険にさらすのは、どれほど道理に適っているのだろう？　世界を動かしている大統領や大臣やCEOは道理をしっかりわきまえた人々だ。

それなのに、なぜ進んでそんな賭けをするのか？　それは彼らが、自分個人の将来を賭けているわけではないと思っているからかもしれない。もし状況がいよいよ悪化し、科学者が大洪水を防げなくても、依然として技術者が、高いカーストにはハイテクのノアの方舟《はこぶね》を造れるだろう。ただし、他の何十億もの人は取り残されて溺れる羽目になる。このハイテクの方舟信仰は今、人類と生態系全体の将来にとって大きな脅威の一つになっている。ハイテクの方舟で助かると信じている人々には、グローバルな生態環境を任せるべきではない。死んだ後に天国に行けると信じている人々に核兵器を与えるべきではないのと同じ理屈だ。

では、貧しい人はどうなのか？　彼らはなぜ抗議していないのか？　大洪水がもし本当に襲ってきたら、その損害は彼らがまともに被ることになる。とはいえ、経済が停滞したら真っ先に犠牲になるのも彼らだ。資本主義の世界では、貧しい人々の暮らしは経済が成長しているときにしか改善しない。したがって彼らは、今日の経済成長を減速させることによって将来の生態環境への脅威を減らす措置は、どんなものも支持しそうにない。環境を保護するというのはじつに素晴らしい考えだが、家賃が払えない人々は、氷床が解けることよりも借金のほうをよほど心配するものだ。

激しい生存競争

たとえ私たちが猛然と走り続け、経済の破綻と生態環境のメルトダウンの両方をなんとかかわせたとしても、このレースそのものがさまざまな大問題を引き起こす。個人にとっては、このレースはひどいストレスと緊張の原因となる。何世紀にも及ぶ経済成長と科学の進歩の後、少なくとも最も進んだ国々では、暮らしは穏やかで安らかなものになっていて当然だった。私たちがどんな道具をいつでも意のままに使えるかを祖先が知ったら、私たちは何の不安も心配もなく、この世のものとも思えない平穏を楽しんでいるに違いないと推測したことだろう。ところが、真相はそんな平穏には程遠い。私たちはこれほど多くを成し遂げてきたにもかかわらず、なおさら多くのことをしたり、多くのものを生み出したりするようにというプレッシャーを絶え間なく感じている。

私たちはそれを自分自身や上司、ローン、政府、学校制度のせいにする。だが、本当の責任はそこにはない。すべては、私たち全員が生まれた日に結んだ現代の取り決めのせいなのだ。近代以前の世界では、人々は社会主義の官僚制における下級官吏のようなものだった。彼らはタイムカードを押し、あとは誰か他の人が何かしてくれるのを待つだけだった。現代の世界では、私たち人間が事業を運営している。だから私たちは昼も夜も絶えずプレッシャーにさらされている。

集団のレベルでは、レースは途切れることのない大変動という形を取る。社会制度や政治制度は以前なら何世紀も持ちこたえたものだが、今日ではどの世代も古い世界を破壊し、それに替わる新しい世界を建設する。『共産党宣言』が見事に言い当てているように、現代世界は不確実性と動乱をぜがひでも必要とするのだ。固定的な関係や昔ながらの偏見は一掃され、新しい構造は定着する間もなく時代後れになる。堅固なものはすべて解けて宙に消える。このような混沌とした世界で生きるのは楽ではないし、その世界を統治するのはなお難しい。

したがって現代の世界は、これほどの緊張と混沌を生み出しているにもかかわらず、そうした緊張や混沌のせいで人間が個人としても集団としてもこのレースを途中で棄権しようとすることなどないように、懸命に手を尽くす必要がある。そのために、現代の世界は成長を至高の価値として掲げ、成長のためにはあらゆる犠牲を払い、あらゆる危険を冒すべきであると説く。集団のレベルでは、各国の政府や企業や組織は、自らの成功を成長という物差しで測り、平衡状態は悪魔であるかのように恐れることを奨励される。個人のレベルでは、私たちは絶えず収入を増やし、生活水準を高めるように仕向けられる。たとえ現状で十分満足しているときでさえ、さらに上を目指して奮闘するべきなのだ。昨日の贅沢品は今日の必需品になる。以前なら、寝室が三つあるアパートと、自動車とパソコンを一台ずつ持っていれば良い暮らしが送れたとしたら、今では寝室が五つある家と、自動車二台と、iPodやタブレット端末やスマートフォンがいくつも必要になる。

もっと欲しがるように人を説得するのは、そう難しくはなかった。強欲を抱くのは人間にとって簡単なことなのだ。厄介なのは、国家や教会のような集団的組織を説得して、この新しい理想に同調させることだった。さまざまな社会は何千年にもわたって、個人の欲望をほどほどに抑えて安定させるように骨を折ってきた。人が自分のためにしだいに多くを望むことはよく知られていたが、パイの大きさが決まっているときには、社会の調和は自制を拠り所としていた。飽くことを知らぬ欲は悪だった。ところが、近代に入ると世の中は逆転した。平衡状態は混沌よりもはるかに恐ろしく、貪欲は成長を促すので善なる力であると、近代の世界は人間の集団に確信させた。こうして人々は近代以降、より多くを望むことを奨励され、強欲を抑えてきた昔ながらの規律は廃された。

その結果生じた不安は、自由市場資本主義のおかげで大幅に和らいだ。それもあって、自由市場資本主義というイデオロギーはこれほど人気が出たのだ。資本主義の思想家たちは、こう言って私たちを繰り返し宥めてきた。「心配ありません。大丈夫ですよ。経済が成長してさえいれば、市場の見えざる手が他のことはいっさい取り計らってくれますから」。何が起こっているかや、どこに向かって自分が突き進んでいるかを誰も理解しないままに急速に成長する貪欲で混沌としたシステムを、こうして資本主義は正当化した（やはり成長の正当性を信じていた共産主義は、国家計画を通して混沌状態に陥るのを防ぎ、成長をもたらすことができると考えた。だが、当初はうまくいったものの、けっきょく、混乱しながらも発展していく自由市場に大きく後れを取ることになった）。

今日、知識人は自由市場資本主義をしきりに叩きたがる。資本主義は世界を支配しているので、実際私たちは、悲劇的な大惨事に至る前に、その欠点を理解するよう、ありとあらゆる努力をするべきだ。とはいえ、資本主義を批判するあまりに、資本主義の利点や功績を見失ってはならない。これまでのところ、資本主義は驚異的な成功を収めてきた——少なくとも、将来の生態環境のメルトダウンの危険性を無視すれば、そして、生産と成長という物差しで成功を測るのなら。二〇一六年に、私たちはストレスが多くて混沌とした世界に住んでいるかもしれないが、崩壊と暴力という大惨事の予言はまだ現実になっていないのに対して、永続的な成長とグローバルな協力というとんでもない約束は果たされている。私たちはときおり経済危機や国際戦争を経験するものの、長い目で見れば、資本主義は首尾良く普及したばかりか、飢饉や疫病や戦争を抑え込みもした。祭司やラビやムフティー〔イスラム法解釈の権威〕らは何千年間も、人間は自らの努力では飢饉も疫病も戦争も制御できないと説いてきた。その後、銀行家や投資家や実業家が現れ、二〇〇年のうちにまさにそれをやってのけた。

というわけで、現代の取り決めは前代未聞の力を与えることを私たちに約束し、その約束は守られた。さて、それではその代償はどうなのか？　現代の取り決めは、力と引き換えに、意味を捨てることを私たちに求める。人間たちはこの背筋の凍るような要求に、どう対処したのか？　それに従えば、倫理感も美学も思いやりもない、暗い世界がいともたやすく生じえただろう。ところが実際には、人類は今日、かつてないほど強力であるだけでなく、以前よりもはるかに平和で協力的だ。人間はどのようにそれをやってのけたのか？　神も天国も地獄もない世界で、道徳性と美、さらには思いやりさえもがどうやって生き延びて、盛んになったのか？

資本主義者たちはまたしても、市場の見えざる手にいっさいの手柄をさっさと帰する。ところが、市場の手は目に見えないだけではなく盲目でもあり、単独では人間社会に資することはありえなかっただろう。事実、田舎の市場でさえ、神や王や教会か何かの手助けがなければ、維持できないだろう。裁判所や警察まで、あらゆるものが売りに出されたら、信頼は消え失せ、信用は跡形もなくなり、商業は立ち行かなくなる。(6) それでは、現代社会を崩壊から救ったのは何か？　人類を救出したのは需要と供給の法則ではなく、革命的な新宗教、すなわち人間至上主義の台頭だった。

第7章 人間至上主義革命

現代の取り決めは私たちに力を提供してくれるが、それには私たちが人生に意味を与えてくれる宇宙の構想の存在を信じるのをやめることが条件となる。ところがこの取り決めを詳しく調べてみると、狡猾な免責条項が見つかる。人間が何らかの宇宙の構想を基盤とせずに、どうにか意味を見つけてのけられれば、それは契約違反とは見なされないのだ。

この免責条項がこれまで、現代社会の救済手段となってきた。なぜなら、意味がなければ秩序は維持できないからだ。近代以降の政治や芸術や宗教の大事業は、何らかの宇宙の構想に根差していない人生の意味を見つけることだった。私たちは神の手になるドラマを演じる役者ではなく、私たちや私たちの行ないを気にする者などいないから、誰も私たちの力を制限することはない。だが、それでも私たちは自分の人生には意味があると確信している。

二〇一六年現在まで、人類はまんまと良いとこ取りをしてきた。私たちは前代未聞の力を手にしているばかりか、あらゆる予想に反して、神の死は社会の崩壊につながらなかった。もし人間が宇宙の構想を信じなくなったら、法も秩序もすべて消えてなくなると、預言者や哲学者は歴史を通して主張してきた。ところが今日、全世界の法と秩序にとって最大の脅威は、神の存在を信じ、すべてを網羅する神の構想を信じ続けている人々にほかならない。神を畏れるシリアのほうが、非宗教的なオランダよりもはるかに暴力的な場所だ。

もし宇宙の構想などなく、私たちが神の法にも自然の摂理にも縛られていないのなら、何が社会の崩壊を防いでいるのか？　どうして奴隷商人に誘拐されたり、無法者の待ち伏せに遭ったり、部族間の争いに巻き込まれて殺されたりすることもなく、アムステルダムからブカレストへ、あるいはニューオーリンズからモントリオールへと、二〇〇〇キロメートルもの道のりを旅できるのか？

内面を見よ

意味も神や自然の法もない生活への対応策は、人間至上主義が提供してくれた。人間至上主義は、過去数世紀の間に世界を征服した新しい革命的な教義だ。人間至上主義という宗教は、人間性を崇拝し、キリスト教とイスラム教で神が、仏教と道教で自然の摂理がそれぞれ演じた役割を、人間性が果たすものと考える。伝統的には宇宙の構想が人間の人生に意味を与えていたが、人間至上主義は役割を逆転させ、人間の経験が宇宙に意味を与えるのが当然だと考える。人間至上主義によれば、人間は内なる経験から、自分の人生の意味だけではなく森羅万象の意味も引き出さなくてはならないという。意味のない世界のために意味を生み出せ――これこそ人間至上主義が私たちに与えた最も重要な戒律なのだ。

したがって、この近代以降の中心的宗教革命は、神への信心を失うことではなく、人間性への信心を獲得することだった。それには、何世紀にもわたって懸命に努力を重ねなければならなかった。思想家は論説を書き、芸術家は詩を作ったり交響曲を作曲したりし、政治家は取り決めをまとめ、彼らが総がかりで人類に、森羅万象に意味を持たせることができると確信させた。この人間至上主義の革命の深遠さと意義を理解するには、現代ヨーロッパの文化が中世ヨーロッパの文化とどう違うかを考えるといい。一三〇〇年には、ロンドンやパリやトレドの人々は、何が善で何が悪か、何が正しく何が間違っているか、何が美しく何が醜いかを、人間が自ら決められるとは思っていなかった。善や正義や美を創造し、定義しうるのは、神だけだった。

人間が比類のない能力と機会を享受していることは広く受け容れられていたものの、

人間はまた、無知で堕落しやすい生き物だとも見なされていた。外部からの監督と指導がなければ、人間は永遠の真理をけっして理解できず、はかない官能的な快楽と現世の妄想に惹《ひ》きつけられてしまう。そのうえ、中世の思想家は、人間は死を免れず、人間の考えや感情は風のように変わりやすいことを指摘している。今日、何かが心底好きなのに、明日にはそれに嫌気がさし、来週には死んで埋葬される、という具合だ。だから、人間の考えを拠り所とする意味はみな、必然的に脆く儚い。したがって、絶対的な真理と、人生と森羅万象の意味は、超人間的な源から生じる永遠の法に基づいていなければならない。

この見方のおかげで、神は意味だけではなく権威の至高の源泉にもなった。意味と権威はつねに切っても切れない関係にある。善悪、正邪、美醜など、私たちの行動の意味を決める者は誰であれ、何を考え、どう振る舞うべきかを私たちに命じる権威も手に入れる。

意味と権威の源泉としての神の役割は、ただの哲学理論ではなかった。それは日常生活のあらゆる面に影響を与えた。一三〇〇年にイングランドのどこかの小さな町で、夫のいる女性が隣人に思いを寄せて、彼と関係を持ったとしよう。彼女は笑みを噛み殺し、身なりを整えながら、こっそり家に戻ると、次から次へと考えが頭に浮かんでくる。「あれはいったい何だったの？　なぜあんなことをしてしまったのかしら？

あれは善いこと、それとも悪いこと？　自分はどういう人間だということなのかしら？　またやるべきなの？」そうした疑問に答えるためには、その女性は地元の司祭のもとに行って告白し、指導を乞うことになっていた。司祭は聖書に精通しており、聖書は姦淫についての神の考えを正確に明かしてくれる。司祭は神の永遠の言葉に基づき、女性が大罪を犯し、償いをしないかぎり地獄に堕ちることになると明確に判断する。したがって、彼女はただちに悔い改め、来《きた》る十字軍遠征のために金貨一〇枚を寄付し、今後半年は肉食を避け、カンタベリーの聖トマス・ベケットの墓に詣でなくてはならない。そして、その恐ろしい罪を二度と繰り返してはならないことは言うまでもない。

今日では事情は大違いだ。私たちが意味の究極の源泉であり、したがって、人間の自由意志こそが最高の権威であると、人間至上主義は何世紀もかけて私たちに納得させてきた。私たちは何かしら外的なものが、何がどうだと教えてくれるのを待つ代わりに、自分自身の欲求や感情に頼ることができる。私たちは幼い頃から、人間至上主義のスローガンをこれでもかとばかりに浴びせかけられる。そうしたスローガンは、「自分に耳を傾けよ、自分に忠実であれ、自分を信頼せよ、自分の心に従え、心地良いことをせよ」と勧める。ジャン゠ジャック・ルソーは、感情についての一八世紀の聖書とも言うべき小説『エミール』の中でそれをそっくり要約している。ルソーは、人生における行動規準を探すと、それが「自分の心の奥底に、何物も消し去ることのできない文字で、自然によって書き込まれている」のを見つけた。「自分が何をしたいと望んでいるか、善いと感じていることが善いかどうか、悪いと感じていることが悪いかどうかに関しては、自分自身の意見を聞きさえすればいいのだ」[1]

したがって、現代の女性が、自分がしている浮気の意味を理解したければ、司祭や古い書物の判断を鵜呑みにする可能性ははるかに低く、むしろ自分の気持ちを注意深く調べるだろう。もし気持ちがはっきりしなかったら、親しい友人に電話して会い、コーヒーを飲みながら、胸の内を洗いざらい打ち明ける。それでもまだあやふやだったら、かかりつけのセラピストを訪ね、それについてすべて話す。理論上は、現代のセラピストは中世の司祭と同じ位置を占めており、これら二つの職業を同列に扱うことは陳腐なまでにありふれている。ところが現実には、両者の間には大きな隔たりがある。セラピストは善悪を定める聖典を持っていない。例の女性が話し終えたときに、「なんと邪悪な女だ！　あなたは恐ろしい罪を犯したんですよ！」とセラピストががなり立てるとはとうてい思えない。「素晴らしい！　さすがだ！」と言うことも考えられない。むしろ、女性が何をして何と言ったにしても、セラピストはまず間違いなく、「それで、その件についてあなたはどう感じているのですか？」と気遣いに満ちた声で尋ねることだろう。

たしかにセラピストの本棚はフロイトやユングの著作、一〇〇〇ページ近い『精神疾患の診断・統計マニュアル』(DSM)の重みでたわんでいるだろう。とはいえ、それらは聖典ではない。DSMは人生の意味ではなく、人生における疾患の診断を下す。ほとんどの心理学者は、人間の行動の真の意味を決める権限があるのは人間の感情だけだと考えている。したがって、セラピストが患者の情事についてどう思っていようと、また、不倫の関係全般についてフロイトやユングやDSMがどう考えていようと、セラピストは自分の見方を患者に押しつけてはならない。そうする代わりに、患者が心のいちばん奥底を詳しく調べるのを手助けするべきだ。ほかならぬそこでのみ、患者は答えを見つけられる。中世の司祭が神に通じるホットラインを持っており、私たちのために善悪の区別をつけられたのに対して、現代のセラピストは、私たちが自分自身の内なる感情を知るのを手伝うだけにすぎない。

結婚制度の変化も、これで部分的に説明がつく。中世には、結婚は神が定めた秘蹟《ひせき》と考えられていた。神はまた、自分の願望や利害に即して子供を結婚させる権限を父親に与えた。したがって浮気は、神の権威と親の権威の両方に対するあからさまな反抗だった。それは大罪であり、本人がそれについてどう感じ、どう考えていようと関係なかった。今日、人は愛のために結婚するのであり、本人の個人感情がこの絆に価値を与える。したがって、かつてある人の腕の中へ自分を飛び込ませたまさにその感情が、今度は別の人の腕の中へと自分を駆り立てたなら、そのどこが間違っているというのか？　二〇年来の配偶者が満たしてくれない情動的な欲望と性的な欲望のはけ口を浮気が提供してくれるのなら、そして、新しい愛人が優しくて、情熱的で、こちらの欲求に敏感なら、浮気を楽しめばいいではないか。

だが、ちょっと待った、とあなたは言うかもしれない。他の当事者の気持ちも無視できない。その女性と愛人は互いの腕の中で素晴らしい気分を味わうかもしれないが、それぞれの配偶者がそれを知ったら、誰もがかなり長い間、じつに嫌な思いをするだろう。そして、それが離婚につながれば、子供たちは何十年も心の傷が癒えないかもしれない。たとえ不倫が露見しなくても、隠し事のために気が休まらず、疎外感や憤《ふん》懣《まん》が募ってきかねない。

人間至上主義の倫理における最も興味深い論議は、浮気のように、人間の感情どうしが衝突する状況にかかわるものだ。ある行動のせいで、一人が楽しい思いをし、別の人が嫌な思いをした場合にはどうなるのか？　そうした感情の重みをどう比べればいいのだろう？　浮気をしている二人が味わう楽しい気持ちのほうが、その配偶者や子供たちが味わう嫌な気持ちよりも大切なのだろうか？

この具体的な疑問について、あなたがどのように考えるかはどうでもいい。それよりはるかに重要なのは、双方がどんな論拠に頼っているかを理解することだ。浮気について現代人の意見はさまざまだが、彼らはたとえどんな立場を取ろうと、聖典や神の戒律ではなく人間の感情の名において、その立場を正当化する傾向にある。物事は、そのせいで誰かが嫌な思いをするときにだけ悪いものとなりうることを、人間至上主義は私たちに教えた。人殺しが悪いのは、どこかの神が「殺してはならない」と言ったからではない。そうではなく、人殺しが悪いのは、犠牲者やその家族、友人、知人にひどい苦しみを与えるからだ。盗みが悪いのは、どこかの古い文書に、「盗んではならない」と書いてあるからではない。そうではなく、盗みが悪いのは、所有物を失った人が嫌な思いをするからだ。だから、ある行動のせいで嫌な思いをする人がいなければ、その行動はどこも悪くない。人間の像も動物の像も作ってはならないと神が人に命じたと、先程の古い文書に書いてあっても（「出エジプト記」第20章4節）、私はそういう像を彫刻するのが好きで、彫刻するときに誰も害さないのなら、いったいそのどこが悪いというのか？

それと同じ論理が同性愛に関する昨今の論議を支配している。もし二人の成人男性がセックスを楽しみ、その間に誰も害さないのなら、そのいったいどこが間違っているのか？　そして、それをどうして不法とするべきなのか？　それはこれら二人の男性の間の私的な事柄であり、二人は自分の個人的な感情に即して自由に決めることができる。中世に、二人の男性が愛し合っていることや、これほど幸せに感じたためしがないことを司祭に告白したら、二人が良い気分であっても、司祭の批判的な判断が変わることはなかっただろう。それどころか、二人に罪悪感がなかったために、事態はさらに悪化しただけだろう。それに対して今日では、二人の男性が愛し合っていたら、「もしそれで気持ちが良いのなら、そうすればいい！　司祭などに心を乱させるな。ただ自分の心に従え。自分にとって何が良いかは自分がいちばんよく知っているのだから」と言われるだろう。

面白いことに、今日では宗教の狂信者さえもが、世論に影響を与えたいときには、この人間至上主義の主張を採用する。一例を挙げよう。イスラエルのＬＧＢＴ〔レズビアン＝女性同性愛者、ゲイ＝男性同性愛者、バイセクシュアル＝両性愛者、トランスジェンダー＝心と体の性が一致しない人の総称〕コミュニティは過去十年間、毎年エルサレムの通りでゲイ・プライドパレードを行なってきた。これは、争いで引き裂かれたこの町では珍しく調和が見られる日だ。なにしろ、信心深いユダヤ教徒とイスラム教徒とキリスト教徒が、突如共通の大義を見出し、一丸となって同性愛者たちのパレードにいきり立つのだから。だが、なんとも振るっているのは、彼らが使う論法だ。彼らは、「神が同性愛を禁じているのだから、これらの罪人《つみびと》たちは同性愛者のパレードなど催すべきではない」とは言わない。その代わりに、マイクやテレビカメラを向けられるたびに、すかさずこう説明する。「聖なる町エルサレムを同性愛者のパレードが過ぎていくのを見ると、感情を傷つけられる。同性愛者たちは私たちに、自分の感情を尊重してもらいたがっているのだから、私たちの感情も尊重するべきだ」

二〇一五年一月七日、イスラム教の狂信者たちが、フランスの週刊新聞「シャルリー・エブド」紙の編集長らを虐殺した。同紙が預言者ムハンマドの風刺漫画を掲載したからだ。その後の数日間、多くのイスラム教組織がこの襲撃を糾弾したものの、そのうちのいくつかは、同紙への批判もつけ加えずにはいられなかった。たとえば、エジプトのジャーナリスト・シンジケートは暴力に訴えたテロリストたちを公然と非難したが、同時に、「世界中の何億というイスラム教徒の感情を傷つけた」として同紙も責めた。[2] 同シンジケートが、同紙が神の思し召しに背いたと咎めてはいないことに注意してほしい。これこそ私たちが進歩と呼ぶものだ。

私たちの感情は、私生活にだけではなく、社会や政治のプロセスにも意味を与える。誰が国を統治するべきかや、どんな外交政策を採用するべきかや、どういった経済的措置を取るべきかを知りたいとき、私たちは聖典に答えを探し求めない。ローマ教皇の命令に従うことも、ノーベル賞受賞者を集めてその意見に従うこともない。ほとんどの国では民主的な選挙を行ない、人々に当該の問題についての考えを問う。有権者がいちばんよく知っており、個々の人間の自由な選択が究極の政治的権威であると、私たちは信じている。

　そうは言っても、有権者はどうすれば何を選ぶべきかを知ることができるのか？少なくとも理論上は、有権者は自分の心の奥底の気持ちに耳を傾け、それに従えばいい。だがそれは、いつも簡単とはかぎらない。自分の感情を知るためには、空虚なプロパガンダのスローガンや、無慈悲な政治家の果てしない嘘、狡猾な情報操作の専門家による、人の気を散らす雑音、雇われた専門家の学識に満ちた意見を篩《ふるい》にかけて取り除く必要がある。そうした騒音をすべて無視し、自分の正真正銘の内なる声にだけ注意を向けなくてはならない。するとようやく、自分の正真正銘の内なる声が、「キャメロンに投票しなさい」「モディに投票しなさい」「クリントンに投票しなさい」などとささやくので、投票所でその人を選ぶ。誰が国を治めるべきかを、私たちはこうして知る。

　中世にそんなことをしたら、愚の骨頂と思われただろう。無知な庶民の儚い感情は、重要な政治的判断の健全な拠り所とはおよそ言い難かった。イングランドがバラ戦争で引き裂かれていたとき、すべての田舎者がランカスター家かヨーク家に一票を投じる国民投票で争いに終止符を打とうと考える者は誰もいなかった。同様に、ローマ教皇ウルバヌス二世が第一回十字軍を送り出したとき、彼はそれが人々の意思だとは主張しなかった。それは神の思し召しだった。政治的権威は天から下されるのであって、死を免れない人間の胸や心から湧き上がってはこないのだ。

倫理と政治に言えることは、美学にも当てはまる。中世には、芸術は客観的な基準に支配されていた。美の基準は、人間の間の一時的流行を反映することはなかった。むしろ、人間の美的感覚は、超人間的な指図に従うものとされていた。それは、芸術は人間の感情ではなく超人間的な力の働きがきっかけで生まれるものと人々が信じていた時代には、完璧に理に適っていた。画家や詩人、作曲家、建築家の手は、学問と

図27　ハトに姿を変えた聖霊が、フランク王国を打ち立てたクローヴィス1世の洗礼のために、聖油がいっぱい入った器を運んできたところ（この挿絵は、1380年頃の『フランス大年代記』より）。フランスの建国神話によれば、その後この器はランス大聖堂に保管され、歴代のフランス王はみな、戴冠式の折に器の聖油を頭に注がれ、聖別されたという。このように、どの戴冠式にも奇跡が伴っていた。空の器が自然に聖油で満たされたからだ。これは、ほかならぬ神がその王を選び、祝福を与えたことを示していた。もし神が、ルイ9世やルイ14世やルイ16世を王にすることを望まなかったら、器が再び満たされることはなかっただろう。

芸術を司る女神や、天使、聖霊によって動かされていると思われていたのだ。作曲家が美しい賛美歌を書いたときには、作曲家の功績とはされないことが多かった。ペンの手柄にはならないのと同じ理屈だ。ペンは作曲家の指に握られて導かれた。そして作曲家の指は神の手に握られて導かれるのだった。

中世の学者たちは、ある古代ギリシアの理論に固執していた。その理論によると、空の星々の動きが天上の音楽を奏で、それが全宇宙に響き渡っているという。人間は、肉体と魂の内なる動きが、星々が生み出す天上の音楽と調和しているときに、心身の健康を享受する。したがって、人間の音楽は宇宙の聖なるメロディを忠実になぞるべきであり、生身の作曲家の考えや気まぐれを反映するべきではないのだ。最も美しい賛美歌や歌や調べはたいてい、人間の芸術家の天分ではなく、神聖な霊感に帰せられた。

そのような見方はもう、はやらない。今日、人間至上主義者たちは、芸術的創造と美的価値の唯一の源泉は人間の感情だと信じている。音楽は私たちの内なる声によって生み出され、評価されるのであり、その内なる声は、星々のリズムにも、女神や天使にも従う必要がない。なぜなら、星々は音など発しておらず、女神や天使は私たちの想像の中にしか存在しないからだ。現代の芸術家は、神と接触しようとはせず、自分自身や自分の感情を知ろうとする。それならば、私たちが芸術を評価する段になると、もう客観的な基準を信用しないのもうなずける。そうした基準の代わりに、私たちはまたしても主観的な気持ちを頼る。倫理において、人間至上主義者のモットーは、「もしそれで気持ちが良いのなら、そうすればいい」だ。政治において人間至上主義は、「有権者がいちばんよく知っている」と教える。美学においては、人間至上主義は「美は見る人の目の中にある」と言う。

その結果、芸術の定義さえもが、やりたい放題になっている。一九一七年にマルセル・デュシャンがありきたりの大量生産の男性用小便器を買い、それが芸術作品であると宣言し、「泉」と名づけ、サインし、あるニューヨークの展覧会に出品しようとした。中世の人なら、わざわざそれについて議論することさえなかっただろう。そんなナンセンスの極みについては、口を利くのも馬鹿らしい。ところが、現代の人間至上主義の世界で

図28　ローマ教皇グレゴリウス1世が、やがて自分の名にちなんでグレゴリオ聖歌と呼ばれるようになる聖歌を作曲しているところ。お気に入りのハトの姿をした聖霊が、教皇の右肩に止まり、聖歌を彼の耳に小声で歌っている。聖霊が聖歌の真の作者で、グレゴリウス1世は媒介者にすぎない。神こそが芸術と美の究極の源泉なのだ。

は、デュシャンの作品の登場は、芸術史上の画期的出来事と考えられている。世界中の無数の教室では、芸術を学ぶ大学一年生がデュシャンの「泉」の写真を見せられ、どう思うかという教師の問いとともに大騒ぎになる。これは芸術だ！　いや、違う！　いや、芸術だとも！　とんでもない！　教師はしばらく学生たちに言いたいことを好きなように言わせてから、「芸術とはいったい何でしょう？　そして、何かが芸術作品かどうかを、どうやって決めればいいのでしょう？」と問いかけ、議論の的を絞る。もうしばらくやりとりをしてから、教師は学生たちを正しい方向に向かわせる。「人々が芸術だと思うものなら、何でも芸術なのであり、美とは見る人の目の中にあるのです」。小便器が美しい芸術作品だと人々が思えば、それは芸術作品なのだ。人々に、お前たちは間違っているなどと上から決めつけるような権威など、どこに存在するだろう？　今日、デュシャンの傑作の複製は、サンフランシスコ近代美術館やカナダ国立美術館、ロンドンのテート・モダン、パリのポンピドゥー・センターなど、世界の主要な美術館のいくつかで展示されている（トイレではなく、陳列室に）。

そのような人間至上主義のアプローチは、経済の分野にも重大な影響を与えてきた。中世にはギルドが生産過程を管理しており、個々の職人や消費者の独創性や好みが入り込む余地はほとんどなかった。家具職人のギルドは適切な椅子とはどういうものかを決めた。パン職人のギルドは良いパンを規定した。職匠歌人《マイスタージンガー》のギルドはどの歌が第一級でどの歌が駄作かを判断した。一方、君主や市議会が給料や物価を統制しており、定められた量の品物を定められた値段で人々に無理やり買わせ、価格交渉を許さないこともあった。現代の自由市場では、そうしたギルドや君主や議会はすべて、新しい至高の権威である、消費者の自由意志に取って代わられてしまった。

たとえばトヨタが完璧な自動車を生産することに決めたとしよう。さまざまな分野の専門家から成る委員会を設置し、一流の技術者やデザイナーを雇い、傑出した物理学者や経済学者を集め、社会学者や心理学者たちにさえ相談する。さらに、念には念を入れ、ノーベル賞受賞者一人か二人、アカデミー賞を受賞した女優一人、世界的に有名な芸術家数人にも意見を聞く。五年に及ぶ研究開発の後、完璧な自動車を発表する。何百万台も生産し、世界中の販売店に送り届ける。ところが、誰一人その自動車を買わない。これは、消費者がミスを犯しており、何が自分のためになるかわかっていないということなのか？　違う。自由市場では、顧客はつねに正しい。もし消費者がその自動車を欲しがらないのなら、その自動車が良くないのだ。大学教授や聖職者やイスラム法学者が全員揃って、これは素晴らしい自動車だと、ありとあらゆる教壇や説教壇から声高に言ったとしても、もし消費者が拒絶すれば、それは悪い自動車だ。消費者に向かって、あなたは間違っていると言う権限を持っている人は一人もいないし、政府が国民に特定の自動車を買うよう無理強いするなどもってのほかだ。

図 29　人間至上主義の政治――有権者がいちばんよく知っている。

図 30　人間至上主義の経済――顧客はつねに正しい。

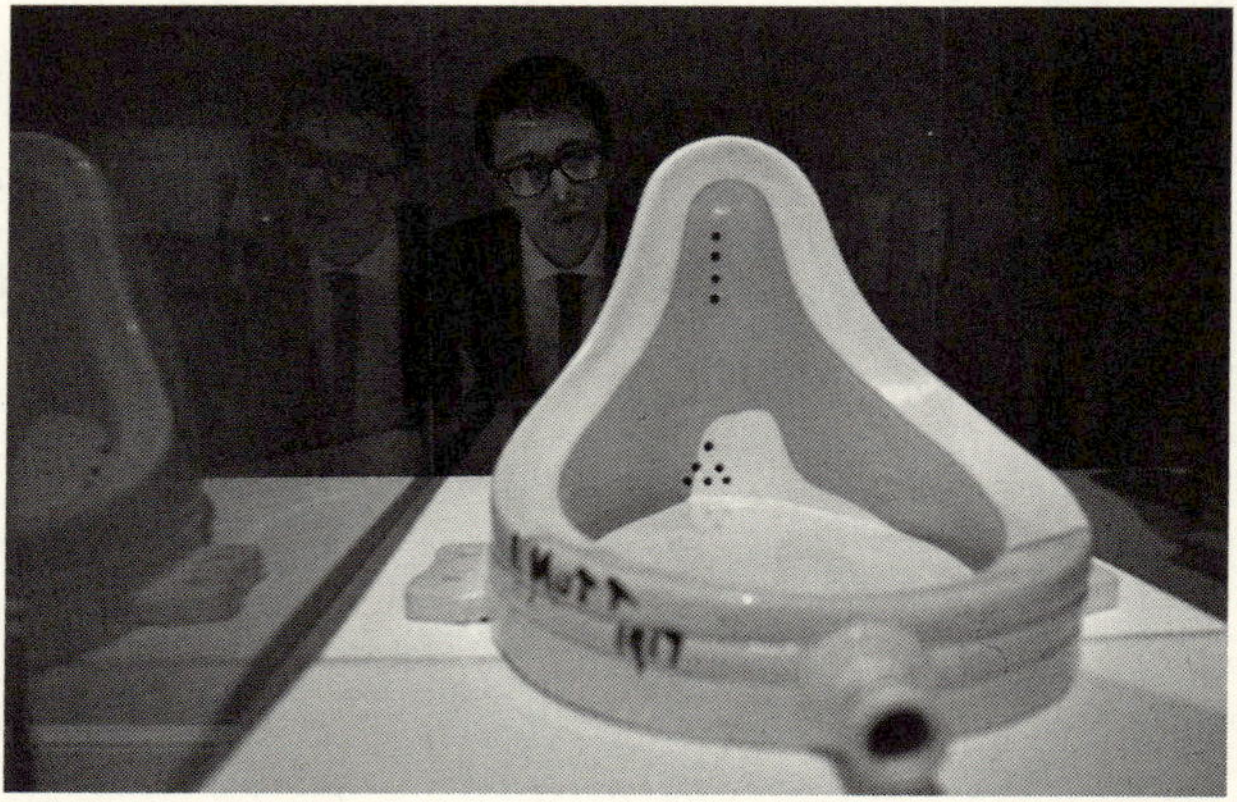

図31　人間至上主義の美学——美は見る人の目の中にある（スコットランド国立美術館の近代美術特別展で公開されたマルセル・デュシャンの「泉」）。

図33　人間至上主義の教育——自分で考えろ！

図32　人間至上主義の倫理——もしそれで気持ちが良いのなら、そうすればいい！

自動車に言えることは他のあらゆる製品にも言える。たとえば、ウプサラ大学のレイフ・アンダーソン教授の言葉に耳を傾けるといい。彼は、育ちの早いブタや乳量の多い牛や特別肉付きの良いニワトリを生み出すための、遺伝子操作による家畜の能力強化を専門にしている。「ハアレッツ」紙のインタビューで、記者のナオミ・ダロムは、そうした遺伝子操作は動物たちに大きな苦しみを引き起こしかねないという事実をアンダーソンに突きつけた。すでに今日でさえ、「能力を強化」された牛たちは、あまりに乳房が重いので、ろくに歩くことができず、「アップグレード」されたニワトリは、立ち上がることさえできない。だが、アンダーソン教授には確固たる答えがあった。「もとをたどれば、すべては個々の消費者にたどり着きます。消費者が肉にいくら払う気があるかという疑問に……現在の世界的な肉の消費レベルは、「能力を強化された」現代のニワトリ抜きではとうてい維持できないだろうことを、思い出さなければなりません……消費者が私たちにできるかぎり安い肉だけを求めていたら——消費者はそれを手にすることになるのです……消費者は自分にとって何がいちばん重要かを決める必要があります——価格か、何かそれ以外のものなのかを」(3)

アンダーソン教授は夜、心安らかに眠りに就くことができる。自分が能力を強化した動物の製品を消費者が買っているのだから、自分は彼らの欲望や欲求を満たしているのであり、したがって善いことをしているわけだからだ。これと同じ理屈で、もしどこかの多国籍企業が、「悪をなすなかれ」〔グーグルがかつて掲げていた行動規範〕というモットーを自社が遵守しているかどうか知りたければ、損益を眺めるだけで済む。もしたっぷり収益があがっていれば、厖大な数の人が自社の製品を気に入っている証拠で、それは自社が善に資する力を振るっていることを意味する。誰かが異議を唱え、人々は選択を誤るかもしれないと言ったなら、顧客はつねに正しいことと、人間の感情こそがすべての意味と権威の源泉であることをたちまち指摘される。何百万もの人がその企業の製品を買うことを自ら進んで選ぶのであれば、彼らは間違っているなどと誰に言えるだろう?

最後に、人間至上主義の考え方が台頭したせいで、教育制度にも大変革が起こった。中世には、あらゆる意味と権威の源泉は外部にあり、したがって教育は、服従を教え込み、聖典を暗記し、古くからの慣習を学ぶことに的を絞っていた。教師は生徒に質問を投げかけ、生徒はアリストテレスやソロモン王や聖トマス・アクィナスがそれにどう答えたかを思い出さなければならなかった。

それに対して現代の人間至上主義の教育では、生徒に自分で考えることを教えるべきだとされている。アリストテレスやソロモン王やアクィナスが政治や芸術や経済についてどう考えていたかを知るのもいいが、意味と権威の至高の源泉は私たち自身の中にあるので、こうした事柄について自分がどう考えているかを知ることのほうが、はるかに重要なのだ。幼稚園であれ、小学校であれ、大学であれ、そこの教員に何を教えようとしているか尋ねてみるといい。「そうですね、子供／生徒／学生たちには歴史／美術／量子力学も教えますけれど、何にもまして教えようとするのは、自分で考えることです」と、その教師は答えるだろう。いつもうまくいくとはかぎらないが、それこそ、人間至上主義の教育が成し遂げようとしていることだ。

意味と権威の源泉が天から人間の感情へと移るのに伴って、世界全体の性質も変化した。それまで神々や妖精や悪霊で満ちていた外側の世界は、何もない空間となった。それまではむき出しの感情の、取るに足りない領域だった内側の世界は、計り知れぬほど深遠で豊かになった。天使や悪魔は世界の森や砂漠を動き回る現実の存在から、私たち自身の心の中に存在する内なる力に変容した。天国と地獄も雲の上と火山の下にある現実の場所ではなくなり、内部の精神的な状態と解釈されるようになった。人は心の中で怒りや憎しみの火を燃え立たせるたびに地獄を経験し、敵を赦《ゆる》したり、自分の悪行を悔いたり、貧しい人に富を分け与えたりするたびに、天国の至福を楽しむのだ。

これこそ、神は死んだと言ったときにニーチェの頭にあったことだ。少なくとも西洋では、神は抽象概念になり、それを受け容れる人もいれば退ける人もいるが、どちらにしてもあまり変わりはない。中世には、神がいなければ、人は政治的権威の源泉も道徳的権威の源泉も美的権威の源泉も持ちえなかった。だから、何が正しいか、善いか、美しいか判断できなかった。誰にそんな生活が送れるだろう？　それに対して今日は、神の存在を信じないことはたやすい。信じなくても、何の代償も払わなくて済むからだ。人は完全な無神論者であっても、政治的価値観と道徳的価値観と美的価値観のじつに豊かな取り合わせを、自分の内なる経験から依然として引き出せる。

仮に私が神を信じていたら、そうするのは私の選択だ。私の内なる自己が神を信じるように命じるのなら、私はそうする。私が信じるのは、神の存在を感じるからで、神はそこに存在すると私の心が言うからだ。だが、もし神の存在をもう感じなければ、そして、神は存在しないと突然自分の心が言い始めたら、私は信じるのをやめる。どちらにしても、権威の本当の源泉は私自身の感情だ。だから、神の存在を信じていると言っているときにさえも、じつは私は、自分自身の内なる声のほうを、はるかに強く信じているのだ。

黄色いレンガの道をたどる

感情にも、他のあらゆる権威の源泉と同じで短所がある。人間至上主義は、どの人間にも単一の本物の内なる自己があると決めてかかっているが、私がその内なる自己に耳を傾けようとすると、沈黙が返ってくるか、相争う声の不協和音が聞こえてくるかのどちらかだ。人間至上主義はこの問題を乗り越えるために、権威の新しい源泉だけではなく、その権威に到達して真の知識を獲得する新しい方法もはっきりと示した。

中世のヨーロッパでは、代表的な知識の公式は、**知識＝聖書×論理**＊だった。もし人々が重要な疑問の答えを知りたかったら、彼らは聖書を読み、文章の厳密な意味を理解するために論理を使った。たとえば、地球の形をはっきりさせたい学者は、聖書に目を通し、関連した記述を探した。ある学者は、「ヨブ記」第38章13節に、神は「大地の縁をつかんで／神に逆らう者どもを地上から払い落とせ」ると書かれていることを指摘した。神がつかめる縁が地球にはあるのだから、地球は平らで四角いに違いないと、その有識者は推論した。別の賢者は、「イザヤ書」第40章22節を示し、この解釈を退けた。そこには、神は「地を覆う大空の上にある御座に着かれる」と書かれているからだ〔原文では「地を覆う大空」の部分が「the circle of the earth」となっており、直訳すると「地球の丸」となる〕。これは地球が丸いという証拠ではないのか？　そんなわけで、学者たちは学校や図書館で何年も過ごし、できるかぎり多くの文書を読み、文書を正しく理解できるように論理的思考力を磨くことで、知識を探し求めた。

科学革命は完全に異なる知識の公式を提示した。**知識＝観察に基づくデータ×数学**

だ。もし何かの疑問の答えを知りたければ、その疑問に関連した、観察に基づくデータを集め、それから数学的ツールを使って分析する必要がある。たとえば、地球の本当の形状を知るためには、次のような方法がある。まず世界のさまざまな場所から太陽と月と惑星を観察する。十分な観察結果が集まったら、三角法を使って地球の形だけでなく太陽系全体の構造も推定できる。そんなわけで、科学者たちは観測所や研究所や遠征調査で何年も過ごし、できるかぎり多くの観察に基づくデータを集め、そのデータを正しく解釈できるように数学的ツールの精度を上げることで、知識を探し求める。

＊この公式が掛け算の形を取っているのは、聖書と論理が互いに影響を及ぼすからだ。少なくとも中世のスコラ哲学によれば、論理がなければ聖書は理解できないという。もしあなたの論理の力がゼロなら、たとえ聖書を一ページ漏らさず読んだとしても、知識の総計は依然としてゼロのままとなる。逆に、もし聖書を読んだ量がゼロなら、どれほど論理の力があっても役に立たない。この公式がもし足し算だったなら、論理の力がたっぷりある人は、聖書を読んでいなくても、多くの知識を持っていることになる。あなたや私は、それは理に適っていると思うかもしれないが、中世のスコラ哲学ではそうはならなかった。

科学的な知識の公式のおかげで、天文学や物理学や医学をはじめ多くの学問領域が驚嘆するべき大躍進を遂げた。だがこの公式には一つ大きな難点があった。価値や意味に関する疑問には対処できないのだ。中世の有識者は盗んだり殺したりするのは悪いことだとか、人生の目的は神の命に従うことだとか、絶対の確信を持って断定することができた。聖書にそう書いてあるからだ。科学者には、そうした倫理的判断を下すことはできない。どれだけデータを集めようと、どれだけ巧みに数学を使おうと、殺すのが悪いと証明することはできない。ところが、人間社会はそのような価値判断なしでは生き延びられない。

この難点を克服する一つの方法は、古い中世の公式を新しい科学の手法と併用するというものだった。地球の形を判断したり、橋を架けたり、病気を治したりするといった実際的な問題に直面したときには、観察に基づくデータを集めて数学的に分析する。離婚や妊娠中絶や同性愛を許すかどうかを判断するといった倫理的な問題に直面したときには、聖典を読む。この解決法は、ヴィクトリア朝のイギリスから二一世紀のイランまで、近代以降のじつに多くの社会である程度まで採用されてきた。

ところが、それに代わるものを人間至上主義が提供した。人間たちが自分に自信を持つようになると、倫理にまつわる知識を得るための新しい公式が登場した。**知識＝経験×感性**だ。倫理にまつわるどんな疑問に対しても答えを知りたければ、自分の内なる経験と接触し、この上ないほどの感性をもってそれを観察する必要がある。そんなわけで、私たちは経験を積み重ねるために何年も過ごし、その経験を正しく理解できるように自分の感性を磨くことで、知識を探し求める。

「経験」とはいったい何なのか？　観察に基づくデータではない。経験は原子や電磁波、タンパク質、数からできてはいない。経験とは主観的な現象で、感覚と情動と思考という三つの構成要素から成る。私の経験はどの瞬間にも、私が感じるいっさいのこと（熱、快感、緊張など）や、感じるいっさいの情動（愛、恐れ、怒りなど）、何であれ頭に浮かぶ思考から成る。

では、「感性」とは何か？　それは二つのことを意味する。第一に、自分の感覚と情動と思考に注意を払うこと。第二に、それらの感覚と情動と思考が自分に影響を与えるのを許すこと。たしかに私は、そよ風が束の間吹くたびに、それに吹き飛ばされてしまうわけにはいかない。それでも、新しい経験を拒まず、それが自分の見方や行動を、さらには人格さえ変えるのを許すべきだ。

経験と感性は果てしないサイクルをたどりながら互いに高め合う。感性がなければ何も経験できないし、さまざまな経験をしなければ感性を伸ばすことはできない。感性は、本を読んだり講義を聴いたりして育めるような抽象的能力ではない。それは実際に応用することでのみ発達し、成熟する実用的な技能なのだ。

お茶を例に取ろう。私は朝、まずとても甘い普通の紅茶を飲みながら新聞を読んでいた。じつは、紅茶は糖分を取るための言い訳にすぎなかった。ある日、砂糖と新聞のせいで、自分が紅茶をほとんど味わっていないことに気づいた。そこで砂糖の量を減らし、新聞を脇に置き、目を閉じ、紅茶そのものに意識を集中した。すると、独特の香りと味がはっきり感じられてきた。ほどなく私は、紅茶も緑茶もあれこれ試し、それぞれの素晴らしい味や繊細な香りを比べるようになった。数か月のうちに、スーパーマーケットの商品はやめて、お茶はハロッズで買うようになった。とりわけ気に入ったのが、中国の四川省雅安市の山間部が原産の「パンダ茶」で、パンダの糞を肥料に使った茶畑で収穫した葉から作ったものだ。こうして私は一杯飲むごとに、感性を磨き、お茶通《つう》になった。緑茶を飲み始めた頃に、明朝《みんちょう》の磁器でパンダ茶を振る舞われても、紙コップに入った安い紅茶ほどのありがたみしか感じなかっただろう。必要な感性なしでは、物事を経験することはできない。そして、経験を積んでいかないかぎり、感性を育むことはできない。

お茶に当てはまることは、他のあらゆる美的知識や倫理的知識にも当てはまる。私たちは出来合いの良心を持って生まれてはこない。人生を送りながら、他人を傷つけ、他人に傷つけられ、情け深い行動を取り、他者からの思いやりを受ける。注意を払えば、道徳的な感性が研ぎ澄まされ、こうした経験が価値ある倫理的知識の源泉となって、何が善く、何が正しく、自分が本当は何者かがわかってくる。

人間至上主義はこのように、経験を通して無知から啓蒙へと続く、内なる変化の漸進的な過程として人生を捉える。人間至上主義の人生における最高の目的は、多種多様な知的経験や情動的経験や身体的経験を通じて知識をめいっぱい深めることだ。近代的な教育制度構築の立役者の一人であるヴィルヘルム・フォン・フンボルトは、一九世紀初頭に、人間が存在する目的は「できるかぎり幅広い経験を叡智《えいち》として結晶させることである」と述べた。彼はまた、「人生に頂上は一つしかない——人間的なものをすべて味わい尽くしたときだ」とも述べている。(4) これは人間至上主義のモットーとしても十分通用するだろう。

中国の哲学によれば、世界は陰と陽という、相反しつつも互いに補い合う二つの力の相互作用によって維持されているという。これは物理的な世界には当てはまらないかもしれないが、科学と人間至上主義との契約によって生み出された現代世界には、たしかに当てはまる。どの科学の陽にも人間至上主義の陰が含まれており、どの人間至上主義の陰にも科学の陽が含まれている。陽は力を与えてくれ、陰は意味と倫理的判断を与えてくれる。現代の陽と陰は、理性と情動、研究所と美術館、生産ラインとスーパーマーケットだ。人々は陽だけを目にして、現代世界は研究所や工場とちょうど同じように、無味乾燥で、科学的で、論理的で、功利主義的だと想像することが多い。だが現代世界は贅沢なスーパーマーケットでもある。人間の感情や欲望や経験にこれほどの重要性を与えた文化はこれまでなかった。人生は経験の連続であるという人間至上主義の見方は、観光から芸術まで、現代のじつに多くの産業の基盤を成す神話となった。旅行業者やレストランのシェフは、航空券やホテルや豪勢なディナーを売っているのではない。彼らは斬新な経験を売っているのだ。

同様に、近代以前の物語の大半が外面的な出来事や行動に的を絞っていたのに対して、現代の小説や映画や詩は感情を強調することが多い。ギリシア・ローマ時代の叙事詩や中世の騎士物語は、感情ではなく英雄的行為の目録さながらだ。ある章では勇敢な騎士が極悪非道の人食い鬼と戦ってこれを成敗する。別の章では騎士が火を吐くドラゴンから美しい姫を救い出し、ドラゴンを退治する。さらに別の章では邪悪な魔法使いが姫を誘拐するが、騎士がその魔法使いを追い、討ち果たす。主人公が大工や農民ではなく必ず騎士なのも当然だろう。農民は英雄的行為などしないから。

決定的なのは、主人公が内面の変化と呼べるような過程をまったく経ない点だ。アキレスもアーサー王もローランもランスロットも、冒険に出かける前から、騎士道の世界観を持った恐れを知らぬ戦士で、最後まで騎士道の世界観を持った恐れを知らぬ戦士のままだ。人食い鬼を殺したり姫を救い出したりする活躍はみな、彼らの勇気と忍耐を裏づけているが、彼らはけっきょく、そこからほとんど学ぶことがなかった。

行為ではなく感情や経験に的を絞る人間至上主義は、芸術を一変させた。ワーズワースやドストエフスキー、ディケンズ、ゾラは、勇敢な騎士や豪胆な行為にはほとんど関心がなく、普通の労働者や主婦がどう感じているかを描写した。ジョイスの『ユリシーズ』は、外面的な行動ではなくむしろ内面生活に的を絞る現代の最高峰であると考える人もいる。ジョイスは、スティーヴン・ディーダラスとレオポルド・ブルームという二人のダブリン住民の人生におけるわずか一日を、二六万語以上かけて描いた。二人がその日にしたことと言えば……いや、たいしたことは何もない。

『ユリシーズ』を本当に最後まで読み通した人はほとんどいないが、外面から内面へというこの焦点の変化が、今や私たちの大衆文化も支えている。アメリカではテレビシリーズの「サバイバー」は、リアリティ番組を大流行させたとして、しばしば称賛（あるいは非難）される。「サバイバー」はニールセンの視聴率調査で第一位になった最初のリアリティ番組で、二〇〇七年には「タイム」誌が歴代の優れたテレビ番組一〇〇のうちの一つに数えている。[5] シーズンごとに裸同然の水着姿の参加者二〇人がどこかの熱帯の島に隔離される。彼らはさまざまな種類の難題に直面しなければならず、毎回投票で一人を追放する。そして、最後まで残った人が一〇〇万ドルを獲得する。

ホメロス時代のギリシアやローマ帝国や中世ヨーロッパの人々が視聴者だったら、

この発想はお馴染みで、とても魅力的に思えたことだろう。二〇人の挑戦者が参加し、一人だけがヒーローになる。「素晴らしい！」とホメロス時代の君主やローマ時代の貴族や十字軍の騎士は思いながら、腰を据えて番組を観る。「きっと驚くべき冒険や命がけの戦い、比類のない英雄的行為や裏切りがこれから見られるぞ。戦士たちはおそらく騙し討ちで背後から刺し合ったり、私たちの見ている前で腹を裂かれて内臓をぶちまけたりするだろう」

ところが、とんだ期待外れだ！　背後から刺したり、内臓をぶちまけたりというのは、ただの比喩にとどまる。番組は毎回約一時間続く。そのうちの一五分は歯磨きやシャンプーやシリアルのコマーシャルが占める。五分は、誰がいちばん多くココナッツをフープに投げ入れられるかとか、誰が一分間にいちばん多くの虫を食べられるかとかいった、信じられないほど子供じみた課題に充てられる。残りの時間には、「英雄」たちがひたすら自分の感情について語るのだ！　彼がこう言った、彼女がこう言った、自分はこう感じた、ああ感じた。もし十字軍の騎士が実際に腰を下ろして「サバイバー」を観ることができたら、おそらく退屈と失望のせいで、自分の戦斧《せんぷ》を手に取り、テレビを打ち壊すことだろう。

今日私たちは、中世の騎士たちは鈍感な人でなしだと思うかもしれない。もし彼らが私たちの間で暮らしていたら、私たちはセラピストのもとに送り込むだろう。そうすれば、自分の感情を知るのを助けてもらえるかもしれない。これこそ、『オズの魔法使い』でブリキの木こりの身に起こることだ。彼はオズに着いたら偉い魔法使いが心を与えてくれることを期待しながら、ドロシーや彼女の友人たちといっしょに黄色いレンガの道を歩いていく。同様に、かかしは脳を、ライオンは勇気を欲しがっている。旅の終わりに、魔法使いは詐欺師であることがわかる。魔法使いは、彼らが望んでいたものをどれ一つ与えられない。だが彼らは、それよりもはるかに重要なことに気づく。望んでいたものはすべて、すでに彼らの中にあったのだ。敏感になったり、賢くなったり、勇敢になったりするためには、神のような魔法使いなど、まったく必要ではなかった。黄色いレンガの道をたどり、途中で出くわすどんな経験にも心を開きさえすればよかったのだ。

それとまったく同じ教訓を学ぶのが、宇宙船エンタープライズ号で銀河系を旅するカーク船長とジャン゠リュック・ピカード艦長や、ミシシッピ川を船で下るハックルベリー・フィンとジム、映画『イージー・ライダー』でハーレーダビッドソンに乗るワイアットとビリー、古いオープンカー（あるいはバスなど）でペンシルヴェニア（あるいはニューサウスウェールズなど）の故郷を離れ、人生を変えるようなさまざまな経験をし、自分自身を知り、自分の感情について語り、前より優れた賢い人間として最終的にサンフランシスコ（あるいはアリススプリングズなど）にたどり着く、その他無数のロードムービーの数知れぬ登場人物たちだ。

戦争についての真実

知識＝経験×感性という公式は、大衆文化だけではなく、戦争のような重大な問題についての私たちの認識さえも変えた。歴史の大半を通じて、ある戦争が公正かどうかを知りたいときには、人々は神に尋ね、聖典に尋ね、王や貴族や聖職者に尋ねた。一兵卒や一般市民の意見や経験を気にする人などほとんどいなかった。ホメロスやウェルギリウスやシェイクスピアのもののような戦争の物語は、皇帝や将軍や傑出した英雄の行動に的を絞り、戦争の悲惨さを隠しはしないものの、それを埋め合わせて余りあるほど栄光や武勇をたっぷり描いている。平凡な兵卒は、ゴリアテの類の殺戮の犠牲者が積み重なる死体の山として、あるいは、勝ち誇るダビデの類を肩の上に担ぎ上げて歓呼する群衆として登場するだけだ。

たとえば、次ページの絵を見てほしい。一六三一年九月一七日にあった、ブライテンフェルトの戦いの模様を描いたものだ。

画家のヨハン・ヤーコプ・ヴァルターは、この日、自軍を決定的勝利に導いたスウェーデンのグスタフ・アドルフ王を賛美している。王は軍神さながら、戦場の上に威

図34　ヨハン・ヤーコプ・ヴァルターの「ブライテンフェルトの戦いにおけるスウェーデンのグスタフ・アドルフ」。

容を見せる。まるで、チェスのプレイヤーがポーンを動かすように、戦いを支配しているかのようではないか。ポーンたちは個性などほとんど感じさせず、背景の中の小さな点にすぎない者たちもいる。ヴァルターは彼らが突撃したり、逃げたり、殺したり、死んだりするときにどう感じていたかには興味がない。彼らは顔を持たない集団だ。

画家たちが軍の指揮官ではなく戦争そのものに的を絞っているときにさえ、依然として戦いを上から見下ろし、個人の感情よりも全体的な作戦行動のほうにはるかに大きな関心を向けていた。一六二〇年の白山《はくさん》の戦いを描いた79ページのピーテル・

スネイエルスの絵を例に取ろう。

この絵は、三〇年戦争でカトリック側が異端のプロテスタントの叛逆者たちを打ち破った有名な勝利の場面を描いている。スネイエルスはさまざまな隊形や作戦行動や部隊の動きを丹念に記録することで、この勝利を記念して後世に伝えようとした。この絵からは、それぞれの部隊やその装備、軍の編成の中に占める位置がはっきり見て取れる。スネイエルスは、兵卒の経験や気持ちには、ほとんど重きを置いていない。ヨハン・ヤーコプ・ヴァルター同様、彼も私たちにオリンポスの神々や王の視点から戦いを眺めさせ、戦争は巨大なチェスゲームであるかのような印象を抱かせる。

詳しく見てみると（そのためには拡大鏡が必要かもしれない）、「白山の戦い」はチェスのゲームよりも少しばかり複雑であることがわかる。一目見たときには幾何学的な抽象的図柄に思えたものが、目を凝らして見てみると、血なまぐさい修羅場に変わる。駆けたり、逃げたり、銃を撃ったり、敵を槍で突き刺したりしている個々の兵士の顔さえ、そこかしこに見出せる。とはいえ、こうした光景は、それが全体像の中に占める位置から意味を与えられている。砲弾が兵士の体を木っ端微塵にしているのを目にした私たちは、それをカトリック側の大勝利の一部として解釈する。もしその兵士がプロテスタント側で戦っているのなら、彼の死は叛逆と異端に対する報いにすぎない。もし彼がカトリック側の軍で戦っているのなら、その死は尊い大義のための気高い自

図35　ピーテル・スネイエルスの「白山の戦い」。

己犠牲の行為となる。視線を上げると、戦場のはるか上空に天使たちが浮かんでいる姿が目に入る。天使たちが手にした白い横断幕には、この戦いで何が起こったか、そして、それがなぜ重要なのかがラテン語で説明されている。それは、神の助けで皇帝フェルディナント二世が一六二〇年一一月八日に敵を打ち負かしたという内容だ。

何千年にもわたって、人々は戦争を眺めるときには、神や皇帝、将軍、偉大な英雄を目にした。だが過去二世紀の間に、王や将軍はしだいに脇へ押しやられ、スポットライトは一兵卒やその経験に向けられるようになった。『西部戦線異状なし』（レマルク著、秦豊吉訳、新潮文庫、二〇〇七年、他）のような戦争小説や

『プラトーン』のような戦争映画は、自分や世の中についてろくに知らないまま、希望と幻想の重荷を背負った青二才の新兵とともに始まる。戦争は輝かしく、その大義は公正で、将軍は天才だと彼は信じている。ところが、本物の戦争――泥と、血と、死臭――を数週間経験するうちに、そうした幻想は次々に打ち砕かれる。かつてのうぶな新兵は、もし生き延びればずっと賢くなって戦場を後にするだろう。教師や映画製作者や雄弁な政治家が謳う決まり文句や理想を、もう鵜呑みにしない人間になって。

　このような物語はあまりに大きな影響力を持つようになったために、今日では教師や映画製作者や雄弁な政治家までもが繰り返し語るのだから、皮肉なものだ。「戦争は映画で目にするようなものとは大違いだ！」と、『地獄の黙示録』や『フルメタル・ジャケット』『ブラックホーク・ダウン』のようなハリウッドの大ヒット作は警告する。映画や小説や詩に記された一兵卒の感情が戦争に関する究極の権威となり、誰もがそれに敬意を払うことを覚えた。ジョークにあるとおり、「電球を一つ取り替えるのに何人のヴェトナム帰還兵が必要か？」「わかるものか、君はあそこに行っていないんだから」[6]〔「電球を一つ取り替えるのに何人の〜が必要か？」というのは定型的な英語のジョークの前半で、必要な人数と、その理由を示すおちが続く〕。

　画家たちも、馬にまたがった将軍や戦術への関心を失った。そしてその代わりに一兵卒の心情を描こうと懸命に努力する。「ブライテンフェルトの戦いにおけるスウェ

図36　オットー・ディックスの「戦争」(1929～32年)。

図37　トマス・リーの「2000ヤードの凝視」(1944年)。

ーデンのグスタフ・アドルフ」や「白山の戦い」を見直してほしい。それから二〇世紀の戦争芸術の傑作とされている前ページの二枚の絵を見てほしい。オットー・ディックスの「戦争」とトマス・リーの「二〇〇〇ヤードの凝視」だ。

ディックスは第一次世界大戦のとき、ドイツ軍の軍曹として軍務に就いた。リーは「ライフ」誌のために、一九四四年のペリリュー島の戦いを取材した。ヴァルターとスネイエルスが戦争を軍事的・政治的現象として捉え、特定の戦いで起こったことを私たちに知ってほしかったのに対して、ディックスとリーは戦争を情動的現象として捉え、それがどう感じられるかを知ってほしかった。ディックスとリーは、将軍たちの天賦の才や個々の戦いの戦術的詳細には関心がなかった。ディックスが描いた兵士は、ヴェルダン、イープル、ソンム〔いずれも第一次世界大戦の激戦地〕のどこにいてもおかしくなかった。それがどこかは関係ない。戦争はどこでも地獄だからだ。リーの兵士はたまたまペリリュー島のアメリカ軍兵士だったわけだが、その兵士とまったく同じ二〇〇〇ヤードの凝視の表情を、硫黄島の日本軍兵士や、スターリングラードのドイツ軍兵士や、ダンケルクのイギリス軍兵士の顔にも見て取ることができただろう。

ディックスとリーの絵の中では、戦争の意味は戦術的な動きや神聖な宣言からは現れ出てこない。もし戦争を理解したいのなら、丘の上の将軍や空の天使たちを見上げてはならない。代わりに、兵卒たちの目を真っ直ぐ覗《のぞ》き込むことだ。リーの絵では、トラウマを受けた兵士の大きく見開かれた目が、戦争の恐ろしい真実を直視する窓を開いてくれる。ディックスの絵では、真実はあまりに耐え難いために、兵士はガスマスクで目を覆わざるをえなかった。戦場の上空を舞う天使はいない。腐りかけた死骸だけが、折れた梁《はり》にぶら下がって、非難するように指差している。

ディックスとリーのような画家たちは、こうして従来の戦争のヒエラルキーを覆すのに加担した。以前にも、二〇世紀の戦争とどう比べても同じぐらいぞっとする戦争は数限りなくあった。とはいえそれまでは、身の毛もよだつような経験でさえもみな、もっと広い文脈の中に収められ、好ましい意味を与えられた。戦争は地獄かもしれないが、天国への入口でもあった。白山の戦いで戦うカトリックの兵士は、自分にこう言い聞かせることができた。「たしかに私は苦しんでいる。だが、私たちは善き大義のために戦っているとローマ教皇や皇帝がおっしゃるのだから、私の苦しみには意味がある」。ところが、オットー・ディックスはそれとは正反対の種類の論理を使った。彼は個人の経験をあらゆる意味の源泉と見ていた。だから、彼の考え方を言葉にすると、こうなる。「私は苦しんでいる。そして、これは悪いことだ。したがって、戦争全体が悪い。それでも皇帝や聖職者がこの戦争を支持するのなら、彼らは間違っているに違いない(7)」

人間至上主義の分裂

これまでは、人間至上主義が単一の首尾一貫した世界観であるかのように論じてきた。だがじつは人間至上主義も、キリスト教や仏教など、栄えている宗教のすべてに共通する運命をたどってきた。広まり、発展するうちに、いくつかの対立する宗派に分裂したのだ。人間至上主義の宗派はみな、人間の経験こそ権威と意味の至高の源泉だと信じているものの、人間の経験の解釈の仕方がそれぞれ異なる。

人間至上主義は三つの主要な宗派に分かれた。正統派の人間至上主義では、どの人間も、独自の内なる声と二度と繰り返されることのない一連の経験を持つ唯一無二の個人であるとされる。一人ひとりの人間が、違う視点から世界を照らし、森羅万象に色と深さと意味を加える無類の光だ。だから私たちは、ありとあらゆる人にできるかぎり多くの自由を与え、世界を経験したり、自分の内なる声に従ったり、自分の内なる真実を表現したりできるようにするべきなのだ。政治でも経済でも芸術でも、個人の自由意志は国益や宗教の教義よりもはるかに大きな重みを持つべきだ。個人が享受する自由が大きいほど、世界は美しく、豊かで、有意義になる。この正統派の人間至上主義は、自由を重視するため、「自由主義的な人間至上主義」、あるいはたんに「自由主義」として知られている。*

有権者がいちばんよく知っていると信じているのは、自由主義の政治だ。自由主義の芸術は、美は見る人の目の中にあるとしている。自由主義の経済は、顧客はつねに正しいと断言する。自由主義の倫理は、もしそれで気持ちが良いのなら、遠慮なくそうするべきだと勧める。自由主義の教育は、自分で考えることを教える。答えはすべて、自分の中に見つかるからだ。

一九世紀と二〇世紀には、自由主義は社会的な信用と政治的な力をしだいに獲得するうちに、二つのまったく異なる分派を生み出した。じつに多くの社会主義運動と共産主義運動を網羅する社会主義的な人間至上主義と、ナチスを最も有名な提唱者とする進化論的な人間至上主義だ。どちらの分派も、人間の経験が意味と権威の究極の源泉であるという点では自由主義と意見が一致する。どちらも、超自然的な力や神の法が書かれた書物の存在は信じていない。たとえば、煙の立ち込める工場で一二時間交替制で一〇歳児が働くことのどこが悪いかとカール・マルクスに尋ねたら、子供たちが嫌な思いをすることだという答えが返ってきただろう。私たちが搾取や圧制や不平等を避けるべきなのは、神がそう言ったからではなく、それらが人を惨めにするから

＊アメリカの政治では、自由主義はもっとずっと狭い意味で解釈され、「保守主義」と対置されることが多い。だが、広い意味ではアメリカの保守派も、ほとんどが自由主義者だ。

だ。

とはいえ、社会主義的な人間至上主義と進化論的な人間至上主義はともに、人間の経験を自由主義の立場から解釈するのは間違っていると指摘する。自由主義者は、人間の経験は個人の現象だと考える。だが、世界には多くの個人がおり、しばしば違うことを感じ、相反する欲求を抱く。もしあらゆる権威と意味が個人の経験から流れ出てくるのなら、そのように異なる経験どうしの矛盾をどう解決すればいいのか？

二〇一五年七月一五日、ドイツのアンゲラ・メルケル首相に、レバノンから逃れてきた一〇代のパレスティナ難民の少女が詰め寄った。家族がドイツに亡命を求めているのに受け容れてもらえず、国外追放を目前にしているという。リームというその少女は流暢《りゅうちょう》なドイツ語でメルケルにこう語った。「自分にはできないときに、他の人がどれほど人生を楽しめるかを目の当たりにするのはとてもつらいです。自分が将来どうなるのか、まったくわかりません」。するとメルケルは、「政治は、ときに厳しいものです」と答え、レバノンには何十万ものパレスティナ難民がいるので、ドイツは全員を受け容れることができないと説明した。この冷徹な答えにあっけにとられたリームは、涙を流し始めた。メルケルは絶望に打ちひしがれた少女の背中を撫でてやったが、自分の意見は曲げなかった。

その結果、世間が大騒ぎになり、メルケルは薄情で無神経だという非難の声が多数上がった。それを静めるためにメルケルは方針を変え、リームは家族とともに亡命を許された。その後数か月のうちに、メルケルは門戸をさらに開き、何十万もの難民をドイツに迎え入れた。だが、すべての人を満足させることはできない。ほどなく彼女は、感傷に流され、断固たる態度を取り切れていないと、激しく攻撃された。ドイツの無数の親たちが、メルケルの方向転換のせいで我が子が将来、生活水準の低下に直面し、ことによればイスラム化の津波に呑まれるのではないかと心配した。自由主義の価値観を信じてさえいないかもしれない赤の他人を助けるために、どうして自分の家族の平穏と繁栄を危険にさらさなければならないのか？　誰もがこの件に関しては強い思い入れがあった。絶望的な難民の気持ちと不安なドイツ人の気持ちという、相容れないものの折り合いを、どうつければいいのか？(8)

自由主義はそのような矛盾について永遠に苦悩する。ロックやジェファーソンやミルと彼らの同輩がどれだけ頑張っても、この手の難問に対する迅速で手軽な解決策は提供できなかった。民主的な選挙を行なっても助けにならない。誰がその選挙で投票できるのかという問題が出てくるからだ。ドイツ国民だけなのか、ドイツに移民したい何百万ものアジア人とアフリカ人も含めるのか？　なぜ一つの集団の感情を別の集団の感情に優先させるのか？　同様に、八〇〇万のイスラエル国民と三億五〇〇〇万のアラブ連盟諸国の国民に投票させても、アラブ＝イスラエル紛争は解決できない。

一目瞭然の理由から、イスラエル国民はそのような投票の結果に拘束される気にはならないだろうから。

人が民主的な選挙の結果を受け容れる義務があると感じるのは、他のほとんどの投票者と基本的な絆がある場合に限られる。他の投票者の経験が私にとって異質のもので、彼らがこちらの気持ちを理解しておらず、こちらの死活にかかわる利害の問題に関心がないと私が思っていたら、たとえ一〇〇対一という票数で負かされても、その結果を受け容れる理由はまったくない。民主的な選挙は普通、共通の宗教的信念や国家の神話のような共通の絆をあらかじめ持っている集団内でしか機能しない。選挙は、基本的な事柄ですでに合意している人々の間での意見の相違を処理するための方法なのだ。

したがって、自由主義は多くの場合、昔ながらの集団的アイデンティティや部族感情と融合して近代以降の国家主義を形作ってきた。今日、国家主義を反自由主義勢力と結びつける人が多いが、少なくとも一九世紀の国家主義は自由主義と緊密につながっていた。自由主義者は、個々の人間の唯一無二の経験を賛美する。一人ひとりの人間には、独自の気持ちや好みや癖があり、他人を傷つけないかぎり、それを自由に表現したり探求したりできてしかるべきだ。同様に、ジュゼッペ・マッツィーニのような一九世紀の国家主義者は、個々の国の独自性を賛美した。彼らは、人間の経験の多くが共有されるものであることを強調した。ポルカは一人では踊れないし、ドイツ語を一人で発明して維持することもできない。それぞれの国は、単語、踊り、食べ物、飲み物を使い、国民が同じ経験をするように促し、その国特有の感性を発達させる。

マッツィーニのような自由主義の国家主義者は、そうした特有の国家的経験が不寛容な帝国に抑圧されたり消し去られたりしないように守ろうとし、それぞれが隣国を傷つけることなしに自国民が共有する感情を自由に表現したり探求したりできるような、平和な諸国家のコミュニティを思い描いた。これは欧州連合の公式のイデオロギーであり続けている。二〇〇四年の欧州憲法には、ヨーロッパは「多様性の中で統一され」ており、ヨーロッパのさまざまな民族は「自らの国民的アイデンティティを誇りに思い」続けると記されている。ドイツ国民の唯一無二の共有経験を維持することに価値があるからこそ、自由主義のドイツ人でさえもが、移民に対して門戸を開くのに反対できるのだ。

もちろん、自由主義が国家主義と結びついたからといって、難問をすべて解決することはとうていできなかった。それどころか、新たな難問が数多く生まれた。共有経験の価値と個人経験の価値をどう比較すればいいのか？　ポルカやブラートブルスト〔ドイツの国民的なソーセージ〕やドイツ語を維持するためなら、何百万もの難民を貧困や、ことによると死の危険にさえもさらしたままにするのが許されるのか？　そして、一九三三年にドイツで、一八六一年にアメリカで、一九三六年にスペインで、二〇一一年にエジプトで起こったように、国家の内部でほかならぬ自国のアイデンティティの定義をめぐって根本的な対立が勃発したらどうなるのか？　そんな場合には、民主的な選挙が万能の解決策になることはまずない。対立する陣営の双方が、結果を尊重する理由を持たないからだ。

最後に、もう一つ。国家主義のポルカを踊っていると、小さいものの由々しいステップを一回踏んだだけで、大きな変化が起こりうる。自国は他のあらゆる国と違うと信じているだけでなく、自国のほうが優れていると信じるようにもなりかねないのだ。一九世紀の自由主義的な国家主義はハプスブルク帝国とロシア帝国に対して、ドイツ人、イタリア人、ポーランド人、スロヴェニア人の、それぞれ唯一無二の経験を尊重することを求めた。ところが二〇世紀の超国家主義はそれにとどまらず、征服のための戦争を起こして、強制収容所を建設し、違う音楽に合わせて踊っている人々を放り込んだ。

社会主義的な人間至上主義は、それとはまるで違う道を歩んできた。自由主義者は私たちの注意を他者が経験していることではなく自分自身の感情に集中させる、と社会主義者は非難する。たしかに、人間の経験はあらゆる意味の源泉だが、世界には何十億もの人がおり、その全員が自分とまさに同じだけ価値があるのだ。自由主義は一人ひとりの独自性と、その人の国の独自性を強調して、人の視線を自分の中へと向けるが、社会主義は、自分と自分の感情にばかり夢中になるのをやめ、他者がどう感じているかや自分の行動が他者の経験にどう影響するかに注意を向けることを要求する。世界平和は各国の独自性を賛美するのではなく、世界中の労働者を団結させることで達成される。社会の調和は、各自がナルシシズムに浸りながら自分の内なる深みを探求することではなく、他者の欲求や経験を自分の欲望よりも優先させることで成し遂げられるというのだ。

自由主義者はこう反論するかもしれない。人は自分の内なる世界を探求することによって思いやりを育み、他者への理解を深めるのだ、と。だがそのような理屈は、レーニンや毛沢東には通用しなかっただろう。個人の自己探求は気ままなブルジョアの悪癖で、自分の内なる自己を知ろうとしたら、おそらく何かしら資本主義の罠にはまるのがおちだと、彼らなら説明したはずだ。自分の現在の政治的な見方も、好き嫌いも、趣味や抱負も、真の自己を反映してはいない。むしろそれらは、自分の育ちや社会環境を反映しており、属する階級次第で、暮らしている地域や通っている学校によって形作られる。豊かな人も貧しい人も、生まれたときから洗脳される。豊かな人は貧しい人を無視するように教えられ、一方、貧しい人は自分の本当の関心を無視するように教えられる。どれだけ自分を見詰めても、どれだけサイコセラピーを受けても、役に立たない。なぜなら、サイコセラピストたちもまた、資本主義体制のために働いているからだ。

実際、内省すれば、自分についての真実を理解することからなおさら遠ざかるばかりである可能性が高い。個人の決定ばかり考慮に入れ、社会的な状況はあまり顧みないためだ。もし私が豊かなら、それは自分が賢い選択をしたからだと結論する。もし貧困の泥沼にはまっていたら、何かミスを犯したに違いない。気分が落ち込んでいたら、自由主義のセラピストはおそらく親のせいにし、人生の新しい目標を設定するように促すだろう。資本主義者に搾取されているから、そして、現在広く浸透している社会制度の下では自分の目標を実現することは望むべくもないから、気分が落ち込んでいるのかもしれないと言ったら、セラピストはたぶん、自分の内に抱えている困難を「社会制度」に投影している、母親との未解決の問題を「資本主義者」に投影していると応じるだろう。

社会主義によれば、自分の母親や情動やコンプレックスについて何年もくだくだと語り続けるのではなく、次のように自問するべきだという。自国の生産手段を所有しているのは誰か？　自国の主要な輸出品と輸入品は何か？　政権を担う政治家たちと国際的な銀行業界との間にはどんなつながりがあるか？　支配的な社会経済制度を理解し、他のすべての人の経験を考慮に入れたときに初めて、自分が何を感じているかを本当に理解できるのであり、団結した行動によってのみ、制度を変えられるのだ。とはいえ、すべての人間の経験を考慮に入れ、公平なやり方で比較できる人などいるだろうか？

だから社会主義者は自己探求を思いとどまらせ、私たちのために世界を読み解くことを目指す、社会主義政党や職種別組合といった強固な集団的組織の設立を提唱する。自由主義の政治では有権者がいちばんよく知っており、自由主義の経済では顧客がつねに正しいのに対して、社会主義の政治では党がいちばんよく知っており、社会主義の経済では職種別組合がつねに正しい。権威と意味は依然として人間の経験に由来する（政党も職種別組合も人々から成り、人間の悲惨さを軽減しようと努めている）が、それでも個人は自分の個人的な感情よりも党と職種別組合が言うことに耳を傾けなくてはならない。

進化論的な人間至上主義は、人間の経験の対立という問題に、別の解決策を持っている。ダーウィンの進化論という揺るぎない基盤に根差しているこの人間至上主義は、争いは嘆くべきではなく称賛するべきものだと主張する。争いは自然選択の原材料で、自然選択が進化を推し進める。人間に優劣があることには議論の余地がなく、人間の経験どうしが衝突したときには、最も環境に適した人間が他の誰をも圧倒するべきだ。野生のオオカミを絶滅させ、家畜化されたヒツジを情け容赦なく搾取するように人類を駆り立てるのと同じ論理が、優秀な人間が劣悪な人間を迫害することも命じる。ヨーロッパ人がアフリカ人を征服し、抜け目ない実業家が愚か者を破産に追いやるのは善いことだ。もしこの進化論的な論理に従えば、人類はしだいに強くなり、適性を増し、やがて超人が誕生するだろう。進化はホモ・サピエンスで止まらなかった。まだまだ先は長い。ところが、もし人権や人間の平等の名のもとに、環境に最も適した人間を去勢したら、超人の誕生が妨げられ、ホモ・サピエンスの退化や絶滅まで招きかねない。

では、超人の到来の先駆けとなる、その優秀な人間たちとは誰なのか？ それはいくつかの民族全体かもしれないし、特定の部族かもしれないし、個々の並外れた天才たちかもしれない。それが誰であれ、彼らが優秀なのは、新しい知識やより進んだテクノロジー、より繁栄した社会、あるいはより美しい芸術の創出という形で表れる、優れた能力を持っているからだ。アインシュタインやベートーヴェンのような人の経験は、酔っぱらいのろくでなしの経験よりもはるかに価値があり、両者を同じ価値があるかのように扱うのは馬鹿げている。同様に、もしある国が一貫して人間の進歩を先導してきたのなら、人類の進化にほとんど、あるいはまったく貢献しなかった他の国々よりも優秀だと考えてしかるべきだ。

したがって、オットー・ディックスのような自由主義の芸術家とは対照的に、進化論的な人間至上主義は、人間が戦争を経験するのは有益で、不可欠でさえあると主張する。映画『第三の男』の舞台は、第二次世界大戦終結直後のウィーンだ。先日までの戦争について、登場人物のハリー・ライムは言う。「けっきょく、それほど悪くはない。……イタリアでは、ボルジア家の支配下の三〇年間に、戦争やテロ、殺人、流血があったが、ミケランジェロやレオナルド・ダ・ヴィンチが登場し、ルネサンスが起こった。スイスには兄弟愛があって、五〇〇年も民主主義と平和が続いてきたが、やつらは何を生み出したか？　鳩時計さ」。ライムはほとんど全部、事実を取り違えている。スイスはおそらく、近代初期のヨーロッパで最も血に飢えた地域だった（この国の主要な輸出品は傭兵《ようへい》だった）し、鳩時計はじつはドイツ人が発明したが、こうした事実はライムの考え方ほど重要ではない。その考え方とは、戦争の経験は人類を新しい業績へと押しやるというものだ。戦争は自然選択が思う存分威力を発揮することをついに可能にする。戦争は弱い者を根絶し、獰猛な者や野心的な者に報いる。戦争は生命にまつわる真実を暴き出し、力と栄光と征服を求める意志を目覚めさせる。ニーチェはそれを次のように要約している。戦争とは「生命の学校」であり、「私の命を奪わないものは私をより強くする」。

同じような考え方を述べたのがイギリス陸軍のヘンリー・ジョーンズ中尉だ。第一次世界大戦の西部戦線で命を落とす四日前、二一歳のジョーンズは戦争での自分の体験を熱烈な言葉で書き綴った手紙を兄弟に送っている。

あなたはこんな事実を一度でも考えたことがあるだろうか？　戦争に惨事は付き物であるとはいえ、少なくとも戦争とは途方もない代物だ。つまり、戦争では、人は否応なく現実に直面させられるのだから。平時に世界の人の一〇人に九人が送る、おぞましい営利本位の生活の愚かさや利己主義、贅沢、全般的な下劣さは、戦時には残忍さに取って代わられるのだが、その残忍さのほうが、少なくとももっと正直で率直だ。これは、こんなふうに見るといい。平時には、人はただ自分自身のちっぽけな生活を送る。取るに足りないことにかまけ、自分の安楽やお金の問題といった類のさまざまな事柄を心配しながら、たんに自分のために生きている。なんとあさましい暮らしだ！　それに引き換え戦時には、たとえ本当に命を落とすことになっても、どのみち数年のうちにその避け難い運命に見舞われることを予期しているのであり、自分は祖国を助けるために命を捧げたのだと知って満足することができる。現に理想を実現したのであり、私の見るかぎり、ありきたりの生活ではそういうことはごく稀にしかできない。なぜなら、ありきたりの生活は営利本位で利己的な基準で営まれているからだ。よく言うように、成功したければ、手を汚さずには済まされないのだ。

私としては、この戦争が自分のもとにやって来てくれたことをしばしば喜んでいる。人生とはどれほどつまらないものか、気づかせてくれたからだ。戦争は、言ってみれば自分の殻を破る機会をみんなに与えてくれた……たしかに、自分について言えば、たとえば先日の四月のもののような、大規模な攻撃が始まるときのあれほど激しい気分の高まりは、これまでの全人生で一度も経験したことはない。直前の半時間かそこらの興奮ときたら、並ぶものなど何一つない。(9)

ジャーナリストのマーク・ボウデンは、ベストセラーになった著書『ブラックホーク・ダウン』の中で、ソマリアのモガディシュにおけるアメリカ兵ショーン・ネルソンの一九九三年の戦闘経験を同じような言葉で描いている。

そのときの気持ちを説明するのは難しかった……物事の本質が突然明らかになる瞬間に似ていた。死の瀬戸際にあって、かつてないほどの生命感を覚えていた。死が自分をかすめるように過ぎていったと感じた瞬間は、それまでの人生にもあった。疾走してきて急カーブを曲がり切れなかった車が、やはり飛ばしていたこちらの車と、間一髪で正面衝突を免れたときのように。この日彼はあのときの気持ちで、死が自分の顔にまともに息を吹きかけてくるのを感じながら生きていた……一瞬一瞬、三時間以上にわたって……戦闘は……完璧な精神的・肉体的自覚の状態だった。路上にいたその間、彼はショーン・ネルソンではなかった。外の世界とは何の結びつきもなく、支払わなければならない請求書もなければ、感情のつながりもない。何もなかった。このナノ秒から次のナノ秒へと命をつなぎ、一息ずつ呼吸を繰り返し、そのどれもが最後になるかもしれないことを完全に自覚している一人の人間にすぎなかった。もうけっしてそれまでの自分ではいられなくなると感じた(10)。

アドルフ・ヒトラーも、自分の戦争体験で変わり、目を開かれた。『わが闘争』の中で語っているように、彼の部隊が前線に到着して間もなく、兵士たちの当初の熱狂が恐れに変わり、めいめいがあらゆる神経を張り詰めさせ、圧倒されまいとして、その恐れに対して激しい内なる戦争をしなければならなかった。ヒトラーは、一九一五年から翌年にかけての冬にこの内なる戦争に勝ったと言っている。「ついに私の意志が明白な主人となった……今や私は落ち着き払い、決然としていた。そして、それは永続的なものだった。今や運命が究極の試練をもたらそうとも、神経をずたずたにされることはないし、分別を失うこともありえなかった(11)」

戦争の経験はヒトラーにこの世界についての真実を暴いて見せた。そこは自然選択の無慈悲な法則が支配するジャングルなのだ。この真実を認めるのを拒む者は生き残れない。成功したければ、このジャングルの法則を理解するだけでなく、それを喜んで受け容れなければならない。これは強調するべきだが、戦争に反対する自由主義の芸術家たちとまさに同じで、ヒトラーも平凡な兵士たちの経験を神聖視した。それどころか、ヒトラーの政治面での経歴は、二〇世紀の政治で一般大衆の個人的経験に与えられた莫大な権威の有数の例になっている。ヒトラーは高級将校ではなく、四年間の戦争中、階級は兵長止まりだった。彼は正式な教育を受けておらず、専門的技能も持たず、政治的背景もなかった。羽振りが良い実業家でも、労働組合の活動家でもなく、有力な友人や親族もおらず、たいしたお金も持っていなかった。初めはドイツ国籍さえなかった。彼は無一文の移民だったのだ。

ドイツの有権者に訴えて信頼を求めるとき、ヒトラーには頼みの綱はたった一つしかなかった。大学や総司令部や省庁ではけっして学べないことを塹壕での経験で学んだという主張だ。人々が彼を支持し、票を入れたのは、その姿に自分自身を重ねたからであり、彼らもまた、この世界はジャングルだ、私の命を奪わないものは私をより強くする、と信じていたからだ。

自由主義がもっと穏やかな国家主義のバージョンと一体化して個々の人間のコミュ

ニティの唯一無二の経験を守ろうとしたのに対して、ヒトラーのような進化論的な人間至上主義者は、特定の国々が人間の進歩の原動力であると考え、それらの国々は誰であれ行く手を遮る者を打ち倒し、根絶しさえするべきであると結論した。とはいえ、ヒトラーとナチスは進化論的な人間至上主義の極端なバージョンの一典型にすぎないことは、忘れてはならない。スターリンが強制労働収容所を造ったからといって、社会主義の考え方や主張がすべて自動的に無効になりはしないのとちょうど同じで、ナチズムが惨事を引き起こしたからといって、何であれ進化論的な人間至上主義が提供してくれる見識を私たちが見逃すことがあってはならない。ナチズムは、進化論的な人間至上主義と特定の人種理論や超国家主義的感情が組み合わさって生まれた。進化論的な人間至上主義者がみな人種差別をするわけではないし、人類にはさらに進化する可能性があると信じている人がみな、必ずしも警察国家や強制収容所の設立を求めるわけでもない。

アウシュヴィッツは、人間性の一部をそっくり隠すための黒いカーテンの役割ではなく、血のように赤い警告標識の役割を果たすべきだろう。進化論的な人間至上主義は近代以降の文化の形成で重要な役割を演じたし、二一世紀を形作る上で、なおさら大きな役割を果たす可能性が高い。

ベートーヴェンはチャック・ベリーよりも上か?

人間至上主義の三つの分派の違いを確実に理解するために、人間の経験をいくつか比較しよう。

経験その1——音楽学の教授がウィーン国立歌劇場の客席でベートーヴェンの交響曲第五番の出だしに耳を傾けている。「ジャジャジャジャーン!」その音波が鼓膜に届くと、信号が聴神経を通って脳に伝わり、副腎から血流にアドレナリンがどっと放出される。鼓動が速まり、呼吸が激しくなり、うなじの毛が逆立ち、背筋がぞくっとする。「ジャジャジャジャーン!」

経験その2——一九六五年。一台のマスタングコンバーチブルがサンフランシスコからロサンジェルスに向かってパシフィック・コースト・ハイウェイを全速力で疾走している。マッチョな若いドライバーがチャック・ベリーの曲をボリュームいっぱいにかける。「ゴー! ジョニー! ゴー! ゴー!」その音波が鼓膜に届くと、信号が聴神経を通って脳に伝わり、副腎から血流にアドレナリンがどっと放出される。鼓動が速まり、呼吸が激しくなり、うなじの毛が逆立ち、背筋がぞくっとする。「ゴー! ジョニー! ゴー! ゴー!」

経験その3——コンゴの熱帯雨林の奥深くでピグミーの狩人がじっと立っている。

娘たちが儀礼の歌を声を揃えて歌うのが近くの村から聞こえてくる。「イー・オウ、オウ。イー・オウ、エイ」。その音波が鼓膜に届くと、信号が聴神経を通って脳に伝わり、副腎から血流にアドレナリンがどっと放出される。鼓動が速まり、呼吸が激しくなり、うなじの毛が逆立ち、背筋がぞくっとする。「イー・オウ、オウ。イー・オウ、エイ」

経験その4――ある満月の晩、カナディアン・ロッキーのどこかの小山の頂上で、一頭のオオカミが盛りのついたメスの遠吠えに聴き入っている。「アウーーーー！ アウーーーー！」その音波が鼓膜に届くと、信号が聴神経を通って脳に伝わり、副腎から血流にアドレナリンがどっと放出される。鼓動が速まり、呼吸が激しくなり、うなじの毛が逆立ち、背筋がぞくっとする。「アウーーーー！ アウーーーー！」

この四つの経験のうち、どれが最も価値があるのか？

自由主義者なら、音楽学の教授と若いドライバーとコンゴの狩人の経験はみな等しく価値があり、したがって、等しく大切にされなければならないと言う傾向を見せるだろう。どの人間の経験も何か独特のものを与えてくれ、新しい意味によってこの世界を豊かにしてくれる。クラシックミュージックを愛好する人もいれば、ロックンロールが大好きな人もいるし、アフリカの伝統的な歌を好む人もいる。音楽を学ぶ人はできるかぎり幅広いジャンルにさらされるべきであり、その後でみな、iTunes

Store（アイチューンズストア）にアクセスしてクレジットカードの番号を入力し、何でも好きなものを買えばいい。美は聴く人の耳の中にあり、顧客はつねに正しい。とはいえオオカミは人間ではないから、その経験ははるかに価値が低い。だからオオカミの命は人間の命ほどの値打ちがなく、人間を救うためならオオカミを殺すのは何の問題もない。けっきょくのところ、オオカミは美人コンテストで投票できないし、クレジットカードも持っていないのだから。

この自由主義のアプローチは、たとえばボイジャーに積み込まれたレコード盤「ゴールデンレコード」に表れている。一九七七年、アメリカは無人宇宙探査機ボイジャー一号を宇宙の旅に送り出した。今頃は太陽系を離れ、人工の物体としては初めて、星間空間を進んでいるはずだ。NASAは最新の科学的装置の他に、ゴールデンレコードを搭載した。この探査機に出合うかもしれない好奇心旺盛なエイリアンに地球という惑星を紹介することを狙ったのだ。

このレコードには地球とそこに生息する生き物についてのさまざまな科学的情報や文化的情報、画像と音声、世界各地の数十の曲が収められている。これらの曲は、地球の芸術的成果を偏りなく選んだはずだった。この音楽のサンプルとして、ベートーヴェンの交響曲第五番の第一楽章などのクラシックミュージック、チャック・ベリーの「ジョニー・B・グッド」などの現代のポピュラー音楽、コンゴのピグミーの娘たちが歌う儀礼の歌をはじめとする世界中の伝統的な音楽が順不同で並んでいる。このレコードにはイヌ科の動物の遠吠えも録音されているが、音楽のサンプルの部門ではなく、風や雨や打ち寄せる波などを含む部門に分類されている。ベートーヴェンとチャック・ベリーとピグミーの儀礼の歌には同じ価値があるが、オオカミの遠吠えはまったく異なるカテゴリーに入るというのが、これを聴いてくれるかもしれないアルファケンタウリのエイリアンに対するメッセージだ。

社会主義者は、オオカミの経験にはほとんど価値がないという点ではおそらく自由主義者に同意するだろう。だが、三つの人間の経験に対する態度は完全に違うはずだ。社会主義の熱狂的な支持者なら、音楽の真の価値は個々の聴き手の経験ではなく、他の人々の経験や社会全体の経験に対する影響で決まると説明するだろう。毛沢東が言ったとおり、「芸術のための芸術、階級を超越した芸術、政治から切り離されたり独立したりした芸術などというものはない」[12]のだ。

だから社会主義者は音楽の経験を評価するにあたっては、たとえばヨーロッパがアフリカ征服に乗り出そうとしていたまさにそのときに、ベートーヴェンが上流階級の白人ヨーロッパ人の聴衆のために交響曲第五番を作曲した事実に的を絞る。彼の交響曲は啓蒙運動の理想を反映していた。その理想は、上流階級の白人男性を称賛し、アフリカの征服を「白人の責務」として正当化した。

ロックンロールは、虐げられたアフリカ系アメリカ人ミュージシャンが、ブルースやジャズやゴスペルにインスピレーションを得て生み出した、と社会主義者なら言うだろう。ところが、一九五〇年代と六〇年代にロックンロールはアメリカの主流である白人たちに乗っ取られ、消費文明とアメリカ帝国主義とコカ・コロナイゼーション〔コカ・コーラやそれが象徴するアメリカ文化のグローバル化。「コカ・コーラ」と「コロナイゼーション（植民地化）」を重ね合わせた造語〕のお先棒を担がされた。ロックンロールは商業化され、小市民《プチブルジョア》の叛逆幻想に浸る、特権に恵まれた白人ティーンエイジャーたちに横取りされた。チャック・ベリー自身も、資本主義という巨人の命令に屈服した。彼はもともと、「ジョニー・B・グッドという名の黒人の男の子」について歌っていたが、白人が所有するラジオ局各局の圧力を受け、「ジョニー・B・グッドという名の田舎の男の子」に歌詞を変えたのだった。

コンゴのピグミーの娘たちの合唱はと言えば、その儀礼の歌は、男女ともに抑圧的なジェンダー（社会的・文化的性別）秩序に従うように洗脳する、家父長制の権力構造の一部だ。そして、万一そのような儀礼の歌がグローバルな市場に出ることがあれば、アフリカ全般についてと、とくにアフリカの女性についての西洋の植民地主義の幻想を強固なものにするだけだろう。

というわけで、どの音楽がいちばん優れているのか？　ベートーヴェンの第五か、

「ジョニー・B・グッド」か、それともピグミーの儀礼の歌か？　政府はオペラハウス、ロックンロールの演奏施設、アフリカの文化遺産展示会のどれに資金を出すべきなのか？　そして、小学校から大学まで、音楽を学ぶ生徒や学生に、何を教えるべきなのか？　いや、私に訊いてもらっても困る。党の文化担当の委員に問い合わせてほしい。

自由主義者はうっかり差別的な言動をするのを恐れて、文化比較の地雷原を用心深く避けて通り、社会主義者はこの地雷原を通り抜ける正しい道を見つけるのは党に任せておくのに対して、進化論的な人間至上主義者は大喜びで思い切り良くそこに飛び込み、地雷をすべて爆発させ、大混乱を楽しむ。彼らはまず、こう指摘するかもしれない。自由主義者と社会主義者はどちらも人間と他の動物の間に線を引き、人間はオオカミよりも上だ、だから人間の音楽はオオカミの遠吠えよりもはるかに価値があると認めるのにやぶさかではない、と。とはいえ、人類自体も進化の力の影響を免れない。人間がオオカミよりも優れているのとちょうど同じで、人間の文化のなかにも他の文化よりも進んでいるものがある。人間の経験には明白なヒエラルキーがあり、それについて弁解がましいことを言う必要はない。タージマハルは藁の小屋よりも美しい。ミケランジェロの「ダビデ像」は、五歳になる私の姪《めい》による小さな粘土像の最新作に優っている。ベートーヴェンはチャック・ベリーやコンゴのピグミーよりもはるかに優れた音楽を作曲した。そう、まさに今言ったとおりなのだ！

進化論的な人間至上主義者によると、あらゆる人間の経験は等しく価値があると主張する人はみな、間抜けか腰抜けということになる。そのような無教養と臆病は人類の退化と絶滅につながるばかりだ。文化的相対主義あるいは社会的平等の名の下に、人間の進歩が妨げられてしまうからだ。もし自由主義者や社会主義者が石器時代に生きていたら、ラスコー洞窟やアルタミラ洞窟の壁画にはおそらくほとんど価値を認めなかっただろうし、それらの壁画はネアンデルタール人の落書きよりも少しも優れていないと言い張っただろう。

人間至上主義の宗教戦争

当初、自由主義的な人間至上主義と社会主義的な人間至上主義と進化論的な人間至上主義の違いはつまらないものに思えた。人間至上主義の全宗派をキリスト教やイスラム教やヒンドゥー教と隔てる溝と比べたら、人間至上主義の異なるバージョンの間の言い争いなど、些細なものだった。神は死んだ、そして、人間の経験だけが森羅万象に意味を与える、という点でみな同意するかぎり、人間の経験はすべて平等と考えるか、あるいはそのなかには優れたものと劣ったものがあると考えるかなど、どうでもいいのではないか？　ところが、人間至上主義が世界を征服すると、このような内部の不和が拡大し、ついにはそれが高じて史上最も血なまぐさい宗教戦争が勃発した。

二〇世紀の最初の一〇年間は、自由主義の正統派はまだ自らの力に自信があった。自由主義者たちは、もし個人が自分を表現する最大限の自由を持っていて、心の命じるままに従えば、この世界は空前の平和と繁栄を享受するだろうと確信していた。伝統的なヒエラルキーや反啓蒙主義の宗教や残酷な帝国の束縛を一掃するには時間がかかるかもしれないが、時の流れとともに新しい自由と成果がもたらされ、最後には地上に楽園を築くことができる、と。第一次世界大戦直前の一九一四年六月ののどかな日々に、自由主義者たちは歴史は自分たちの味方だと考えていた。

ところがその年のクリスマスには、自由主義者は戦争神経症になり、その後の数十年間に、彼らの考えは左右両方から攻撃された。じつは自由主義は冷酷で搾取的で人種差別的な制度の隠れ蓑《みの》だと社会主義者は主張した。自慢の「自由」は「資産」と読み替えるといい。気持ちが良いことをする個人の権利の擁護は、たいていの場合、中産階級と上流階級の資産と特権を保護することに等しい。好きな場所に住める自由があっても、家賃を払えないなら何の役に立つというのか？　興味があることを学ぶ自由があっても、学費を払う余裕がないなら何の役に立つというのか？　好きな所に出かける自由があっても、自動車を買えないなら何の役に立つというのか？　自由主義の下では誰もが飢え死にする自由があるという、有名な当てこすりがある。自由主義は人々に自分を孤立した個人と見るように促し、同じ階級の成員から彼らを切り離し、彼らを迫害する体制に対して団結して反抗するのを妨げるのだからなお悪い。こうして自由主義は不平等を永続させ、一般大衆を貧困へ、エリート層を疎外へと追いやる。

自由主義が左からこのパンチを食らってよろめいているときに、進化論的な人間至上主義が右から襲いかかった。人種差別主義者とファシストはともに、自然選択を台無しにして人類の退化を引き起こしたとして自由主義と社会主義の両方を責めた。もしあらゆる人間が等しい価値と、子孫を残す等しい機会を与えられたら、自然選択が機能しなくなってしまうと警告した。環境に最も適した人間が凡人の海に呑まれてしまい、人類は超人に進化する代わりに絶滅してしまう。

一九一四年から一九八九年まで、これら三つの人間至上主義の宗派間で凶悪な宗教戦争が猛威を振るい、最初は自由主義が次々に敗北を喫した。共産主義とファシズムの政権が多くの国を支配下に収めただけでなく、自由主義の中核を成す考え方が、よくても幼稚、悪くすれば危険そのものとして笑い物にされた。個人に自由を与えさえすれば、世界は平和と繁栄を享受できるだって？　恐れ入りました。

第二次世界大戦は、後から振り返れば自由主義の大勝利として思い出されるのだが、当時はとてもそうは見えなかった。この大戦は強力な自由主義陣営と孤立したナチス・ドイツとの間の争いとして一九三九年九月に始まった。ファシズムのイタリアでさえ、翌年六月まで日和見を決め込んだ。自由主義陣営は数の上でも経済の面でも圧倒的な優位を誇っていた。一九四〇年のドイツのGDPが三八七〇億ドルだったのに対して、ドイツに敵対するヨーロッパ諸国のGDPの合計は六三一〇億ドルだった（イギリスの海外自治領のGDPと、イギリス、フランス、オランダ、ベルギーの各帝国の本国以外のGDPはこれに含まれていない）。それにもかかわらず、一九四〇年春にはドイツはわずか三か月で自由主義陣営に決定的な打撃を与え、フランス、ベルギー、オランダ、ルクセンブルク、ノルウェー、デンマークを占領した。イギリスが同様の運命を免れたのは、ひとえにイギリス海峡のおかげだ[13]。

ドイツ軍がようやく打ち負かされたのは、自由主義陣営がソ連と手を結んでからだった。ソ連はこの戦争の矢面に立ち、自由主義陣営に比べてはるかに多くの代償を払った。戦時中、イギリスは五〇万、アメリカも五〇万の犠牲者を出したのに対して、ソ連の死者は二五〇〇万人にのぼった。ナチズム打倒の手柄の多くは、共産主義に帰せられるべきだ。そして、少なくとも短期的には、共産主義はこの戦争から大きな恩恵も受けた。

ソ連は参戦したとき、孤立した共産主義ののけ者だった。ところが終戦時には二つの世界的超大国の一つとなり、拡大を続ける国際的な一ブロックのリーダーの座を占めていた。一九四九年までに東ヨーロッパはソ連の勢力下に入り、中国共産党は国共内戦に勝利しており、アメリカは反共産主義のヒステリー症状に苛まれていた。世界各地の革命運動や反植民地主義運動がモスクワと北京に憧れに満ちたまなざしを向ける一方、自由主義は人種差別的なヨーロッパの諸帝国と同一視されるようになった。これらの帝国が崩壊すると、たいてい自由民主主義ではなく、軍事独裁政権か社会主義政権がそれに取って代わった。一九五六年にソ連の最高指導者ニキータ・フルシチョフは自由主義の西側諸国に向かってこう豪語した。「諸君が好むと好まざるとにかかわらず、歴史は我々の味方だ。我々は諸君を葬り去るだろう！」

フルシチョフは本気でそう信じていたし、第三世界の指導者や第一世界の知識人たちの間でもそう信じる人がしだいに増えていった。一九六〇年代と七〇年代には、西側諸国の大学の多くでは、「自由主義」という単語は罵《ののし》り言葉になっていた。北アメリカと西ヨーロッパでは、過激な左翼運動が自由主義体制をせっせと倒そうとしていたので、社会不安が募った。ケンブリッジやソルボンヌやバークリーの学生たちは、『毛沢東語録』に目を通し、チェ・ゲバラの勇ましい写真をベッド脇の壁に飾った。一九六八年、このうねりは最高潮に達し、西側世界の全域で抗議行動や暴動が続発した。メキシコの治安部隊は悪名高いトラテロルコ事件で何十人もの学生を殺害した。ローマの学生はいわゆる「ヴァレ・ジュリアの戦い」でイタリアの警察と戦った。そして、マーティン・ルーサー・キングの暗殺がきっかけで一〇〇以上のアメリカの都市で何日間も暴動と抗議行動が続いた。五月には学生たちがパリの街路を占拠し、ド・ゴール大統領はドイツのフランス軍基地に逃げ、裕福なフランス国民はギロチンの悪夢を見ながらベッドの中で身震いした。

一九七〇年には世界には一三〇の独立国があったが、そのうち自由民主主義国はわずか三〇で、ほとんどがヨーロッパの北西部に押し込まれていた。インドは独立を勝ち取った後に自由主義の道を選んだ第三世界の唯一の大国だったが、そのインドでさえ西側ブロックと距離を置き、ソ連に傾いた。

一九七五年、自由主義陣営は最も屈辱的な敗北を喫した。ヴェトナム戦争が、ゴリアテのようなアメリカに対する、ダビデのような北ヴェトナムの勝利で終わったのだ。共産主義は、南ヴェトナム、ラオス、カンボジアを相次いで掌握した。一九七五年四月一七日、カンボジアの首都プノンペンがクメール・ルージュの手に落ちた。同月末、サイゴンのアメリカ大使館の屋上からヘリコプターが最後のヤンキーを退去させる様子を、世界中の人々がテレビで見守った。アメリカ帝国が崩壊していくと多くの人が確信した。誰一人「ドミノ理論」という言葉を発する暇がないうちに、六月にはインドのインディラ・ガンディーが非常事態宣言をし、この世界最大の民主国家もまた、社会主義独裁国への道を歩み始めたように見えた。

図38　サイゴンからのアメリカ人の引き揚げ。

自由民主主義はしだいに、高齢化する白人帝国主義者たちの排他的なクラブのように見えてきた。彼らには、世界の他の国々にも、自国の若者たちにさえも、提供できるものがほとんどないようだった。アメリカ政府は自由世界のリーダーをもって任じていたが、その盟友のほとんどは、独裁的な王（たとえば、サウジアラビアのハーリド国王やモロッコのハッサン国王、イランのシャー）か、軍事独裁者（たとえばギリシアの大佐たち、チリのピノチェト将軍、スペインのフランコ将軍、韓国の朴将軍、ブラジルのガイゼル将軍、中華民国の蔣介石総統）のどちらかだった。

これらの王や将軍の支持があったものの、ワルシャワ条約機構は軍事的には北大西洋条約機構（NATO）を数の上ではるかに凌いでいた。西側諸国は通常兵器で均衡を達成するためには、おそらく自由民主主義と自由市場をお払い箱にし、恒久的な臨戦態勢に基づいた全体主義国家にならざるをえなかっただろう。自由民主主義が救われたのは、核兵器があったからこそだ。NATOはMAD（相互確証破壊）ドクトリンを採用した。このドクトリンによれば、ソ連による通常兵器の攻撃にさえ全面的な核攻撃で応じるという。「もしそちらが攻撃してくれば、我々は必ず、誰一人生き残らないようにしてみせる」と自由主義者たちは脅した。このぞっとするような盾の陰で、自由民主主義と自由市場は最後の砦に立てこもってなんとか持ちこたえ、西側諸国の人々はセックスと薬物とロックンロールを楽しみ、洗濯機や冷蔵庫やテレビの恩恵に浴することができた。核兵器がなかったら、ビートルズもウッドストックも、品物があふれ返るスーパーマーケットもありえなかっただろう。だが、核兵器があったとはいえ、一九七〇年代半ばには未来は社会主義のもののように見えた。

ところがその後、状況は一変した。自由民主主義は歴史のゴミ箱から這い出し、汚れを落として身なりを整え、世界を征服した。スーパーマーケットはけっきょく、強制労働収容所よりもはるかに強力だった。大反撃が始まったのは南ヨーロッパで、そこではギリシアとスペインとポルトガルの独裁政権が倒れ、民主的な政府に道を譲った。一九七七年、インディラ・ガンディーは非常事態宣言を解除し、インドの民主主義を復活させた。一九八〇年代には東アジアとラテンアメリカで、ブラジルやアルゼンチン、中華民国、韓国などの軍事独裁政権が民主的な政権に取って代わられた。八〇年代後期から九〇年代初期には、自由主義の波は紛れもない津波に変わり、強大なソヴィエト帝国を一呑みにし、いわゆる「歴史の終焉」の到来を期待させた。自由主義は何十年にも及ぶ敗北と挫折の後、冷戦で決定的な勝利を収め、いささかやつれはしたものの、人間至上主義の宗教戦争から意気揚々と凱旋《がいせん》した。

ソヴィエト帝国が内部崩壊すると、東ヨーロッパだけではなく、バルト三国やウクライナ、グルジア（現ジョージア）、アルメニアといった旧ソ連の共和国の多くでも、自由主義政権が共産主義政権に取って代わった。近頃はロシアさえもが民主主義国家のふりをしている。冷戦の勝利のおかげで、自由主義モデルが世界の他の地域にも拡がる動きに再び弾みがつき、ラテンアメリカと南アジアとアフリカでそれが最も顕著だった。自由主義の試みのうちには惨めな失敗に終わるものもあったが、成功例の数はたいしたものだった。たとえば、インドネシアとナイジェリアとチリは何十年にもわたって軍の実力者に支配されてきたが、今は三国とも民主主義国家として機能している。

もし自由主義者が一九一四年六月に眠りに落ち、二〇一四年六月に目覚めたなら、ほとんど違和感を覚えなかっただろう。個人により多くの自由を与えさえすれば、世界は平和と繁栄を享受すると、再び人々は信じている。二〇世紀全体が、とんだ間違いのように見える。人類は自由主義のハイウェイを疾走していたが、一九一四年春、道を誤って袋小路に入り込んだ。その後、八〇年の月日と三つの恐ろしいグローバルな戦争を経てようやく、もとのハイウェイに戻ることができた。もちろん、この歳月はすべて無駄だったわけではない。抗生物質や原子力エネルギーやコンピューター、さらにはフェミニズムや脱植民地化やフリーセックスを与えてくれたのだから。そのうえ、自由主義そのものもこの経験を恥じ、一世紀前ほどのうぬぼれがなくなった。自由主義は、競争相手の社会主義やファシズムからさまざまな考え方や制度を採用した。とくに、一般大衆に教育と医療と福祉サービスを提供する責務を受け容れた。とはいえ、自由主義のパッケージの核心は、驚くほどわずかしか変わっていない。自由主義は依然として個人の自由を何よりも神聖視するし、相変わらず有権者と消費者を固く信用している。二一世紀初頭の今、生き残ったのは自由主義だけなのだ。

電気と遺伝学とイスラム過激派

二〇一六年の時点で、個人主義と人権と民主主義と自由市場という、自由主義のパッケージの本格的な代替となりうるものは一つもない。二〇一一年に西洋世界で猛威を振るった「ウォール街を占拠せよ」やスペインの15Ｍ運動〔二〇一一年、反緊縮を訴える市民がマドリードのプエルタ・デル・ソル広場を占拠した運動〕のような社会的抗議行動は、民主主義や個人主義や人権に敵対するものでは断じてなかったし、自由市場経済の基本原理にさえ盾突くものではない。むしろ正反対で、そのような自由主義の理想の実現を怠っているとして政府を非難する。そして、市場を「大き過ぎて潰せない」企業や銀行に支配させたり操作させたりしないで、本当に自由にすることを要求する。豊富な資金を持つロビイストや強力な利益団体ではなく一般市民のために尽くす真の議会制民主主義制度を求める。証券取引所や議会に辛辣この上ない批判を浴びせている人々でさえ、世の中を動かすための実現可能な代替モデルは持っていない。自由主義のパッケージの粗探しがお気に入りの暇潰しである欧米の学者や活動家も、これまでのところ、そのパッケージに優るものは思いつけずにいる。

中国は欧米の社会的抗議運動家よりもはるかに真剣に挑んでいるように見える。中国は自国の政治と経済の自由化を進めてはいるものの、民主主義国家でもなければ、真の自由市場経済でもない。それにもかかわらず、中国は二一世紀の経済大国になった。ところがこの経済大国は、イデオロギーの影はほとんど落としていない。中国人が昨今は何を信じているのかを知っている人は、中国人自身を含めて誰もいないようだ。中国は依然として共産主義であるというのが建前だが、実際には大違いだ。中国の思想家と指導者のなかには儒教への回帰という発想をもてあそぶ者もいるが、それはおおむね便利な見せかけにすぎない。このようにイデオロギーの空白が生じているせいで、シリコンヴァレーから出現しつつあるさまざまな新しいテクノ宗教にとって、中国は最も有望な発展環境となっている（この宗教については、今後の章で論じる）。だが、不死と仮想の楽園《バーチャル・パラダイス》を信じるこれらのテクノ宗教が確立するまでには、少なくとも一〇年か二〇年かかる。だから中国は現時点では、自由主義の真の代替を提示してはいない。自由主義モデルに絶望し、その代わりとなるものを探しているギリシアにとって、中国を真似るのは、見込みのある選択肢ではない。

それでは、イスラム過激派はどうだろう？　あるいは、キリスト教原理主義や、メシアニック・ジュダイズム〔ユダヤ教の伝統を保持したまま、キリストを救世主と信じる、ユダヤ人のキリスト教信仰〕、復興主義のヒンドゥー教はどうか？　中国人は自分が何を信じているのかを知らないのに対して、宗教の原理主義者はそれをあまりに知り過ぎている。神は死んだとニーチェが宣言してから一世紀以上過ぎた今、神は返り咲こうとしているように見える。だが、それは幻想にすぎない。神は死んだ。ただ、その亡骸の始末に手間取っているだけだ。イスラム過激派は、自由主義のパッケージにとっては、真の脅威ではない。なぜなら、狂信者ははなはだ熱烈ではあるものの、二一世紀の世界を本当には理解しておらず、私たちの周り中で新しいテクノロジーが生み出している、今までにない危険や機会について、当を得たことは何も言えないからだ。

宗教とテクノロジーはつねになんとも微妙なタンゴを踊っている。互いに押し合い、支え合い、離れ過ぎるわけにはいかない。テクノロジーは宗教に頼っている。どの発明にも応用の可能性がたくさんあるので、きわめて重大な選択をして、求められている最終目的を指し示してくれる預言者が、技術者には必要だからだ。たとえば、一九世紀には技術者たちは機関車や無線通信機や内燃機関を発明した。だが、二〇世紀が立証したように、人はまったく同じ道具を使ってファシズムの社会も、共産主義独裁政権も、自由民主主義国家も生み出せる。宗教的な信念がなければ、機関車はどちらに進めばいいか決められない。

その一方で、テクノロジーが私たちの宗教的ビジョンの限界を定めることもよくある。ウェイターがメニューを渡し、客の食欲に対して境界を示すのと同じようなものだ。新しいテクノロジーは古い神々を殺し、新しい神々を誕生させる。だから農耕社会の神は狩猟採集社会の霊とは違ったのであり、工場労働者は農民とは違う楽園を夢見たのであり、二一世紀の革命的なテクノロジーは、中世の教義を復活させるよりも前代未聞の宗教運動を引き起こす可能性のほうがずっと高いのだ。イスラム原理主義者は「イスラム教こそ答えだ」という決まり文句を繰り返すかもしれないが、その時代のテクノロジーの現実から乖離してしまった宗教は、投げかけられる疑問を理解する能力さえ失う。AIがほとんどの認知的課題で人間を凌ぐようになったら、求人市場はどうなるのだろう? 経済的に無用の人々の新しい巨大な階級はどんな政治的影響を及ぼすのか? ナノテクノロジーと再生医療が今の八〇歳を五〇歳相当の年齢に変えたとき、人間関係や家族や年金基金はどうなるのか? バイオテクノロジーのおかげで親の望む特性を持つデザイナーベビーを誕生させ、豊かな人々と貧しい人々の間に前例のないほどの格差を生み出せるようになったら、人間社会に何が起こるのか?

これらの質問のどれに対する答えも、クルアーンやシャリーア(イスラム法)、聖書や『論語』には見つからない。なぜなら、中世の中東や古代の中国で、コンピューターや遺伝学やナノテクノロジーについて多くを知る人など一人もいなかったからだ。イスラム過激派はテクノロジーと経済の嵐で荒れる世界で確実性という錨《いかり》を約束するが、嵐の中を航行するには、錨だけではなく地図と舵も必要だ。だからイスラム過激派は自らの勢力圏内で生まれ育った人々の心には訴えるかもしれないが、失業中のスペインの若者や、不安を抱えた中国の億万長者に提供できるものはほとんどない。

たしかに、何億もの人がそれでもイスラム教やキリスト教やヒンドゥー教を信じ続けるかもしれない。だが歴史の中では、たんなる数にはたいして価値がない。歴史は過去に囚われた一般大衆ではなく先見の明のある少人数の革新者によって形作られることが多いからだ。一万年前、ほとんどの人は狩猟採集民で、中東のほんのわずかな先駆者だけが農耕民だった。とはいえ、未来はその農耕民たちのものだった。一八五〇年、人類の九割以上は農耕民で、ガンジス川やナイル川や揚子江沿いの小さな村々では、蒸気機関や鉄道や電信線について知っている人は誰もいなかった。ところが、これらの農耕民の運命は、マンチェスターやバーミンガムで産業革命の先頭に立っていた一握りの技術者や政治家や資本家たちによってすでに決められていた。蒸気機関と鉄道と電信は、食糧や織物、乗り物、武器の生産を一変させ、強大な工業国は伝統的な農業社会よりも圧倒的優位に立った。

産業革命が世界中に拡がり、ガンジス川やナイル川や揚子江をさかのぼって浸透していったときにさえ、ほとんどの人は蒸気機関よりもヴェーダや聖書、クルアーン、『論語』を信奉し続けた。産業革命が生み出した新しい問題を含め、人類のあらゆる災難の解決法を自分たちだけが持っていると主張する聖職者や神秘主義者や導師《グル》には、今日と同じで、一九世紀にも事欠かなかった。例を挙げよう。一八二〇年代から八〇年代にかけてエジプトは（イギリスの後ろ盾を得て）、スーダンを征服し、この国を近代化して新しい国際的な交易ネットワークに組み込もうとした。そのせいでスーダンの伝統的な社会が不安定になり、憤懣が拡がり、反乱が起こった。一八八一年、地元の宗教指導者ムハンマド・アフマド・ビン・アブダラが、自分はマフディー（救世主)であり、この地上で神の法を確立するために遣わされたと宣言した。彼の支持者たちはイギリスとエジプトの連合軍を破り、司令官のチャールズ・ゴードン将軍の首を刎《は》ねた。ヴィクトリア朝のイギリスを震撼させる意思表示だった。その後彼らはシャリーアによって統治されるイスラム神政国家をスーダンに打ち立て、それが一八九八年まで存続した。

一方、インドではダヤーナンダ・サラスヴァティーがヒンドゥー教復興運動を主導した。この運動の基本原理は、ヴェーダの聖典が間違っていることは絶対にないというものだった。一八七五年、ダヤーナンダはアーリヤ・サマージ(聖なる会)を創設し、ヴェーダの知識を普及させることにした。もっとも、じつを言えば彼は、しばしば驚くほど自由主義的な形でヴェーダを解釈し、たとえば、女性にも男性と平等の権利を与えることを支持した。これは、この考え方が西洋で広まるずっと以前のことだ。

ダヤーナンダと同時代の人であるローマ教皇ピウス九世は、女性に関してははるかに保守的な見方をしていたが、人間を超えた権威を称賛する点ではダヤーナンダと同じだった。ピウスはカトリックの教義に一連の改革をもたらし、教皇の不可謬《ふかびゅう》性という新しい原理を確立した。それは、ローマ教皇は信仰にかかわる問題で誤ることはけっしてありえないというものだった(一見すると中世のもののようなこの考え方が、拘束力のあるカトリックの教義となったのは、チャールズ・ダーウィンが『種の起源』〔渡辺政隆訳、光文社古典新訳文庫、二〇〇九年、他〕を発表してから一一年後の、一八七〇年のことにすぎない)。

ローマ教皇が、自分は誤りを犯しようがないことを発見する三〇年ほど前、洪秀全という、科挙に及第できなかった中国の儒者が続けざまに宗教的な幻視体験をした。その幻の中で、洪はイエス・キリストの弟にほかならないという神の啓示を受けた。それから神は洪に神聖な使命を授けた。一七世紀から中国を支配してきた満州族の「悪魔ども」を追い払い、地上に太平天国を打ち立てるよう、神は洪に命じたのだ。洪の言葉は、中国がアヘン戦争に敗れ、近代産業とヨーロッパの帝国主義が到来したことに衝撃を受けた、厖大な数の絶望的な中国人の想像力を掻き立てた。だが洪は、彼らを太平天国へとは導かなかった。太平天国の乱で、満州族の清王朝への叛逆へと導いたのだった。それは一九世紀で最も多くの死者を出した戦争で、一八五一年から六四年まで続いた。少なくとも二〇〇〇万人が命を落とした。これは、ナポレオン戦争やアメリカの南北戦争の死者を大きく上回る。

工場や鉄道や蒸気船が世界を埋め尽くしていくなかにあってさえ、何億もの人が洪やダヤーナンダ、ピウス、マフディーの宗教的教義にしがみついた。とはいえ私たちのほとんどは、一九世紀が信仰の時代だったとは考えない。先見性のある一九世紀の人物と言えば、マフディーやピウス九世や洪秀全ではなく、マルクスやエンゲルスやレーニンが頭に浮かぶ可能性のほうがはるかに高い。そして、それはもっともだ。一八五〇年には社会主義は主流を外れた運動でしかなかったものの、ほどなく勢いを得て、中国とスーダンの自称救世主たちよりもはるかに深遠な形で世界を変えた。もしあなたが国民保健サービスや年金基金や無償教育制度を高く評価しているのなら、洪秀全やマフディーよりもマルクスとレーニン（とオットー・フォン・ビスマルク）によほどたっぷり感謝する必要がある。

では、洪秀全やマフディーがうまくいかなかったのに、マルクスとレーニンが成功したのはなぜか？　それは、社会主義的な人間至上主義がイスラム教やキリスト教の神学よりも哲学的に高尚だったからというわけではなく、マルクスとレーニンが、古代の聖典と預言的な夢を精細に調べることよりも、当時のテクノロジーと経済の実情を理解することに、より多くの注意を向けたからだ。蒸気機関や鉄道、電信、電気は、前例のない機会だけではなく、前代未聞の問題も生み出した。都会に住むプロレタリアートという新しい階級の経験と欲求と希望は、聖書時代の農民のそれとはあまりに違い過ぎた。マルクスとレーニンは、そうした欲求や希望に応えるために、蒸気機関の仕組みや炭鉱の操業方法、鉄道がどのように経済を方向づけ、電気がどのような影響を政治に及ぼすかを研究した。

かつてレーニンは、共産主義を一文で定義するように求められ、「共産主義とは労働者評議会《ソヴィエト》権力プラス全国の電化である」と答えた。電気なし、鉄道なし、ラジオなしの共産主義などありえない。一六世紀のロシアには共産主義政権は樹立できなかっただろう。なぜなら、共産主義は一つの中枢に情報と資源を集中させる必要があるからだ。「各人が能力に応じて働き、必要に応じて取る」というモットーが実現するのは、生産物を長大な距離にわたって簡単に集配でき、さまざまな活動を全国的に監視・調整できる場合に限られる。

マルクスとその信奉者たちは、新しいテクノロジーの実情と新しい人間の経験を理解していた。だから、工業社会の新しい問題に対する妥当な答えも、前例のない機会の恩恵にどう浴するかについての独創的な考えも持っていた。社会主義者たちは、素晴らしき新世界のための素晴らしき新宗教を生み出したのだった。彼らはテクノロジーと経済を通しての救済を約束し、それによって史上初のテクノ宗教を確立し、イデオロギー上の論議の土台を変えた。マルクス以前の人々は、生産方法についてではなく神についての見方に即して自らを定義し、区別していた。ところがマルクス以降は、テクノロジーと経済構造にまつわる問題のほうが、魂と来世についての議論よりもはるかに重要で、はるかに大きな争いの種になった。二〇世紀後半、人類は生産手段をめぐる論争が高じて、自らを跡形もなく消し去りかけた。マルクスとレーニンを最も厳しく非難する人でさえ、歴史と社会に関する彼らの基本的態度を採用し、神や天国よりもテクノロジーと生産について、はるかに注意深く考え始めた。

一九世紀半ばには、マルクスほど鋭い洞察力を持った人はほとんどいなかった。だから急速な工業化を遂げた国はわずかしかなかった。そして、これらの少数の国々が世界を征服した。ほとんどの社会は何が起こっているかを理解しそこね、そのため、進歩の列車に乗り遅れた。ダヤーナンダのインドとマフディーのスーダンは、蒸気機関よりも神に心を奪われたままだったので、工業化したイギリスに占領され、搾取された。ようやく過去数年、インドはなんとか際立った発展を遂げ、自国とイギリスとを隔てる経済的・地政学的溝を埋めることができた。スーダンは相変わらず、大きく引き離されたまま苦闘を続けている。

二一世紀初頭の今、進歩の列車は再び駅を出ようとしている。そしてこれはおそらく、ホモ・サピエンスと呼ばれる駅を離れる最後の列車となるだろう。これに乗りそこねた人には、二度とチャンスは巡ってこない。この列車に席を確保するためには、二一世紀のテクノロジー、それもとくにバイオテクノロジーとコンピューターアルゴリズムの力を理解する必要がある。これらの力は蒸気や電信の力とは比べ物にならないほど強大で、食糧や織物、乗り物、武器の生産にだけ使われるわけではない。二一世紀の主要な製品は、体と脳と心で、体と脳の設計の仕方を知っている人と知らない人の間の格差は、ディケンズのイギリスとマフディーのスーダンの間の隔たりよりも大幅に拡がる。それどころか、サピエンスとネアンデルタールの間の隔たりさえ凌ぐだろう。二一世紀には、進歩の列車に乗る人は神のような創造と破壊の力を獲得する一方、後に取り残される人は絶滅の憂き目に遭いそうだ。

一〇〇年前には時代の先端を行っていた社会主義は、新しいテクノロジーにはついていけなかった。レオニード・ブレジネフとフィデル・カストロは、マルクスとレーニンが蒸気の時代にまとめた考え方にしがみつき、コンピューターとバイオテクノロジーの力を理解しなかった。それに対して自由主義者は、情報時代にずっとうまく適応した。一九五六年のフルシチョフの予言がついに実現しなかった理由も、けっきょくは自由主義の資本主義者がマルクス主義者を葬り去った理由も、部分的にはこれで説明できる。もしマルクスが今日生き返ったら、かろうじて残っている信奉者たちに、『資本論』を読む暇があったらインターネットとヒトゲノムを勉強するように命じることだろう。

イスラム過激派は、社会主義者よりもずっと苦しい立場にある。彼らは産業革命とさえまだ折り合いをつけられずにいる。遺伝子工学やＡＩについて当を得たことがほとんど言えないのも無理はない。イスラム教やキリスト教などの伝統的な宗教は、依然として世界に大きな影響力を振るい続けている。とはいえ、彼らの役割は今やおおむね受け身のものになっている。かつて、それらの宗教は創造的な勢力だった。たとえばキリスト教は、すべての人は神の前で平等であるという、それまでは異端だった考え方を広め、それによって人間の政治構造や社会的ヒエラルキー、さらにはジェンダー関係まで変えた。イエス・キリストは山上の垂訓でその先まで行き、従順な人や迫害された人は神に寵愛《ちょうあい》されると主張し、権力のピラミッドを引っくり返し、その後の各世代の革命家たちに有力な武器を提供した。

キリスト教は社会的改革や倫理的改革を引き起こしたのに加えて、経済やテクノロジーの重要な革新ももたらした。カトリック教会は中世ヨーロッパの最も高度な管理制度を確立し、文書保管所や目録や時間表をはじめとするデータ処理技術の使用の先駆けとなった。ヴァチカンは、一二世紀のヨーロッパでシリコンヴァレーに最も近い存在だった。カトリック教会はヨーロッパ初の経済団体、すなわち修道院を設立し、それが一〇〇〇年にわたってヨーロッパ経済の先頭に立ち、先進的な農業と管理の手法を導入した。修道院は他のどの組織よりも早く時計を使い始め、何世紀もの間、ヨーロッパでは修道院と司教座聖堂学校が最も重要な学習拠点であり続け、ボローニャ大学やオックスフォード大学やサラマンカ大学といったヨーロッパにおける最初期の大学の多くの創立を助けた。

今日もなお、カトリック教会は何億もの信徒の忠誠と献金を享受し続けている。とはいえ、カトリック教会やその他の有神論の宗教は、創造的な勢力から受け身の勢力に変わって久しい。それらは斬新なテクノロジーや革新的な経済手法や先駆的な社会的概念を開発するよりも保守的な現状維持活動にせっせと励んでいる。そして、他の動きによって普及したテクノロジーや手法や考え方に苦悩している。生物学者は避妊用ピルを発明したが、ローマ教皇はそれについてどうしていいかわからない。コンピューター科学者はインターネットを開発したが、ラビたちは正統派ユダヤ教徒がそれを使うのを許されるべきかどうか言い争う。フェミニストの思想家は女性たちに自分の体の所有権を獲得するように呼びかけたが、学識のあるムフティーたちはそのような扇動的な考え方にどう立ち向かえばいいか議論を戦わせる。

こう自問してほしい。二〇世紀の最も影響力のある発見や発明や創造物は何だったか？　これは難しい質問だ。なぜなら、抗生物質のような科学的発見や、コンピューターのようなテクノロジー上の発明や、フェミニズムのようなイデオロギー上の創造物など、じつに多くの候補のリストから一つ選ぶのは至難の業だからだ。今度は次のように自問してほしい。二〇世紀にイスラム教やキリスト教のような伝統的宗教が成し遂げた、最も影響力のある発見や発明や創造は何だったか？　これもまた難しい質問だ。なぜなら、選ぼうにも、候補がほとんどないからだ。二〇世紀に司祭やラビやムフティーが発見したもののうちに、抗生物質やコンピューターやフェミニズムと並べて挙げられるようなものがあるだろうか? この二つの質問をじっくり考えた上で、二一世紀の大きな変化はどこから生まれ出てくると思うか? イスラミックステート(イスラム国)からか、それともグーグルからか? たしかにイスラミックステートはYouTubeに動画をアップロードする方法を知ってはいるが、拷問産業を別とすれば、最近シリアやイラクからどんな新発明が出現したか?

多くの科学者を含めた何十億もの人が、権威の源泉として宗教の聖典を使い続けているが、それらの文書はもう、創造性の源泉ではない。たとえば、キリスト教のなかでも進歩的な諸宗派が同性婚や女性聖職者を受け容れたことについて考えてほしい。どうして受け容れることになったのか? 聖書、あるいは聖アウグスティヌスやマルティン・ルターの書いたものを読んだからではない。そうではなくて、ミシェル・フーコーの『性の歴史』(渡辺守章訳、新潮社、一九八六〜八七年)やダナ・ハラウェイの「サイボーグ宣言」[14]のような文書を読んだからだ。とはいえキリスト教の熱狂的な信者はどれほど進歩的であっても、フーコーやハラウェイから自らの倫理観を引き出したことを認められない。だから彼らは聖書や聖アウグスティヌスやマルティン・ルターに立ち戻り、徹底的に調べる。目を皿のようにして一ページ一ページ、一つの話から次の話へと読んでいく。そしてようやく、必要なものを見つける——思い切り独創的に解釈すれば、神が同性婚を祝福していることや、女性も聖職位に就けることを意味する格言や寓話や裁定を。それから彼らは、じつはその考えのもとはフーコーなのに、それが聖書に由来するふりをする。聖書はもうインスピレーションの源泉ではなくなったにもかかわらず、こうして権威の源泉として維持されている。

そういうわけで、伝統的な宗教は自由主義の真の代替となるものを提供してくれない。聖典には、遺伝子工学やＡＩについて語るべきことがないし、ほとんどの司祭やラビやムフティーは生物学とコンピューター科学の最新の飛躍的な発展を理解していない。なぜなら、もしそうした発展を理解したければ、あまり選択肢がないからだ。古代の文書を暗記してそれについて議論する代わりに、科学の論文を読んだり、研究室で実験したりするのに時間をかけざるをえないのだ。

だからといって、自由主義は現在の成功に安んじていられるわけではない。たしかに自由主義は人間至上主義の宗教戦争に勝ち、二〇一六年現在、現実的に見て、それに取って代われるものは存在しない。だが、ほかならぬこの成功が、じつは自由主義の破滅の種を宿しているかもしれない。勝利を収めた自由主義の理想が、今や人類を駆り立て、不死と至福と神性に手を伸ばさせようとしている。けっして間違うことはないとされる顧客と有権者の願望に煽り立てられて、科学者と技術者はこうした自由主義のプロジェクトにしだいに多くのエネルギーを注いでいる。ところが、科学者が発見しているものと技術者が開発しているものは、自由主義の世界観に固有の欠点と、消費者と有権者の無知無分別の両方を、図らずも暴き出しかねない。遺伝子工学とＡＩが潜在能力を余すところなく発揮した日には、自由主義と民主主義と自由市場は、燧石のナイフやカセットテープ、イスラム教、共産主義と同じぐらい時代後れになるかもしれない。

本書は、二一世紀には人間は不死と至福と神性を獲得しようとするだろうと予測することから始まった。この予測はとりわけ独創的でもなければ、先見の明のあるものでもない。それはただ、自由主義的な人間至上主義の伝統的な理想を反映しているにすぎない。人間至上主義は人間の命と情動と欲望を長らく神聖視してきたので、人間至上主義の文明が人間の寿命と幸福と力を最大化しようとしたところで、驚くまでもない。

とはいえ、本書を締めくくる第3部では、この人間至上主義の夢を実現しようとすれば、新しいポスト人間至上主義のテクノロジーを解き放ち、それによって、ほかならぬその夢の基盤を損なうだろうと主張することになる。人間至上主義に従って感情を信頼したおかげで、私たちは代償を払うことなく現代の契約の果実の恩恵にあずかることができた。私たちは、人間の力を制限したり意味を与えてくれたりする神を必要としない。消費者と有権者の自由な選択が、必要とされる意味をすべて提供してくれるからだ。それならば、消費者と有権者は断じて自由な選択をしていないことに私たちがいったん気づいたら、そして、彼らの気持ちを計算したり、デザインしたり、その裏をかいたりするテクノロジーをいったん手にしたら、どうなるのか？　もし全宇宙が人間の経験次第だとすれば、人間の経験もまたデザイン可能な製品となってスーパーマーケットに並ぶ他のどんな品物とも本質的に少しも違わなくなったときには、いったい何が起こるのだろう？

第3部

ホモ・サピエンスによる制御が不能になる

人間はこの世界を動かし、それに意味を与え続けることができるか？
バイオテクノロジーとAIは、人間至上主義をどのように脅かすか？
誰が人類の跡を継ぎ、どんな新宗教が
人間至上主義に取って代わる可能性があるのか？

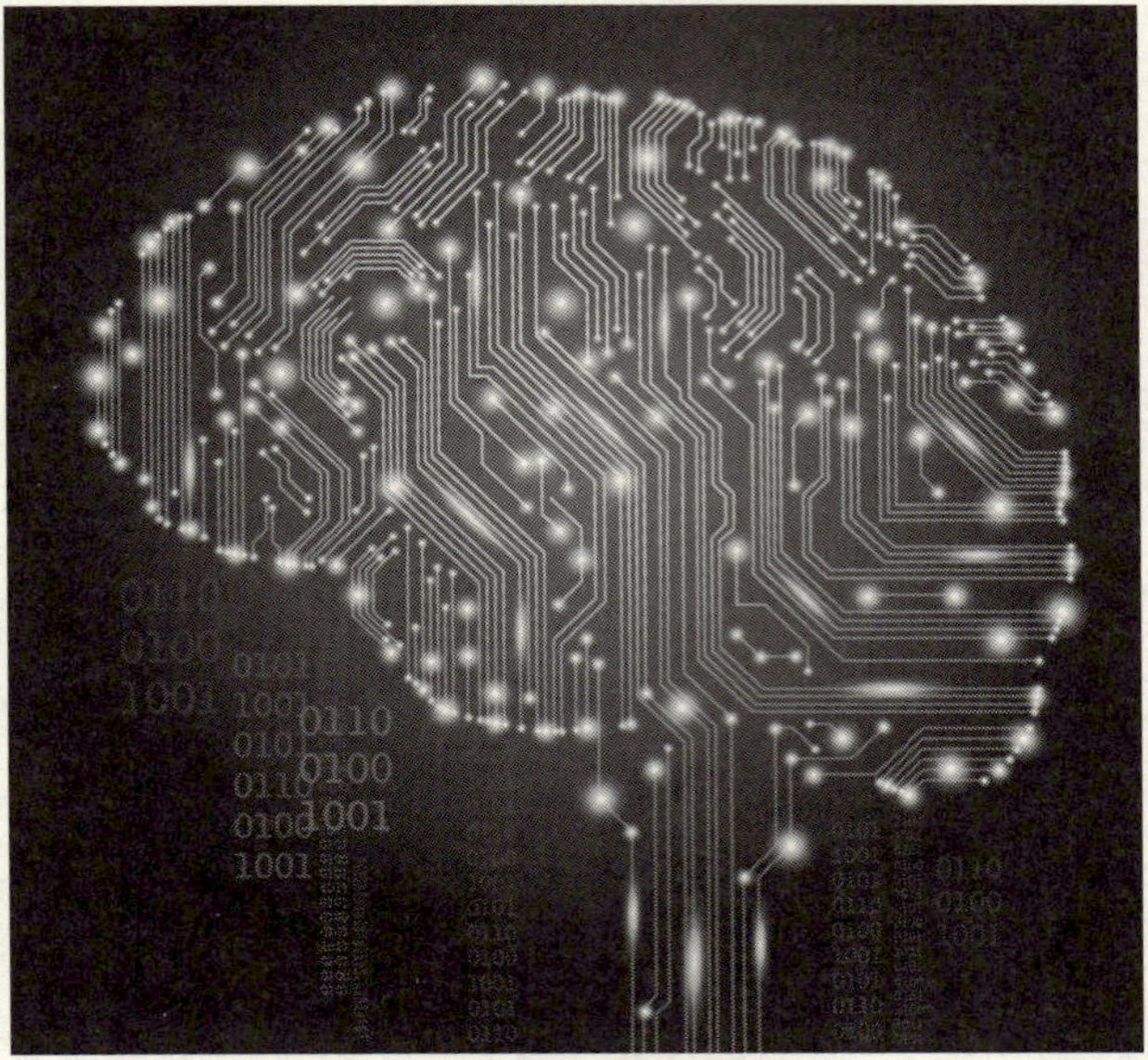

図 39　コンピューターと化した脳、脳と化したコンピューター。AI は今や人間の知能を超えようとしている。

第8章
研究室の時限爆弾

二〇一六年の世界は、個人主義と人権と民主主義と自由市場という自由主義のパッケージに支配されている。とはいえ、二一世紀の科学は、自由主義の秩序の土台を崩しつつある。科学は価値にまつわる疑問には対処しないので、自由主義者が平等よりも自由を高く評価するのが正しいのかどうか、あるいは、集団よりも個人を高く評価するのが正しいのかどうかは判断できない。一方、自由主義も他のあらゆる宗教と同じで、抽象的な倫理的判断だけではなく、自らが事実に関する言明と信じるものにも基づいている。そして、そうした事実に関する言明は、厳密な科学的精査にはとうてい耐えられないのだ。

自由主義者が個人の自由をこれほど重視するのは、人間には自由意志があると信じているからだ。自由主義によれば、有権者や消費者の決定は、必然的に規定されている決定論的なものでもランダムなものでもないという。人はもちろん外部の力や偶然の出来事の影響を受けるが、けっきょくは、一人ひとりが自由という魔法の杖《つえ》を振るって、物事を自分で決められる。だから自由主義は有権者や消費者にこれほどの重要性を与え、心の命じるままに従い、良いと感じられることをするように指示する。森羅万象に意味を与えるのは私たちの自由意志であり、他人は私たちが本当はどう感じているかを知ったり、何を選ぶかを確実に予測したりすることはできないので、ビッグ・ブラザー〔ジョージ・オーウェルの『一九八四年』に登場する全体主義国家の独裁者〕の類に頼って、自分の関心や欲望の面倒を見てもらおうなどとするべきではない。

　人間には自由意志があると考えるのは、倫理的な判断ではない。それはこの世界について事実に関する記述だと称される。このいわゆる事実に関する記述は、ジョン・ロックやジャン＝ジャック・ルソーやトマス・ジェファーソンの時代には道理に適っていたかもしれないが、生命科学の最新の発見とは相容れない。自由意志と現代の科学との矛盾は研究室の持て余し者で、多くの科学者はなるべくそれから目を逸らし、顕微鏡やｆＭＲＩスキャナーを覗き込むばかりだ[1]。

　一八世紀には、ホモ・サピエンスは謎めいたブラックボックスさながらで、内部の仕組みは人間の理解を超えていた。だから、ある人がなぜナイフを抜いて別の人を刺し殺したのかと学者が尋ねると、次のような答えが受け容れられた。「なぜなら、そうすることを選んだからだ。自分の自由意志を使って殺人を選んだ。したがって、その人は自分の犯罪の全責任を負っている」。ところが二〇世紀に科学者がサピエンスのブラックボックスを開けると、魂も自由意志も「自己」も見つからず、遺伝子とホルモンとニューロンがあるばかりで、それらはその他の現実の現象を支配するのと同じ物理と化学の法則に従っていた。今日、ある人がなぜナイフを抜いて別の人を刺し殺したのかと学者が尋ねたときには、「なぜなら、そうすることを選んだからだ」という答えは通用しない。代わりに、遺伝学者や脳科学者はもっとずっと詳しい答えを与える。「その人がそうしたのは、脳内のこれこれの電気化学的プロセスのせいであり、それらのプロセスは特定の遺伝的素質によって決まり、その素質自体は太古の進化圧と偶然の変異の組み合わせを反映している」

殺人につながる脳の電気化学的プロセスは、決定論的か、ランダムか、その組み合わせのいずれかだ。だが、けっして自由ではない。たとえば、ニューロンが発火するとき、それは外部の刺激に対する決定論的な反応か、ことによると、放射性元素の自然発生的な崩壊のようなランダムな出来事の結果かもしれない。どちらの選択肢にも、自由意志の入り込む余地はない。先行する出来事によってそれぞれ決まる生化学的な出来事の連鎖反応を通して行き着いた決定は、断じて自由ではない。原子内部でランダムに起こる偶然の出来事から生じる決定も、自由ではなく、ただランダムなだけだ。そして、ランダムに起こる偶然の出来事が決定論的なプロセスと組み合わさると、確率的な結果が得られるが、これも自由には相当しない。

放射性のウランの塊につないだ中央処理装置を持つロボットを作るとしよう。右のボタンを押すか左のボタンを押すかといった、二者択一の場合には、そのロボットは選択前の一分間に崩壊したウラン原子の数を数える。それが偶数だったら右のボタンを押す。奇数だったら左のボタンを押す。そのようなロボットの行動は予測がつかない。だが、そのロボットが「自由」だと言う人はいないだろうし、そのロボットに民主的な選挙で投票させたり、その行動に法的責任を負わせたりすることなど、私たちは夢にも思わないだろう。

私たちの科学的理解が及ぶかぎりでは、決定論とランダム性がケーキを山分けしてしまい、「自由」の取り分は一かけらすら残っていないようだ。じつは、「自由」という神聖な単語は、まさに「魂」と同じく、具体的な意味などまったく含まない空虚な言葉だったのだ。自由意志は私たち人間が創作したさまざまな想像上の物語の中にだけ存在している。

自由へのとどめの一撃を加えたのは進化論だ。進化論は不滅の魂と折り合いをつけることができないのとちょうど同じで、自由意志という概念も受け容れることができない。もし人間が自由だとすれば、自然選択が人間の進路を決定することなど、できたはずがないではないか。進化論によれば、住み処、食物、交尾相手など、何についてであれ動物が行なう選択はみな、自分の遺伝子コードを反映しているという。ある動物が、環境に適応した遺伝子のおかげで、栄養のあるキノコを食べ、健康で多産のメスと交尾することを選べば、その遺伝子は次の世代に受け継がれる。環境に適応していない遺伝子のせいで、毒キノコを食べ、元気のないメスと交尾することを選択すれば、その遺伝子は途絶える。ところが、もし動物が、何を食べ、誰と交尾するかを「自由に」選んだら、自然選択には出る幕がない。

人はこのような科学的説明を突きつけられると、しばしばそれを軽くあしらい、自分は自由だと感じていることや、自分自身の願望や決定に従って行動していることを指摘する。それは正しい。人間は自分の欲望に即して振る舞う。もし「自由意志」とは自分の欲望に即して振る舞うことを意味するのなら、たしかに人間には自由意志がある。そして、それはチンパンジーも犬もオウムも同じだ。オウムのポーリーは、クラッカーが欲しければクラッカーを食べる〔ポーリーは英語圏でオウムによくつける名前。「ポーリーはクラッカーが欲しい」はオウムなどに教える決まり文句〕。だが、肝心の疑問は、オウムや人間が内なる欲望に従って行動できるかどうかではなく、そもそもその欲望を選ぶことができるかどうか、だ。なぜポーリーはキュウリではなくクラッカーが欲しいのか？　なぜ人は疎ましい隣人を大目に見る代わりに殺すことに決めるのか？　なぜ黒ではなく赤い自動車をこれほど買いたがるのか？　なぜ共産党ではなく自由民主党に投票したいと思うのか？　人はこれらの願望の一つとして自分では選んでいない。特定の願望が自分の中に湧き上がってくるのを感じるのは、それが脳内の生化学的なプロセスによって生み出された感情だからだ。そのプロセスは決定論的かもしれないし、ランダムかもしれないが、自由ではない。

少なくとも、隣人を殺すとか、政府を選出するとかいった重大な決定の場合には、私の選択は束の間の気持ちを反映してはおらず、あれこれ有力な考えを時間をかけて注意深く検討した結果だ、と応じる人もいるかもしれない。ところが、人がたどりうる思考の路線はたくさんあり、そのなかにはその人に、自由民主党に投票させるものもあれば、公明党に投票させるもの、さらには共産党に投票させるもの、自宅にとどまらせるものもある。他の思考の路線ではなく、その路線を私たちに取らせるものは何なのか？　たとえて言えば、脳内の東京駅で、人は脳の決定論的なプロセスによって特定の思考の路線を走る列車に乗り込まされるのかもしれないし、ランダムに路線を選んで列車に飛び乗っているだけなのかもしれない。だが私たちは、自分に共産党に投票させる思考の路線に乗ることを「自由に」選んではいない。

これはたんなる仮説でもなければ哲学的な推量でもない。今日私たちは脳スキャナーを使って、人が自分の欲望や決定を自覚する前に、その欲望や決定を予測することができる。その種の実験の一つでは、参加者は両手に一つずつスイッチを握った状態で巨大な脳スキャナーの中に入れられる。そして、いつでもその気になったときに二つのスイッチのうちの一つを押すように言われる。脳の神経活動を観察している科学者は、参加者が実際にスイッチを押すよりもずっと前に、そして、本人が自分の意図を自覚する前にさえ、どちらのスイッチを押すかを予測できる。その人の決定を示す脳内の神経の活動は、本人がこの選択を自覚する数百ミリ秒から数秒前に始まるのだ。(2)

右か左のスイッチを押す決定は、たしかにその人の選択を反映している。とはいえ、それは自由な選択ではない。じつは、私たちが自由意志の存在を信じている原因は、誤った論理にある。生化学的な連鎖反応のせいで私が右のスイッチを押したくなったとき、私は自分が本当に右のスイッチを押したいと感じる。そして、それは正しい。私は本当に右のスイッチを押したいのだ。ところが人は、もし私が右のスイッチを押したいのなら、私はそう望むことを選んだという結論に、誤って飛びついてしまう。この結論はもちろん間違っている。私は自分の欲望を選ぶことはない。私は欲望を感じ、それに従って行動するにすぎない。

それにもかかわらず、人が自由意志について論じ続けるのは、科学者までもが時代後れの神学的概念を相変わらず使っていることがあまりに多いからだ。キリスト教とイスラム教とユダヤ教の神学者は何世紀にもわたって、魂と意志との関係について議論してきた。彼らはどの人間にも魂と呼ばれる内なる本質があり、それがその人の真の自己だと決めてかかっていた。さらに、この自己は、衣服や乗り物や家を所有しているのとまったく同様に、さまざまな欲望も持っていると彼らは主張した。私は自分の服を選ぶのと同じように自分の欲望を選び、私の運命はこうした選択によって決まるというわけだ。もし、善い欲望を選べば、私は天国に行かれる。もし悪い欲望を選べば、地獄に堕ちることになる。そこで出てきたのが、私は厳密にはどのようにして自分の欲望を選ぶのかという疑問だ。たとえば、イヴはなぜ、ヘビが差し出した禁断の果実を食べたいと思ったのか？　この欲望は、押しつけられたものなのか？　まったくの偶然で彼女の頭に浮かんだのか？　それとも、彼女は「自由に」その欲望を選んだのか？　もし自由に選ばなかったのなら、なぜ罰せられたのか？

ところが、魂など存在せず、人間には「自己」と呼ばれる内なる本質などないことをいったん受け容れてしまえば、「自己はどうやって自らの欲望を選ぶのか？」と問うことは、もう意味を成さなくなる。それは、独身男性に「奥さんはどうやって自分の服を選ぶのか？」と問うようなものだ。現実には意識の流れがあるだけで、さまざまな欲望がこの流れの中で生じては消え去るが、その欲望を支配している永続的な自己は存在しない。だから、私は自分の欲望を決定論的に選んだのか、ランダムに選んだのか、自由に選んだのかと問うても意味がないのだ。

この考え方はやたらに込み入っているように見えるかもしれないが、意外なほど簡単に検証できる。今度何か考えが頭に浮かんだら、そこで立ち止まって自問してほしい。「なぜこの考えを思いついたのか？　一瞬前にこの考えを思いつくことにして、それからようやく思いついたのか？　それともこの考えは、私の指示も許可もまったくなしに、自然に湧いてきたのか？　もし私が本当に自分の思考や決定の主人なら、これから一分間、何も考えないと決めれば、考えずにいられるだろうか？」試してみて、どうなるか確認するといい。

自由意志の存在を疑ってみるのは、ただの哲学的演習ではない。そこには実際的な意味合いもある。もし本当に生き物に自由意志がないのなら、それは私たちが薬物や遺伝子工学や脳への直接の刺激を使って生き物の欲望を操作し、意のままにさえできることを意味する。

もし哲学が実地に試されているところを見たければ、ロボラットの研究室を訪ねるといい。ロボラットはありきたりのラットに一工夫加えたもので、脳の感覚野と報酬領域に電極を埋め込まれている。そのおかげで、科学者はリモートコントロールでラットを好きなように動かせる。彼らはラットに短時間の訓練をさせてから、右や左に曲がらせるだけではなく、梯子《はしご》を上らせたり、生ゴミの山の臭いを嗅ぎ回らせたり、極端に高い場所から飛び降りるといった、普段はラットが嫌うことをやらせたりするのに成功した。軍や企業はロボラットに強い興味を示している。多くの任務や状況で役に立つことを期待しているからだ。たとえば、ロボラットは崩れた建物の下に閉じ込められた生存者を見つけたり、爆弾や偽装爆発物を発見したり、地下のトンネルや洞窟の地図を作ったりする助けになるかもしれない。

　動物福祉活動家は、そのような実験がラットに与える苦しみに対する懸念を表明してきた。ところが、ロボラット研究を先導する研究者の一人である、ニューヨーク州立大学のサンジヴ・タルワー教授は、じつはラットは実験を楽しんでいると主張して、そうした懸念を退ける。なにしろラットは「快感のために作業をする」のであり、脳の報酬中枢を電極で刺激されると「ラットは極楽の気分を覚える」から、とタルワー教授は説明する。[3]

　私たちの理解の及ぶかぎりでは、ラットは自分が誰かに制御されているとは感じていないし、自分の意志に反して何かをすることを強要されているとも感じていない。タルワー教授がリモートコントロールのスイッチの一つを押すと、ラットは左に曲がることを望む。だから左に曲がる。教授が別のスイッチを押すと、ラットは梯子を上ることを望む。だから梯子を上る。突き詰めれば、ラットの欲望は発火するニューロンのパターンにすぎないのだ。ニューロンが発火するのが、他のニューロンに刺激されたからなのか、それとも、脳に埋め込まれてタルワー教授のリモートコントロールにつながった電極に刺激されたからなのかは、関係ないではないか。それについてラットに訊いてみたら、「もちろん、私には自由意志がある！　ほら、私は左に曲がりたい。だから左に曲がる。梯子を上りたい。だから梯子を上る。それこそ、私に自由意志があることの証拠ではないですか」と答えることだろう。

ホモ・サピエンスに行なわれた実験は、人間もラットと同じように操作でき、愛情や恐れや憂鬱といった複雑な感情さえも、脳の適切な場所を刺激すれば生み出したり消し去ったりできることを示している。アメリカ軍は最近、人間の脳にコンピューターチップを埋め込む実験を始めた。この方法を使って心的外傷後ストレス障害に苦しむ兵士を治療できればと望んでのことだ[4]。エルサレムのハダサ病院では医師たちが、深刻なうつ病で苦しむ患者の斬新な治療法の開発に取り組んでいる。患者の脳に電極を埋め込み、胸に埋め込んだ極小のコンピューターとつなぐ。コンピューターからの命令を受けると、電極は微弱な電流を流し、うつを引き起こしている脳領域を麻痺させる。この治療法はいつもうまくいくわけではないが、これまでずっと悩まされてきた暗い空虚な気持ちが魔法のように消えてなくなったと患者が報告する場合もあった。

ある患者は、手術の数か月後に、症状が再発して激しいうつに圧倒されたと苦情を言った。医師たちが調べてみると、問題の原因がわかった。コンピューターの電池が切れていたのだ。電池を交換すると、うつはたちまち解消した[5]。

当然ながら倫理的な制約があるため、研究者は例外的な場合にしか人間の脳に電極を埋め込まない。したがって、人間を対象とする重要な実験の大半は、体内への埋め込みなどを行なわない、ヘルメット状の装置（専門家の間では、「経頭蓋直流刺激装置」と呼ばれている）を使って行なわれる。このヘルメットにはいくつも電極がついており、それを頭皮に密着させる。ヘルメットは微弱な電磁場を生じさせ、それを特定の脳領域に導き、それによってお目当ての脳の活動を盛んにさせたり抑制したりする。

アメリカ軍は、訓練と実戦の両方で兵士の集中力を研ぎ澄まし、任務遂行能力を高めることを期待して、そのようなヘルメットの実験を行なっている。主な実験を実施しているのは人間有効性局（Human Effectiveness Directorate）で、オハイオ州の空軍基地にある組織だ。結果は決定的と言うには程遠いし、実際の成果を考えると、経頭蓋直流刺激装置の今のもてはやされぶりは先走りもはなはだしいが、この方法でドローン操縦士や航空管制官や狙撃兵をはじめ、長時間にわたって高度の注意力を維持する必要のある任務に就いている人員の認知能力を実際に高めうるという研究結果もいくつか出ている。(6)

「ニューサイエンティスト」誌の記者サリー・アディーは、狙撃兵の訓練施設を訪れて自ら効果を試すことを許された。まず、経頭蓋刺激ヘルメットを被らずに、戦場シミュレーターに入った。自爆爆弾を装着し、ライフル銃で武装した覆面男性二〇人がまっしぐらに向かってきたときの恐怖をサリーは次のように描写している。「なんとか一人撃ち殺すたびに、新たに三人の襲撃者がどこからともなく現れる。私の撃ち方では間に合わないのは明らかで、パニックと手際の悪さのために、銃を詰まらせてばかりだった」。幸いにも、襲撃者は周りを取り巻く巨大なスクリーンに映し出されたビデオ画像にすぎなかった。それでも彼女は、自分のお粗末な対応ぶりにひどく落胆したので、ライフルを投げ出してシミュレーターを出たくなったほどだ。

そのあと、ヘルメットを被らせてもらった。いつもと違うという感じはとくになく、口の中がわずかにピリピリし、金属のような奇妙な味がしただけだった。それにもかかわらず、彼女はランボーかクリント・イーストウッドにでもなったかのように冷静に粛々と、バーチャルなテロリストを一人、また一人と狙い撃ちにし始めた。「二〇人の襲撃者が武器を誇示しながらこちらに駆けてくるなか、私は落ち着き払って自分のライフル銃を向け、間を取って深呼吸し、最寄りの敵を狙い撃ちにしたかと思うと、そのときにはもう、静かに次の標的を見極めていた。ほんの一瞬ぐらいにしか思えないうちに、『よし、そこまで』という声がした。シミュレーション室の照明が明るくなった……突然の静寂の中、死体に取り囲まれた私は、もっと襲撃者が現れるものとばかり思っていたので、担当者たちが私の頭の電極を外し始めたときには少しがっかりした。顔を上げた私は、誰かが時計を進めたのではないかと訝《いぶか》った。不可解なことに、すでに二〇分が過ぎていた。『私は何人倒しましたか？』とアシスタントに尋ねた。すると彼女は不思議そうな顔でこちらを見て、『全員です』と答えた」

この実験のせいでサリーの人生が変わった。その後の数日で、彼女は自分が「スピリチュアルなものに近い体験」をしたことに気づいた。「その経験の特徴は、自分が前より賢くなったと感じたり、物覚えが良くなったりするというものではなかった。愕然としたのは、生まれて初めて、頭の中の何もかもが、ついに口をつぐんだことだった……自己不信と無縁の自分の脳というのは新発見だった。頭の中が突然、信じられないほど静まり返った……この経験の後の数週間というもの、いちばんやりたくてしかたなかったのは、あそこに戻ってもう一度電極をつけることだったと言ったら、共感してもらえるといいのだが。私はじつに多くの疑問を抱くようにもなった。私の心には怒りと敵意に満ちた小鬼たちが住みついて、私を怖がらせて、やりもしないうちから物事を諦めさせてきたけれど、やつらを別とすれば、私は何者だったのか？そして、あの声はみな、どこから聞こえてきていたのか？[7]」

これらの声のなかには、社会の偏見を復唱するものも、自分の個人史を反映するものも、遺伝的に受け継いだものをはっきり表現するものもある。それらがすべて合わさって目に見えない物語を生み出し、私たちの意識的決定を、自分ではめったに把握できない形で方向づける、とサリーは言う。もし、私たちが内なる独白を書き直すこ

とができたら、あるいは、そのような独白をときどき完全に黙らせることさえできたら、いったいどうなるのだろう？(8)

二〇一六年現在、経頭蓋直流刺激装置はまだその揺籃《ようらん》期にあり、成熟したテクノロジーになるのか、なるとすればそれはいつかは定かではない。これまでのところ、利用者の能力を短期間高められるだけであり、サリー・アディーの二〇分の経験は例外中の例外かもしれない（あるいは、ひょっとしたら悪名高い偽薬《プラシーボ》効果の結果でさえあるかもしれない）。発表された経頭蓋直流刺激装置研究のほとんどは、特別な状況下で作業をしているごく少人数のサンプルに基づいており、長期的な効果や危険はまったくわかっていない。とはいえ、もしこのテクノロジーが成熟すれば、あるいは、もし脳の電気的なパターンを操作する他の方法が見つかれば、そのせいで人間社会と人間はどうなるのか？

人々は、テロリストをもっと上手に撃つためだけではなく、より日常的な自由主義の目標を達成するためにも、自分の脳の電気回路を操作するだろう。すなわち、より効率的に勉強したり働いたりするためや、ゲームや趣味に没頭するため、数学であれサッカーであれそのときどきに自分が興味を持っているものに集中するためなどだ。ところが、もしそのような操作が日常的なものになれば、消費者の自由意志とされるものもまた、ただの製品として購入されるものに変わるだろう。ピアノの演奏を習得したいけれど、練習時間が来るたびにテレビを見ていたくなる? 大丈夫。ヘルメットを被って、適切なソフトウェアをインストールするだけで、ピアノを演奏したくて居ても立ってもいられなくなるから。

頭の中の声を黙らせたり大きくしたりする能力は、じつは自由意志を損なうどころか強化する、と反論する人がいるかもしれない。今のところ、人は外部から気を散らされて、自分の最も大切な真の欲望に気づきそこねることが多い。注意力を高めるヘルメットや、それに類する装置の助けを借りれば、親や聖職者、情報操作の専門家、広告者、隣人などの他人の声をもっと簡単に黙らせ、自分が望んでいることに焦点を絞れる。ところが、ほどなく見るように、自分には単一の自己があり、したがって、自分の真の欲望と他人の声を区別できるという考え方もまた、自由主義の神話にすぎず、最新の科学研究によって偽りであることが暴かれた。

どの自己が私なのか?

科学は、自由意志があるという自由主義の信念を崩すだけではなく、個人主義の信念も揺るがせる。自由主義者たちは、私たちには単一の、分割不能の自己があると信じている。個人であるとは、分けられないということだ〔「individual」のそもそもの意味は「分割できない」)。たしかに、私の体はおよそ三七兆個の細胞からできているし(9)、体も心も毎日無数の入れ替えや変化を経験する。それなのに、もし私が本当に注意を払って自己を知ろうと努めれば、自分の奥底に、単一で明確な本物の声を必ず発見できるはずで、それが私の真の自己であり、この世界のあらゆる意味と権威の源泉なのだ。自由主義が理に適うものであるためには、私には一つ、ただ一つの真の自己がなくてはならない。なぜなら、もし複数の本物の声があったなら、投票所やスーパーマーケットや結婚市場でどの声に耳を傾ければいいか、わからないではないか。

ところが生命科学は過去数十年のうちに、この自由主義の物語がただの神話でしかないという結論に達した。単一の本物の自己が実在するというのには、不滅の魂やサンタクロースや復活祭のウサギ〔復活祭に子供たちにプレゼントを持ってくるとされるウサギ〕が実在するというのと同じ程度の信憑性しかない。もし私が自分の中を本当に深くまで眺めたら、当たり前だと思っていた統一性は見かけ倒しであることがわかり、相容れないさまざまな声が混ざり合った耳障りな雑音と化す。そのうちのどれ一つとして「私の真の自己」ではない。人間は分割不能な個人ではない。さまざまなものが集まった、分割可能な存在なのだ。

人間の脳は、神経の太い束でつながった二つの半球からできている。これらの半球は、それぞれ体の反対側を制御している。右半球は体の左側を制御し、視野の左側からデータを受け取り、左の手足の動きを司っており、逆に左半球は右側を担当している。だから脳の右半球で卒中を起こした人は、体の左側を無視することがある（頭の右側の髪だけ梳《と》かしたり、皿の右半分に載った食べ物だけ食べたりする）[10]。

両半球の間には、情動的な違いと認知的な違いもある。とはいえ、どのように分担されているのかは、およそ明快ではない。ほとんどの認知的活動には両方の半球がかかわるが、その度合いは異なる。たとえば、たいていの場合、発話と論理的推論では左半球のほうが重要な役割を演じる一方、空間的情報の処理では右半球が優勢だ。

両半球の関係を理解する上での飛躍的発展の多くは、癲癇《てんかん》患者の研究に基づいている。癲癇の重症患者では、電気の嵐が脳の一つの部分で始まるが、すぐに他の部分にも拡がり、非常に激しい発作を引き起こす。そのような発作の間、患者は自分の体が制御できなくなるので、発作が頻繁に起こると、患者は仕事に就いたり普通の生活を送ったりすることが困難になる。二〇世紀の半ばには、他の治療がすべて不首尾に終わったとき、医師は両半球をつなぐ神経の太い束を切断し、一方の半球で始まった電気的な嵐がもう一方の半球に及ばないようにして、この問題を軽減した。脳科学者にとって、こうした患者は驚くべきデータの宝庫だった。

これらのいわゆる分離脳患者の研究のうち、とりわけ注目するべきもののいくつかを行なったのが、革新的な発見を認められて一九八一年にノーベル生理学・医学賞を受賞したロジャー・ウォルコット・スペリー教授と、その教え子のマイケル・S・ガザニガ教授だ。研究の一つは、ある一〇代の少年を対象に行なわれた。少年は大人になったらどんな仕事に就きたいか訊かれた。すると、製図工と答えた。この答えを提供したのは脳の左半球で、この半球は論理的推論と発話で決定的な役割を果たしている。ところが、この少年は、右半球にも活発な発話中枢を持っており、それは音声言語を制御することはできなかったが、文字の書かれた小さなタイルを並べて単語を綴ることはできた。研究者たちは右半球が何と言うか、おおいに関心があった。そこでテーブルの上にタイルを置き、「大人になったら何をしたいですか?」と紙に書き、少年の左視野の端に置いた。左視野からのデータは右半球で処理される。右半球は音声言語を使えないので、少年は何も言わなかった。だが、左手がテーブルの上で素早く動き始め、あちこちからタイルを取っては並べ、「自動車レース」と綴った。薄気味悪い話だ。(11)

それと同じぐらい不気味な行動を示したのが、第二次世界大戦の復員兵のWJという患者だった。WJの左右の手は、それぞれ反対の脳半球に制御されていた。両半球の間の連絡が絶たれていたので、右手が伸びてドアを開けようとすると、左手が邪魔をして乱暴にドアを閉めようとするということがときどき起こった。

別の実験でガザニガのチームは、発話を司る脳の左半球にニワトリの足先の絵を瞬間的に見せると同時に、右脳には雪景色の画像を一瞬見せた。何が見えたかと訊かれたPSという患者は、「ニワトリの足先」と答えた。それからガザニガは、絵の描かれたカードを何枚もPSに見せ、自分が目にした絵といちばんよく合っているものを指差すように言った。患者の右手（左脳に制御されている）はニワトリの絵を指差したが、同時に左手がさっと伸びて除雪用のシャベルを指し示した。それからガザニガは当然の疑問を投げかけた。「なぜニワトリとシャベルの両方を指差したのですか?」するとPSはこう答えた。「ああ、ニワトリの足はニワトリと関係があるし、ニワトリ小屋を掃除するのにシャベルが必要だからです」(12)

いったい何が起こっていたのだろう? 発話を制御する左脳は雪景色についてのデータは持っていなかったので、左手がシャベルを指し示した理由が本当はわからなかった。だからもっともらしい話をさっさとでっち上げたのだ。ガザニガはこの実験を何度も繰り返した後、脳の左半球は言語能力の座であるばかりではなく、内なる解釈者の座でもあり、この解釈者が絶えず人生の意味を理解しようとし、部分的な手掛かりを使ってまことしやかな物語を考え出すのだと結論した。

さらに別の実験では、非言語的な右半球が猥褻《わいせつ》な画像を見せられた。患者は顔を赤らめ、くすくす笑った。茶目っ気のある研究者たちが、「何が見えましたか?」と尋ねると、「何も。一瞬、パッと光が見えただけです」と左半球が答え、患者はすぐに手で口を覆いながらまたくすくす笑った。「それなら、なぜ笑っているのです?」と研究者たちが畳みかけると、まごついた左半球の解釈者は、何か合理的な説明を見つけようと苦労しながら、部屋にある機械の一つの外見がとてもおかしいからだと答えた。[13]

これは、アメリカのCIAが国務省の知らないうちにパキスタンでドローン攻撃を行なうようなものだ。それについてジャーナリストが国務省の役人たちを問い詰めると、彼らはいかにもありそうな説明をしておく。実際には、メディア担当の情報操作の専門家たちは、攻撃が命令された理由については手掛かりすらないので、とりあえずは何かそれらしい話を勝手に考えるのだ。同じようなメカニズムを、分離脳患者たちだけではなくすべての人間が利用している。私の国務省が知りもしなければ承諾もしないうちに、私のCIAが何度となく物事を行ない、それから私がいちばん良く見えるような話を国務省がでっち上げるわけだ。[14] そして、国務省自体も、自分が考え出したまったくの空想を固く信じるようになる。

人が経済的な決定をどう下すかを知りたがっている行動経済学者たちも、同じような結論に達している。より正確に言うなら、彼らが知りたいのは、誰がそうした決定を下すか、だ。誰がメルセデス・ベンツではなくトヨタの自動車を買うことや、休暇にタイではなくパリに行くことや、上海の証券取引所で取り扱う金融商品ではなく韓国の国債に投資することを決めるのか？　ほとんどの実験は、こうした決定のどれを取っても、それを下しているような単独の自己が存在しないことを示している。むしろそれらの決定は、異なる、そして対立していることの多い内なる存在どうしの主導権争いの結果なのだ。

ある先駆的な実験を行なったのが、二〇〇二年にノーベル経済学賞を受賞したダニエル・カーネマンだ。カーネマンは、人々に三部から成る実験に参加してもらった。参加者は実験の「短い」部分では、不快で、痛みを感じるか感じないかという摂氏一四度の水が入った器に手を入れた。そして一分後に、手を出すように言われた。「長い」部分では、やはり一四度の水が入った別の器にもう一方の手を入れた。ところが、一分後、温かい水が密かに加えられて水温がわずかに上がり、一五度になった。その三〇秒後、手を器から出すように指示された。「短い」部分を先にやった参加者もいれば、「長い」部分から始めた参加者もいた。どちらの場合にも、二つの部分が終わってからきっかり七分後に、三番目の、この実験で最も重要な部分に入った。参加者は最初の二つの部分のどちらかを繰り返さなくてはならないが、どちらを選ぶかは本人次第だと告げられた。八割もの参加者が、「長い」部分を繰り返すほうを選んだ。そちらのほうが苦痛が少なかったと記憶していたからだ。

この冷水実験はじつに単純だが、それが意味するところは自由主義の世界観の核心を揺るがせる。私たちの中には、経験する自己と物語る自己という、少なくとも二つの異なる自己が存在することを、この実験は暴き出すからだ。経験する自己とは、そのときどきの意識だ。経験する自己にとっては、冷水実験の「長い」部分のほうが悪いことは明らかだ。最初、一四度の水を一分間経験するが、これは「短い」部分で経験するものと完全に同じだけ不快だ。そのうえ、一五度の水をさらに三〇秒経験しなければならず、これは一四度の場合と比べればわずかにましではあるものの、それでもおよそ快適には程遠い。経験する自己にとって、わずかに不快感が小さい経験をとても不快な経験に加えたからといって、全体が多少ましになることなどありえない。

ところが、経験する自己は何も覚えていない。何一つ物語を語らず、大切な決定を下すときに相談を受けることもめったにない。記憶を検索し、物語を語り、大きな決定を下すのはみな、私たちの中の完全に違う存在、すなわち物語る自己の専売特許だ。物語る自己は、ガザニガの左脳の解釈者と似ている。たえず過去についてのほら話作りや、将来の計画立案にせっせと励んでいる。どんなジャーナリストや詩人や政治家とも同じで、物語る自己はしょっちゅう手っ取り早い方法を採用する。すべては語らず、たいていは印象深い瞬間や最終結果だけを使って物語を紡ぐ。経験全体の価値は、ピークと結末を平均して決める。たとえば、冷水実験の短い部分を評価するにあたって、物語る自己は最悪の部分（水はとても冷たかった）と最後の瞬間（水は相変わらずとても冷たかった）の平均を計算し、「水はとても冷たかった」と結論する。物語る自己は、実験の長い部分についても同じことをする。最悪の部分（水はとても冷たかった）と最後の瞬間（水は前ほど冷たくなかった）の平均を求め、「水は若干温かかった」と結論する。ここが肝心なのだが、物語る自己は持続時間には無頓着なので、二つの部分の長さが違うことにはまったく重きを置かない。だからどちらかを選べるときには、「水が若干温かかった」長い部分を選ぶ。

物語る自己は、私たちの経験を評価するときにはいつも、経験の持続時間を無視して、「ピーク・エンドの法則」を採用し、ピークの瞬間と最後《エンド》の瞬間だけを思い出し、両者の平均に即して全体の経験を査定する。これは私たちの実際的な決定のすべてに多大な影響を及ぼす。経験する自己と物語る自己をカーネマンが研究し始めたのは、トロント大学のドナルド・レデルマイヤーとともに結腸鏡検査患者を研究した一九九〇年代初期のことだ。結腸鏡検査では、極小のカメラを肛門から結腸に差し込み、腸のさまざまな病気を診断する。楽しい経験ではない。医師たちは最も痛みが少ない方法でこの検査を行なうにはどうすればいいか知りたかった。検査を急ぎ、患者をより大きなストレスにさらしても時間を短くするべきか、もっとゆっくり慎重に行なうべきか？

この疑問に答えるため、カーネマンとレデルマイヤーは一五四人の患者に、結腸鏡検査の間、一分ごとに痛みのレベルを報告してもらった。二人は、痛みがまったくないときを0、耐え難い痛みを10とする、一一段階の尺度を使った。検査の後、やはり0から10までの尺度で、患者たちに「全体の痛みのレベル」を評価してもらった。全体評価は、一分ごとの報告の合計を反映すると思うだろう。つまり、検査が長く続いて痛みを多く経験するほど、全体の痛みのレベルが上がった、と。ところが、実際の結果は違った。

冷水実験のときとちょうど同じで、全体の痛みのレベルは持続時間とは無関係で、ピーク・エンドの法則だけを反映していた。一つの結腸鏡検査は八分間続き、最悪の瞬間に患者はレベル8の痛みを、最後の瞬間にはレベル7の痛みを報告した。検査の後、この患者は全体の痛みのレベルを7.5とした。別の結腸鏡検査は二四分間続いた。今度も痛みのピークはレベル8だったが、検査の最後の瞬間には、患者が報告した痛みのレベルは1だった。この患者は全体の痛みのレベルをわずか4.5とした。検査が三倍も長く続き、その結果、合計するとはるかに大きな痛みを経験したという事実は、患者の記憶にまったく影響を与えなかった。物語る自己は経験を総計せず、平均するのだ。

では、患者たちは短くて痛い検査と、長くて慎重な検査のどちらを好むのか？　この疑問には単一の答えがない。なぜなら、患者たちには少なくとも二つの異なる自己があり、それぞれ関心が違うからだ。もし経験する自己に訊けば、おそらく短い検査を選ぶだろう。もし物語る自己に尋ねれば、長い検査を選ぶだろう。この自己は、最悪の瞬間と最後の瞬間の平均しか覚えていないからだ。実際、物語る自己の観点に立てば、医師は検査の最後に鈍い痛みを伴う、完全に余計な時間を少し加えるべきだということになる。そうすれば、全体の記憶が心の痛手となる度合いが大幅に下がるからだ。(15)

小児科医はこのトリックを十分心得ている。獣医も同じだ。彼らの多くは、クリニックにお菓子がいっぱい入った器を常備しておき、痛い注射や不快な検査をした後に、子供（あるいは犬）にお菓子をいくつか与える。物語る自己が医師のもとに行ったことを思い出したときには、最後の楽しい一〇秒間のおかげで、その前の何分にもわたる不安と痛みが帳消しになる。

進化は小児科医たちよりもはるか昔にこのトリックを発見した。多くの女性が出産のときに経験する耐え難い苦痛を考えると、正気の女性なら一度それを味わったら二度と同じ目に遭うことに同意するはずがないと、人は思うかもしれない。ところが出産の最後とその後数日間に、ホルモン系がコルチゾールとベータエンドルフィンを分泌し、これらが痛みを和らげ、安堵感を生み出し、ときにはえも言われぬ喜びさえ引き起こす。そのうえ、赤ん坊に対して募る愛情と、家族や友人、宗教の教義、国家主義的なプロパガンダからの拍手喝采とが相まって、出産をトラウマから好ましい体験に変える。

イスラエルのペタハ・ティクヴァのラビン医療センターで行なわれた研究では、出産の記憶はピークと最終段階を主に反映しており、全体の持続時間はほとんど何の影響もないことが実証された[16]。別の研究では、スウェーデンの二四二八人の女性に、出産の二か月後、出産の記憶を詳しく述べるように依頼した。すると六割の人がその経験は好ましいもの、あるいはとても好ましいものだったと報告した。必ずしも痛みを忘れたわけではない（二八・五パーセントの人が、想像しうるうちで最悪の痛み、と述べた）が、それでも出産の経験を好ましいものと評価する妨げにはならなかった。物語る自己は、切れ味鋭い鋏《はさみ》と太い黒のマーカーを手に、私たちの経験を詳しく調べる。そして恐怖の瞬間の少なくとも一部を削除し、

図40　赤ん坊のイエス・キリストを抱く聖母マリアの類型的な肖像画。たいていの文化では、出産はトラウマではなく素晴らしい経験とされている。

ハッピーエンドの物語を記録保管所にしまい込むのだ[17]。

私たちの人生における重大な選択（パートナー、キャリア、住まい、休暇などの選択）の大半は、物語る自己が行なう。あなたが二通りの休暇のどちらかを選べるとしよう。ヴァージニア州ジェイムズタウンに行き、一六〇七年に北アメリカ大陸本土初のイギリスの定住地が置かれた歴史的な植民地の村を訪れるというのが第一の選択肢。第二の選択肢は、アラスカでのトレッキングであろうが、フロリダでの日光浴であろうが、ラスヴェガスでのセックスと薬物とギャンブルの勝手気ままなどんちゃん騒ぎであろうが、何であれ自分にとって最高の夢のバカンスを実現すること。ただし、一つ条件がついている。もし夢のバカンスを選んだら、帰りの飛行機に乗り込む直前に、そのバカンスの記憶をそっくり消し去る薬を飲まなければならない。ラスヴェガスでの楽しい思い出は永遠にラスヴェガスに置いてくることになる。あなたなら、どちらの休暇を選ぶだろうか？　たいていの人はかつての植民地ジェイムズタウンを選ぶだろう。なぜなら、ほとんどの人が物語る自己にクレジットカードを握らせるからで、この自己は物語にしか関心がなく、どれほど興奮に満ちた経験であっても、記憶にとどめられないのなら、まったく興味を抱かないからだ。

じつを言うと、経験する自己と物語る自己は、完全に別個の存在ではなく、緊密に絡み合っている。物語る自己は、重要な（ただし、唯一のというわけではない）原材料として私たちの経験を使って物語を創造する。するとそうした物語が、経験する自己が実際に何を感じるかを決める。私たちは、断食月《ラマダーン》の間に断食するときと、健康診断のために食事を抜くときと、お金がなくて食べられないときとでは、空腹の経験の仕方が違う。物語る自己によって空腹の原因として挙げられた意味次第で、実際の経験も大幅に違ってくるのだ。

そのうえ、経験する自己は強力なので、物語る自己が練り上げた計画を台無しにすることがよくある。たとえば私は、新年を迎えて、これからダイエットを始めて毎日スポーツジムに通うと決意したとしよう。このような野心的な計画は物語る自己ならではのものだ。だが翌週、ジムに行く時間が来ると、経験する自己が主導権を奪う。私はジムに行く気になれず、ピザを注文してソファに腰を下ろし、テレビをつける。

とはいえ、私たちのほとんどは、自分を物語る自己と同一視する。私たちが「私」と言うときには、自分がたどる一連の経験の奔流ではなく、頭の中にある物語を指している。混沌としてわけのわからない人生を取り上げて、そこから一見すると筋が通っていて首尾一貫した作り話を紡ぎ出す内なるシステムを、私たちは自分と同一視する。話の筋は嘘と脱落だらけであろうと、何度となく書き直されて、今日の物語が昨日の物語と完全に矛盾していようと、かまいはしない。重要なのは、私たちには生まれてから死ぬまで（そして、ことによるとその先まで）変わることのない単一のアイデンティティがあるという感じをつねに維持することだ。これが、私は分割不能の個人である、私には明確で一貫した内なる声があって、この世界全体に意味を提供しているという、自由主義の疑わしい信念を生じさせたのだ[18]。

人生の意味

物語る自己は、ホルヘ・ルイス・ボルヘスの短篇「問題[19]」のスターだ。この小説は、ミゲル・デ・セルバンテスの有名な小説の題名の由来となったドン・キホーテにかかわる。ドン・キホーテは自分の空想の世界を創り出し、その中で世の不正を正す伝説の騎士となり、巨人たちと戦ってドゥルシネーア・デル・トボーソという姫を救うために出かけていく。現実には、ドン・キホーテはアロンソ・キハーノという年寄りの郷士で、高貴なドゥルシネーアは近くの村に住む粗野な農民の娘であり、巨人たちというのは風車だ。もしこうした空想を信じているせいでドン・キホーテが本物の人間を襲って殺してしまったらどうなるだろう、とボルヘスは考える。人間の境遇についての根本的な疑問をボルヘスは投げかける。私たちの物語る自己が紡ぐ作り話が自分自身あるいは周囲の人々に重大な害を与えるときには何が起こるのか？　主な可能性は三つある、とボルヘスは言う。

たいしたことは起こらないというのが第一の可能性だ。ドン・キホーテは本物の人間を殺してもまったく気にしない。妄想の力がまさに圧倒的で、彼は現実に殺人を犯すことと、空想の巨人（じつは風車）と決闘することの違いがわからない。別の可能性もある。ドン・キホーテは人を殺《あや》めた後、途方もない戦慄《せんりつ》を覚え、その衝撃で妄想から目覚める。これは、若い新兵が祖国のために死ぬのは善いことだと信じて戦場に出たものの、けっきょく戦争の実情を目の当たりにしてすっかり幻滅するというのと同じ類だ。

だが、第三の、はるかに複雑で深刻な可能性もある。空想の巨人と戦っているかぎりは、ドン・キホーテは真似事をしていたにすぎない。ところが彼は、誰かを本当に殺したら、自分の空想に必死にしがみつく。自分の悲惨な悪行に意味を与えられるのは、その空想だけだからだ。矛盾するようだが、私たちは空想の物語のために犠牲を払えば払うほど執拗にその物語にしがみつく。その犠牲と自分が引き起こした苦しみに、ぜがひでも意味を与えたいからだ。

これは政治の世界では、「我が国の若者たちは犬死にはしなかった」症候群として知られている。イタリアは一九一五年、三国協商側について第一次世界大戦に参戦した。イタリアが掲げた目的は、トレントとトリエステという、オーストリア＝ハンガリー帝国に「不当に」占拠された二つの「イタリア」領を「解放する」ことだった。

イタリアの政治家たちは議会で熱弁を振るい、歴史的な不正を正すことを誓い、古代ローマの輝きを取り戻すことを約束した。何十万ものイタリア人新兵が「トレントとトリエステのために!」と叫びながら前線に出た。彼らは楽勝になるものとばかり思っていた。

だが、現実はそれに程遠かった。オーストリア＝ハンガリー軍はイゾンツォ川に沿って強力な防御線を張っていた。イタリア兵たちは一一度の血なまぐさい戦いでその防御線に襲いかかったが、せいぜい数キロメートル前進しただけで、ついに突破できなかった。死傷したり捕虜になったりしたイタリア兵の数は、最初の戦いでは約一万五〇〇〇人、二度目の戦いでは四万人、三度目の戦いでは六万人にのぼった。こうして一一度目の交戦まで、恐ろしい月日が二年続いた。その後ついにオーストリア軍が反攻に転じ、カポレットの戦いという名でよく知られる一二度目の戦いでイタリア軍を完膚なきまでに打ちのめし、ヴェネツィアのすぐ手前まで押し戻した。輝かしい冒険は大虐殺に変わった。戦争終結までに七〇万近いイタリア兵が戦死し、一〇〇万人以上が負傷した。(20)

イゾンツォ川沿いの最初の戦いに敗れた後、イタリアの政治家たちには二つの選択肢があった。彼らは自らの誤りを認めて平和条約に調印すると申し出ることができた。オーストリア＝ハンガリーはイタリアに何の賠償も請求していなかったし、喜んで講和したことだろう。はるかに強敵のロシアを相手に生き残るための戦いに忙殺されていたからだ。とはいえ政治家たちは、何千ものイタリア人戦死兵の親や妻や子供たちのもとを訪ねて、「申し訳ありません。手違いがありました。どうか、あまりひどく悲しまないでいただきたいのですが、お宅のジョヴァンニさんは犬死にしました。マルコさんも同様です」などとどうして言えるだろう？　その代わりに、こう言うことができる。「ジョヴァンニさんもマルコさんも勇敢でした！　二人はイタリアがトリエステを取り戻すために亡くなったのであり、私たちはけっして二人の死を無駄にしません。勝利を収めるまで、断固戦い続けます！」驚くまでもないが、政治家たちは第二の選択肢を選んだ。だから彼らは第二の戦いをし、さらに多くの兵を失った。政治家たちはまたしても、戦い続けるのが最善だと判断した。「我が国の若者たちは犬死にはしなかった」からだ。

図41　イゾンツォ川沿いでの戦いの犠牲者の一部。彼らは犬死にしたのか？

もっとも、政治家だけを責めることはできない。一般大衆も戦争を支持し続けた。そして戦後、イタリアが要求した領土をすべて獲得するわけにはいかなかったとき、この国の民主主義はベニート・ムッソリーニとその配下のファシストたちに政権を委ねた。ムッソリーニらが、イタリア人が払ったあらゆる犠牲に対して適切な補償を獲得すると約束したからだ。政治家が親たちに、息子さんはろくな理由もなく犠牲になりましたと告げるのは難しいものの、我が子が無駄な犠牲を払ったと親自身が認めるのははるかにつらい。そして、犠牲者にとってはなおさら困難だ。両脚を失って体が不自由になった兵士は、「両脚を失ったのは、身勝手な政治家たちを信じるほど私が馬鹿だったからだ」と言うよりも、「イタリアという永遠の国家の栄光のために自分を犠牲にしたのだ」と自分に言い聞かせたいだろう。そのような幻想を抱いて生きるほうがずっと楽だ。その幻想が苦しみに意味を与えてくれるからだ。

聖職者たちはこの原理を何千年も前に発見した。無数の宗教的儀式や戒律の根底にはこの原理がある。神や国家といった想像上の存在を人々に信じさせたかったら、彼らに何か価値あるものを犠牲にさせるべきだ。その犠牲に伴う苦痛が大きいほど、人はその犠牲の想像上の受け取り手の存在を強く確信する。ローマ神話の主神ユピテルに貴重な牛を一頭生贄として捧げる貧しい農民は、ユピテルが本当に存在すると確信するだろう。そうでなければ、自分の愚かさをどうして許せるだろうか？　その農民は、さらに一頭、また一頭、そしてまた一頭と牛を生贄にする。そうすれば、それまで捧げた牛はすべて無駄だったと認めずに済むからだ。もしイタリアという国家の栄光のために子供を一人犠牲にしたり、共産主義革命のために両脚を犠牲にしたりしたら、たいていの人がそれだけで熱狂的なイタリア国家主義者や熱心な共産主義者になるのも、それとまったく同じ理由からだ。なぜなら、もしイタリアの国家神話や共産主義のプロパガンダが偽りなら、我が子の死や自分の負傷が完全に無駄だったことを認めざるをえなくなるからだ。そんなことを認める勇気のある人はほとんどいない。

それと同じ論理が経済の領域でも働いている。一九九七年、スコットランド政府は新しい議事堂を建てることを決めた。当初の計画では、建設には二年の月日と四〇〇〇万ポンドの費用がかかる見込みだった。ところが実際に要した時間は五年、金額は四億ポンドだった。建設業者は、予期せぬ困難と出費に出くわすたびにスコットランド政府にすがって、期間の延長と資金の追加を求めた。そして政府は、「うーん、このためにすでに何千万ポンドも注ぎ込んだのだから、今やめにして、造りかけの骨組みだけが残されたら、私たちは完全に信用を失うだろう。それなら、あと四〇〇〇万ポンド認めよう」と毎回自分に言い聞かせた。数か月後、また同じことが起こり、その頃には、建物が未完成になるのを避けるという圧力はさらに高まっている。そしてそのまた数か月後、同じ事態が発生し、それを繰り返しているうちに、とうとう実際の費用は当初の見積もりの一〇倍に達した。

この罠にはまるのは政府だけではない。企業もうまく行かない事業に何百万ドルも投入することが多く、個人も破綻した結婚生活や将来性のない仕事にしがみつく。私たちの物語る自己は、過去の苦しみにはまったく意味がなかったと認めなくて済むように、将来も苦しみ続けることのほうをはるかに好む。ついには、もし私たちが過去の誤りを白状したくなれば、物語る自己は何かこじつけを工夫して筋書きを変え、そうした誤りに意味を持たせざるをえない。たとえば平和主義の退役軍人は、次のように自分に言い聞かせるかもしれない。「たしかに私は誤りのせいで両脚を失った。だがこの誤りのおかげで、戦争が地獄であることがわかったので、今後は自分の人生を平和のための戦いに捧げよう。そうすれば、この負傷もけっきょく好ましい意味を持つ。平和を大切にすることを教えてくれたのだから」

というわけで、国家や神や貨幣と同様、自己もまた想像上の物語であることが見て取れる。私たちのそれぞれが手の込んだシステムを持っており、自分の経験の大半を捨てて少数の選り抜きのサンプルだけ取っておき、自分の観た映画や、読んだ小説、耳にした演説、耽った白昼夢と混ぜ合わせ、その寄せ集めの中から、自分が何者で、どこから来て、どこへ行くのかにまつわる筋の通った物語を織り上げる。この物語が私に、何を好み、誰を憎み、自分をどうするかを命じる。私が自分の命を犠牲にすることを物語の筋が求めるなら、それさえこの物語は私にやらせる。私たちは誰もが自

図42　スコットランドの議事堂。我々のお金は犬死にしなかった。

分のジャンルを持っている。悲劇を生きる人もいれば、果てしない宗教的ドラマの中で暮らす人もいるし、まるでアクション映画であるかのように人生に取り組む人もいれば、喜劇に出演しているかのように振る舞う人も少なからずいる。だがけっきょく、それはすべてただの物語にすぎない。

それならば、人生の意味とは何なのか？何か外部の存在に既成の意味を提供してもらうことを期待するべきではないと自由主義は主張する。個々の有権者や消費者や視聴者が自分の自由意志を使って、自分の人生ばかりではなくこの世界全体の意味を生み出すべきなのだ。

ところが生命科学は自由主義を切り崩し、自由な個人というのは生化学的アルゴリズムの集合によってでっち上げられた虚構の物語にすぎないと主張する。脳の生化学的なメカニズムは刻々と瞬間的な経験を創り出すが、それはたちまち消えてなくなる。こうして、次から次へと瞬間的な経験が現れては消えていく。こうした束の間の経験が積み重なって永続的な本質になることはない。物語る自己は、はてしない物語を紡ぐことによって、この混乱状態に秩序をもたらそうとする。その物語の中では、そうした経験は一つ残らず占めるべき場所を与えられ、その結果、どの経験も何らかの永続的な意味を持つ。だが、どれほど説得力があって魅力的だとしても、この物語は虚構だ。中世の十字軍戦士たちは、神と天国が彼らの人生に意味を与えてくれると信じていた。現代の自由主義者たちは、個人の自由な選択が人生に意味を与えてくれると信じている。だが、そのどちらも同じように、妄想にすぎない。

自由意志と個人が存在するのかという疑問は、むろん新しいものではない。二〇〇〇年以上前に、インドや中国やギリシアの思想家たちは、「個人の自己は幻想である」と主張した。とはいえ、そのような疑念は、経済や政治や日常生活に実際的な影響を及ぼさないかぎり、歴史をたいして変えることはない。人間は認知的不協和の扱いの達人で、研究室ではある事柄を信じ、法廷あるいは議会ではまったく違う事柄を信じるなどということを平気でやる。ダーウィンが『種の起源』を刊行した日にキリスト教が消えはしなかったのとちょうど同じで、自由な個人など存在しないという結論に科学者たちが達したからというだけで自由主義が消え失せることはない。

それどころか、リチャード・ドーキンスやスティーブン・ピンカーら、新しい科学的世界観の擁護者たちでさえ、自由主義を放棄することを拒んでいる。彼らは自己と意志の自由の解体のために学識に満ちた文章を何百ページ分も捧げた後で、息を呑むような一八〇度方向転換の知的宙返りを見せ、奇跡のように一八世紀に逆戻りして着地する。まるで進化生物学と脳科学の驚くべき発見のすべてが、ロックとルソーとジェファーソンの倫理的概念や政治的概念にはいっさい無関係であるかのようだ。

ところが、異端の科学的見識が日常のテクノロジーや毎日の決まりきった活動や経済構造に転換されると、この二重のゲームを続けるのはしだいに難しくなり、おそらく私たち（あるいは私たちの後継者）には、宗教的信念と政治制度のまったく新しいパッケージが必要になるだろう。三〇〇〇年紀の始まりにあたる今、自由主義は、「自由な個人などいない」という哲学的な考えによってではなく、むしろ具体的なテクノロジーによって脅かされている。私たちは、個々の人間に自由意志などまったく許さない、はなはだ有用な装置や道具や構造の洪水に直面しようとしている。民主主義と自由市場と人権は、この洪水を生き延びられるだろうか？

第9章 知能と意識の大いなる分離

前の章では、自由主義の哲学を切り崩す近年の科学的発見をざっと眺めてきた。今度はそうした発見の実際的な意味合いを考察しよう。自由主義者は自由市場と民主的な選挙を擁護する。一人ひとりの人間が比類のない価値のある個人であり、その自由な選択が権威の究極の源泉であると信じているからだ。二一世紀には、この信念を時代後れにしかねない、三つの実際的な進展が考えられる。

1　人間は経済的有用性と軍事的有用性を失い、そのため、経済と政治の制度は人間にあまり価値を付与しなくなる。

2　経済と政治の制度は、集合的に見た場合の人間には依然として価値を見出すが、無類の個人としての人間には価値を認めなくなる。

3　経済と政治の制度は、一部の人間にはそれぞれ無類の個人として価値を見出すが、彼らは人口の大半ではなくアップグレードされた超人という新たなエリート層を構成することになる。

それでは、これら三つの脅威を詳しく検討しよう。テクノロジーの発展によって人間は経済的にも軍事的にも無用になるという脅威は、自由主義が哲学的なレベルで間違っているという証明にはならないが、実際問題としては、民主主義や自由市場などの自由主義の制度がそのような打撃を生き延びられるとは思いにくい。なにしろ、自由主義が支配的なイデオロギーになったのは、たんにその哲学的な主張が最も妥当だったからではない。むしろ、人間全員に価値を認めることが、政治的にも経済的にも軍事的にもじつに理に適っていたからこそ、自由主義は成功したのだ。近代以降の産業化戦争の大規模な戦場や現代の産業経済の大量生産ラインでは、一人ひとりの人間が大切だった。ライフル銃を持ったり、レバーを引いたりする、一つひとつの手に価値があった。

たとえば、一七九三年の春、ヨーロッパの各王室は軍隊を派遣してフランス革命を未然に食い止めようとした。パリの革命家たちは国民総動員令を可決し、史上初の総力戦を開始してこれに応じた。八月二三日、国民公会は次のように命じた。「現時点より、我が共和国の国土から敵が一掃されるときまで、全フランス人が軍務に常時徴用される。若い男性は戦い、妻帯者は武器を製造し、糧食を輸送する。女性はテントや衣料を作り、病院に勤務する。子供たちは古布をリネンにする。年老いた男性は公共広場に出かけて戦士たちの士気を高め、王たちへの憎しみと我が共和国の団結を説く[1]」

この命令は、フランス革命の最も有名な文書である「人間と市民の権利の宣言(人権宣言)」に興味深い光を当ててくれる。この文書は、すべての国民には等しい価値と等しい政治的権利があることを認めている。国民皆兵制度が導入されたまさにその歴史的時点に、普遍的な権利が宣言されたのは偶然だろうか？　両者の厳密な関係について学者たちはあれこれ言うかもしれないが、その後の二世紀間、民主主義を擁護するために、次のような主張が広くなされてきた。すなわち、国民に政治的権利を与えるのは良い、なぜなら、民主的な国の兵士や労働者は独裁国家の兵士や労働者よりも働きが優るからだ、というものだ。人々に政治的権利を与えれば、動機付けや自発性が高まり、それが戦場と工場の両方で役立つ。

一八六九年から一九〇九年までハーヴァード大学の総長を務めたチャールズ・W・エリオットは、一九一七年八月五日、「ニューヨーク・タイムズ」紙に次のように書いている。「民主的な軍隊は、貴族政治によって組織されて独裁的に支配されている軍隊よりもよく戦う」し、「大衆が法律を決め、公僕を選出し、平和と戦争の問題を処理する国の軍隊のほうが、生得の権利と全能の神の委任によって支配する専制君主の軍隊よりもよく戦う(2)」。

同様の原理によって、第一次世界大戦後には女性に参政権を与えることが支持された。産業化戦争の総力戦では女性が不可欠な役割を果たすことに気づいた各国は、平時に女性たちに政治的権利を与える必要性を見て取った。だからウッドロー・ウィルソン大統領は一九一八年に女性参政権の支持者となり、合衆国上院に以下のように説明した。第一次世界大戦は「女性の働きがなければ、他の交戦国も、アメリカも戦うことができなかっただろう。その働きはあらゆる領域にわたり、すでに女性が働く姿を私たちが見慣れていた仕事の分野だけではなく、男性が働いてきたあらゆる場所や、戦いそのもののすぐ周辺にまで及んだ。したがって、女性に最大限可能な参政権を付与しなければ、我々は信頼を失うばかりか、不信を買って当然でもあるのだ(3)」。

ところが二一世紀には、男性も女性もその大多数が軍事的価値と経済的価値を失いかねない。二つの世界大戦のときのような大規模な徴兵は過去のものとなった。二一世紀の最も先進的な軍隊は、人員よりも最先端のテクノロジーに依存する度合いがはるかに高い。今や各国は、消耗品のような兵士を際限なく必要とする代わりに、高度な訓練を受けた少数の兵士と、さらに少数の特殊部隊のスーパー戦士と、高度なテクノロジーの生み出し方と使い方を知っている一握りの専門家さえいれば済む。ドローンやサイバーワーム〔単独で行動し、自己複製し、他のプログラムに感染して拡散する、悪意のあるソフトウェア〕から成るハイテク部隊が、二〇世紀の巨大な軍隊に取って代わりつつあり、将軍たちは重大な決定をしだいにアルゴリズムに委ねるようになっている。生身の兵士は予測不能の面を持ち、恐れや飢えや疲労に影響されやすいことに加えて、しだいに不適切な時間スケールで考えたり行動したりするようになっている。バビロニア王ネブカドネザルの時代からイラクのサダム・フセインの時代まで、無数のテクノロジー上の進歩があったにもかかわらず、戦争は生物の時間スケールで行なわれてきた。議論は何時間も続き、戦いには何日もかかり、戦争は何年も長引いた。ところが、サイバー戦争は数分で終わりうる。サイバー司令部の当直の中尉が、何か異常なことが起こっているのに気づくと、上官に電話し、上官はただちにホワイトハウスに通報する。残念ながら、大統領がホットラインの送受話器に手を伸ばしたときには、すでに戦争で敗北している。十分に高度なサイバー攻撃を行なえば、数秒のうちにアメリカの送電網は遮断され、各地の航空管制センターは麻痺し、原子力発電所や化学施設では多数の産業事故が発生し、警察と軍と諜報機関のコミュニケーションネットワークが不通になり、財務記録が消し去られて何兆ドルものお金が跡形もなく消え、誰がどれだけ持っていたかが誰にもわからなくなりかねない。一般大衆がかろうじてヒステリーを起こさずに済むとすれば、それは、インターネットもテレビもラジ

図43　左：1916年のソンムの戦いで交戦中の兵士たち。右：ドローン。

オも使えなくなり、人々がこの災難の規模の大きさに気づかないからだろう。

スケールをぐんと小さくし、二機のドローンが空中戦を演じるとしよう。一方のドローンは、どこか遠くの掩《えん》蔽《べい》壕《ごう》に陣取った人間の操縦者の許可をもらってからでなければ発砲できない。もう一方は完全な自律型だ。どちらのドローンが勝つだろうか？　仮に、老朽化した欧州連合が二〇九三年にドローンとサイボーグを派遣して新たなフランス革命を鎮圧しようとしたら、パリの革命自治体《コミューン》は、味方のハッカーやコンピューターやスマートフォンを総動員するかもしれないが、ほとんどの人間は何の役にも立たず、盾代わりに使うのがせいぜいかもしれない。すでに今日でも、敵対する陣営の間に大きな力の差がある紛争では、弱者の側の市民の大半が敵の高性能の兵器に対する人間の盾にされてしまう事実が多くを物語っている。

たとえ勝利よりも正義を重視する人でさえ、おそらく兵士や操縦士を自律型のロボットやドローンに替えることを選ぶべきだろう。人間の兵士は殺人や強姦や略奪を働くし、規律正しく振る舞おうとしているときでもなお、誤って民間人を殺してしまうことが多過ぎる。倫理的なアルゴリズムをプログラムされたコンピューターがあれば、そのほうがはるかに簡単に、国際刑事裁判所の最新の判決に従うことができるだろう。

経済の領域でも、ハンマーを握ったりボタンを押したりする能力は以前に比べて価値が落ちており、それが自由主義と資本主義の重要な提携を危険にさらしている。二〇世紀には、私たちは倫理と経済のどちらかを選ばなくてもいいと自由主義者は説明した。人権と自由を守るのは、道徳的な義務であると同時に経済成長のカギでもあった。イギリスとフランスとアメリカが繁栄したのは、これら三国が自国の経済と社会を自由化したからで、トルコやブラジルや中国が同じぐらい繁栄したければ、同じことをしなければならないとされていた。すべてではないにせよ、ほとんどの場合、専制君主やクーデター後の軍事政権が自由主義化する気になったのは、道徳的理由ではなく経済的理由からだった。

二一世紀には、自由主義は自らを売り込むのがずっと難しくなるだろう。一般大衆が経済的重要性を失ったとき、道徳的理由だけで人権と自由が守れるだろうか？　エリート層と政府は、経済的な見返りがなくなったときにさえ、一人ひとりの人間を尊重し続けるだろうか？

過去には人間にしかできないことがたくさんあった。だが今ではロボットとコンピューターが追いついてきており、間もなくほとんどの仕事で人間を凌ぐかもしれない。たしかにコンピューターは人間とは機能の仕方がずいぶん違うし、コンピューターは当分、人間のようになりそうにない。とくに、コンピューターがすぐに意識を獲得して、情動や感覚を経験し始めることはなさそうだ。過去半世紀の間に、コンピューターの知能は途方もない進歩を遂げたが、コンピューターの意識に関しては一歩も前進していない。私たちの知るかぎりでは、二〇一六年のコンピューターは一九五〇年代のプロトタイプと同じで、まったく意識を持っていない。とはいえ、私たちは重大な変革の瀬戸際に立っている。人間は経済的な価値を失う危機に直面している。なぜなら、知能が意識と分離しつつあるからだ。

今日までは、高度な知能はつねに、発達した意識と密接に結びついていた。チェスをしたり、自動車を運転したり、病気の診断をしたり、テロリストを割り出したりといった、高い知能を必要とする仕事は、意識のある私たち人間にしかできなかった。ところが今では、そのような仕事を人間よりもはるかにうまくこなす、意識を持たない新しい種類の知能が開発されている。なぜなら、そうした仕事はみなパターン認識に基づいており、意識を持たないアルゴリズムがパターン認識で人間の意識をほどなく凌ぐかもしれないからだ。

SF映画はたいてい、人間の知能と肩を並べたりそれを超えたりするためには、コンピューターは意識を発達させなければならないと決めてかかっている。だが、現実の科学はそれとは大違いだ。スーパーインテリジェンス（人間の能力を超えるAI）へと続く道はいくつかあり、意識という隘路を通るものは、その一部だけかもしれない。何百万年にもわたって、生物の進化は意識の道筋に沿ってのろのろと進んできた。非生物であるコンピューターの進化は、そのような隘路をそっくり迂回し、スーパーインテリジェンスへと続く別の、比べ物にならないほどの早道をたどるかもしれない。

そこで、今までにない疑問が出てくる。知能と意識では、どちらのほうが本当に重要なのか？　両者が結びついていたときには、相対的な価値を議論するのは哲学者の愉快な気晴らしにすぎなかった。だが、これは二一世紀には、切迫した政治的・経済的な問題になっている。そして、その答えを知ったら、ぎょっとするだろう。少なくとも軍と企業にとっては答えは単純明快で、知能は必須だが意識はオプションにすぎない、なのだ。

軍と企業は知能が高い行動主体なしでは機能できないが、意識や主観的経験は必要としない。生身のタクシー運転手の意識的経験は、自動運転車の経験よりも計り知れないほど豊かだ。自動運転車は何一つ感じないからだ。タクシー運転手はソウルの混離した通りを走りながら、音楽を楽しむことができる。星空を見上げて宇宙の神秘に思いを巡らせれば、彼の心は畏敬の念で膨らむかもしれない。自分の幼い娘が立ち上がり、生まれて初めての一歩を踏み出す姿を見たら、喜びの涙が目にあふれるかもしれない。だが、交通システムはタクシー運転手にはそこまで要求しない。乗客をA地点からB地点までなるべく速く、安全に、安く運べさえすればいいのだ。そして、自動運転車は間もなくそれを人間よりもはるかにうまくやれるようになる。音楽を楽しんだり、万物の神秘に対する畏敬の念に打たれたりすることはないが。

産業革命の間に馬たちがたどった運命を、私たちは思い出すべきだ。平凡な農耕馬は、匂いを嗅いだり、愛したり、顔を認識したり、柵を飛び越えたりといった無数のことを、T型フォードや一〇〇万ドルもするランボルギーニにはとうてい望めないほどうまくこなせる。だが、それでも自動車は馬に取って代わった。農耕のシステムが本当に必要としていたほんの一握りの仕事では馬を凌いでいたからだ。タクシー運転手も馬たちと同じ道をたどる可能性がきわめて高い。

実際、もし人間にタクシーだけではなくあらゆる乗り物の運転を禁じ、コンピューターアルゴリズムに交通を独占させたなら、すべての乗り物を単一のネットワークに接続し、それによって自動車事故が起こる可能性を大幅に減らせるだろう。二〇一五年八月、グーグルの試験用自動運転車の一台が事故に遭った。交差点に近づき、道を渡ろうとしている歩行者たちを感知し、ブレーキをかけた直後に、後続のセダンに追突された。セダンを運転していた人は、前方に注意する代わりに、ひょっとしたら宇宙の神秘に思いを巡らせていたのかもしれない。もし二台とも、互いに連結したコンピューターに誘導されていたら、この事故は起こりようがなかった。制御しているアルゴリズムが路上のありとあらゆる乗り物の位置と意図を把握しており、自分の「マリオネット」の二つが衝突することを許さなかっただろうから。そのようなシステムがあれば、多くの時間とお金が節約でき、多くの人命も救える。だがそれだけでなく、自動車を運転するという人間の経験や何千万もの人間の仕事を消し去るだろう[4]。

能力を強化されていない人間は、遅かれ早かれ完全に無用になると予測する経済学者もいる。シャツの製造などでは、手作業をする労働者はすでにロボットや3Dプリンターに取って代わられつつあるし、ホワイトカラーも非常に知能の高いアルゴリズムに道を譲るだろう。銀行員や旅行業者は、ほんの少し前まで自動化の波に対して安全だと思われたのに、今や絶滅危惧種になった。スマートフォンを使ってアルゴリズムから飛行機のチケットを買えるときに、旅行業者がいったいどれだけ必要だろう？

証券取引所のトレーダーも危機に瀕している。今日、ほとんどの金融取引はすでにコンピューターアルゴリズムに管理されている。アルゴリズムなら、人間が一年かかっても処理できないほどのデータを一秒で処理でき、人間が瞬きするよりもずっと速くデータに反応できる。二〇一三年四月二三日、シリアのハッカーたちがAP通信の公式ツイッターアカウントに侵入した。そして午後一時七分、ホワイトハウスで爆発があり、オバマ大統領が負傷したという偽ツイートを配信した。ニュースフィードを常時モニターしている取引アルゴリズムがたちまちこれに反応し、狂ったように株を売り始めた。ダウ平均株価は急落し、一分間で一五〇ポイント下がり、一三六〇億ドル相当が失われた。一時一〇分、AP通信はツイートがでっち上げであることを明らかにした。アルゴリズムは方向転換し、一時一三分にはダウ平均は下落分をほぼ回復した。

その三年前の二〇一〇年五月六日、ニューヨーク証券取引所はさらに激しい落ち込みを経験していた。午後二時四二分から四七分にかけての五分間で、ダウ平均が一〇〇〇ポイント下がり、一兆ドルが失われた。ところがその直後に急騰し、わずか三分余りで下落前の水準に戻った。超高速のコンピュータープログラムに私たちのお金を任せておくと、こういうことになる。専門家はそれ以来、このいわゆる「フラッシュクラッシュ」で何が起こったのかを解明しようとしてきた。アルゴリズムのせいであることは彼らにもわかっているが、厳密にはどんな問題が起こったのかはいまだに定かではない［「イギリス人トレーダーが不正取引によってこの「フラッシュクラッシュ」を起こしたとして、二〇一五年に逮捕されている」］。アメリカでは、アルゴリズムを使った取引に対してすでに訴訟を起こしたトレーダーもいる。アルゴリズム取引は、それに対抗できるほど速く反応することがとうてい不可能な人間に対する不当な差別だというのが、その言い分だ。これが権利の侵害になるかどうかを言い争えば、弁護士たちは仕事と報酬にたっぷりありつけるかもしれない⑤。

そして、その弁護士たちは必ずしも人間とはかぎらないだろう。映画やテレビの連続番組を観ていると、弁護士は「異議あり！」と叫んだり、熱のこもった弁論をしたりしながら、法廷で日々を過ごしているという印象を受ける。ところが、ほとんどの平凡な弁護士は、数え切れないほど多くのファイルに目を通し、判例や抜け穴、役立つかもしれない小さな証拠を探すために時間を費やす。被害者が殺害された晩に何が起こったかをせっせと突き止めようとしている弁護士もいれば、ありとあらゆる不測の事態から依頼主を守るために大部の業務契約書の起草に忙殺されている弁護士もいる。人間が一生かかっても見つけられないほど多くの判例を高度な検索アルゴリズムが一日で見つけ出せるようになったり、ボタンを押せば脳スキャンで嘘やごまかしを見破れるようになったりしたら、これらの大勢の弁護士たちはどんな運命をたどるのか？　熟練の弁護士や刑事でさえ、人の表情や声の調子を観察しているだけでは、簡単にペテンを見破ることはできない。ところが、嘘をつくときに使う脳領域は、真実を語っているときに使う脳領域とは違うので、まだ実現してはいないが、そう遠くない将来、ｆＭＲＩスキャナーがほぼ絶対確実な真実検知器として機能できるようになりうる。そのとき、何百万もの弁護士や裁判官、警官、刑事はどうするのだろう？学校に戻って、何か別の職業教育を受けることを考えるかもしれない。[6]

ところが、彼らが教室に入ったときには、アルゴリズムが先回りしているだろう。数学や物理や歴史を私に教えるだけではなく、同時に私を研究して、私がいったい何者かを知る会話型アルゴリズムを、マインドージョーのような企業が開発している。デジタル教師たちは、私が返す答えを一つ残らず念入りにモニターし、それぞれの答えに私がどれだけ時間がかかったかも把握するだろう。やがて彼らは私の弱点も強みも見極め、私が何に興奮するかや眠気を催すかも突き止める。そして、私の性格タイプに適した方法で熱力学や幾何学を教えることができる。その方法が、他の学生の九九パーセントには合わなくても関係ない。そして、これらのデジタル教師はけっして堪忍袋の緒が切れることはなく、けっして私を怒鳴りつけたりせず、けっしてストライキを始めることもない。もっとも、それほど知能が高いコンピュータープログラムが存在する世界で、いったいぜんたいなぜ私が熱力学や幾何学について知る必要があるかは、相変わらず釈然としないが。[7]

医師でさえ、アルゴリズムの格好の標的になっている。ほとんどの医師にとって、第一の、そして主要な仕事は、病気を正しく診断し、それから実行可能な治療法のうちで最善のものを推薦することだ。私が医療機関を訪れて、発熱と下痢という症状を訴えたら、私は食中毒を起こしていると診断されるかもしれない。だがその症状は、ウイルス性胃腸炎やコレラ、赤痢、マラリア、癌、あるいは未知の新しい病気が原因である可能性もある。私のかかりつけの医師は、ほんの数分で正しい診断を下さなければならない。私の医療保険は、それぐらいの時間の分しか保険金を支払わないからだ。そのため、医師はいくつか質問して、場合によっては手早く診察するのがせいぜいだ。それからこの乏しい情報を私の病歴や、人間の病気の広大な世界と照らし合わせる。悲しいかな、どれほど勤勉な医師でも、これまで私がかかった病気や受けた健康診断の結果をすべて覚えてはいない。同様に、病気や薬を一つ残らず熟知している医師や、ありとあらゆる医学専門誌に発表されたありとあらゆる新論文を読んでいる医師もいない。そのうえ、医師もときには疲れていたり、お腹が減っていたりするし、ひょっとしたら病気のことさえあるから、それが判断力に響く。医師がときおり診断を誤ったり、最適とは言えない治療法を推薦したりするのも無理はない。

今度はＩＢＭの有名なワトソンのことを考えてほしい。二〇一一年に過去のチャンピオン二人を破ってテレビのクイズ番組「ジェパディ！」で優勝したＡＩシステムだ。ワトソンは現在、もっと重要な仕事、とくに病気の診断をするために準備を重ねている。ワトソンのようなＡＩには、人間の医師をはるかに凌ぐ潜在能力がある。第一に、

図44　2011年、IBMのワトソンが「ジェパディ！」で２人の人間の対戦者を打ち負かしているところ。

ＡＩは自分のデータバンクに、歴史上知られているすべての病気と薬についての情報を保存しておける。そうしておいて、新しい研究の成果だけではなく、接続している世界中のありとあらゆるクリニックや病院から集めた医学的統計を組み込み、このデータバンクを毎日アップデートできる。

第二に、ワトソンは私のゲノム全体と日々の健康状態や病歴を詳しく知っているだけでなく、私の親や兄弟姉妹、親戚、隣人、友人のゲノムと健康状態や病歴も知り尽くしている。ワトソンは私が最近、熱帯の国を訪れたかどうかや、再発性のウイルス性胃腸炎にかかっているかどうか、身内に大腸や小腸の癌になった人がいるかどうか、町中の人が今朝、下痢の症状を訴えているかどうかを瞬時に知る。

第三に、ワトソンはけっして疲れたり、お腹を空かせたり、病気になったりしないし、私のためにいくらでも時間が使える。私は自宅で自分のソファに心地良く座り、ワトソンを相手に、何百という質問に答え、自分がどんな具合なのかを詳しく語ることができる。これはほとんどの患者（自分の健康状態を気にし過ぎる人は例外かもしれない）にとって、ありがたい話だ。だが、もしあなたが今日、二〇年後も家庭医の仕事があることを期待してメディカルスクールに入ろうとしているのなら、考え直したほうがいいかもしれない。ワトソンのようなＡＩが普及すれば、シャーロック・ホームズのような鋭い観察眼を持った人でさえ、あまり必要とされないだろうから。

この脅威にさらされているのは一般開業医だけではなく、専門医も同様だ。それどころか、癌診断のように比較的狭い領域を専門にしている医師のほうが、ＡＩに取って代わられやすいかもしれない。最近のある実験では、コンピューターアルゴリズムが、示された肺癌の症例のうち九割を正しく診断したのに対して、人間の医師の成功率は五割にすぎなかった。[8] 実際、未来はすでに到来している。ＣＴスキャンや乳房Ｘ線撮影（マンモグラフィ）の結果は専門のアルゴリズムが日常的に調べており、医師にセカンドオピニオンを提供し、ときには医師が見落とした腫瘍を発見する。[9]

ワトソンやその同類は技術的な難問をまだ多く抱えているので、明日の朝になったらほとんどの医師に取って代わっているという状況にはなりそうにない。とはいえ、そうした技術的問題は、どれほど難しいものであっても、一度解決するだけで済む。人間の医師を育てるのは、何年もの月日と多額の費用がかかる複雑な過程だ。しかも、一〇年ほどの学習と研修を経てその過程が完了したときの成果は、たった一人の医師にすぎない。もし医師がもう一人必要なら、同じ過程をすべて最初から繰り返さなければならない。それに対して、ワトソンの導入を妨げている技術的な問題が解決できた暁には、一人ではなく数限りない医師が、世界各地で一年三六五日、二四時間体制で患者に対応できる。だからワトソンをうまく機能させるためにたとえ一〇〇〇億ドルかかるとしても、長い目で見れば、人間の医師を養成するよりもはるかに安上がりだろう。

もちろん、人間の医師が全員消えてしまうわけではない。ありふれた診断よりも高いレベルの創造性を必要とする仕事は、当分は人間の手に委ねられたままになるだろう。二一世紀の軍隊が精鋭の特殊部隊を増強しているのとちょうど同じで、未来の医療サービスでは、アメリカ陸軍のアーミー・レンジャーや海軍のシールズに相当する医療チームのために、新たな職が多く生まれるかもしれない。それでも、軍隊が何百万もの兵士をもう必要としないのと同様、未来の医療サービスも何百万もの一般開業医は必要としない。

医師に当てはまることは、薬剤師にはなおさらよく当てはまる。二〇一一年、ロボットがたった一台で応対する調剤薬局がサンフランシスコで開業した。人間がその薬局にやって来ると、数秒のうちにロボットが処方箋を全部受け取るとともに、その人が服用している他の薬や、抱えているかもしれないアレルギーについての詳しい情報も入手する。ロボットは、服用中の他のどの薬との組み合わせでも新しい薬が悪い影響を及ぼすことがなく、アレルギーも引き起こさないことを確かめた上で、必要な薬を調合する。開業から一年で、このロボット薬剤師は処方箋に従って二〇〇万回の調剤を行なったが、一度としてミスは犯さなかった。生身の人間の薬剤師は平均するとすべての調剤のうち一・七パーセントで間違える。これはアメリカだけでも、なんと、毎年五〇〇〇万回の調剤ミスに相当する。[10]

たとえアルゴリズムが仕事の技術的な面で医師や薬剤師よりも優るとしても、人間味にあふれた対応までは提供できないと主張する人もいる。もしCTスキャンであなたが癌であることが判明したら、あなたはその結果を思いやりのかけらもない機械から聞きたいか、それとも、あなたの情動の状態にも気を配ってくれる人間の医師から聞きたいか？　では、注意深くて、あなたの気持ちや性格タイプに合うように言葉を選ぶ機械にその結果を知らされるというのはどうだろう？　思い出してほしい。生き物はアルゴリズムであり、ワトソンはあなたの腫瘍を見つけるのと同じ精度であなたの情動も検知できるのだ。

人間の医師は、表情や声の調子といった外面的な手掛かりを分析して患者の情動の状態を知る。一方、ワトソンはそのような外面的な手掛かりを人間の医師よりも正確に分析できるだけでなく、普通は人間の目や耳では捉えられない、数多くの内面的な指標も同時に分析できる。ワトソンは血圧や脳の活動など、無数の生体計測《バイオメトリック》データをモニターすることで、あなたが何を感じているかを正確に知ることができるだろう。それからワトソンは、これまでの何百万回もの社会的な出会いから得た統計データのおかげで、まさにあなたが聞く必要のあることを、まさにふさわしい声の調子で伝えることができる。人間は心の知能指数が高いことを自慢しているにもかかわらず、自分の情動に圧倒されて、逆効果になるような形で反応することが多い。たとえば、腹を立てている人と出会うと大声を上げてしまったり、おどおどした人の話に耳を傾けていると、自分もやたらに不安になったりする。ワトソンは、そういうことは絶対にないだろう。自分の情動というものを持っていないから、相手の情動の状態にとって最も適切な応答ができるはずだ。

この発想は、シカゴに本社を置くマターサイト・コーポレーションが他に先駆けて導入したもののような、一部の顧客サービス部門によって、すでに部分的に実践されている。マターサイトは次のような言葉を添えて自社の製品を宣伝している。「誰かと言葉を交わしたときに、うまが合うと感じたことはありますか？　そのときの魔法のような感覚は、人格どうしの結びつきの結果です。マターサイトは世界中のコールセンターで、そのような感覚を毎日生み出しています」[11]。私たちが依頼や苦情でカスタマーサービスに電話すると、担当者に行き着くまでにたいてい数秒かかる。マターサイトのシステムでは、賢いアルゴリズムが接続を行なう。まず私たちは、電話した理由を言う。アルゴリズムはそれに耳を傾け、使われた言葉と声の調子を分析し、私たちの情動の状態だけでなく、内向的か、外向的か、反抗的か、従属的かといった性格タイプも推定する。そして、その情報に基づいて、私たちの気分と性格に最もふさわしい担当者に電話をつなぐ。私たちが必要としているのは、苦情に辛抱強く耳を傾けてくれる共感的な人なのか、それとも、技術的な解決策を迅速に提供する実際的で合理的なタイプの人なのかが、アルゴリズムにはわかるのだ。うまい取り合わせが選べれば、顧客も満足するし、カスタマーサービス部門も無駄な時間やお金をかけなくて済む[12]。

無用者階級

二一世紀の経済にとって最も重要な疑問はおそらく、厖大な数の余剰人員をいったいどうするか、だろう。ほとんど何でも人間よりも上手にこなす、知能が高くて意識を持たないアルゴリズムが登場したら、意識のある人間たちはどうすればいいのか？

　歴史を通して求人市場は三つの部門に分かれていた。農業、工業、サービス業だ。一八〇〇年頃までは、大半の人は農業に従事しており、工業とサービス業で働く人はほんのわずかだった。その後、産業革命の間に、先進国の人々は農地や家畜から離れた。大多数は工業の分野で働き始めたが、サービス部門で仕事に就く人もしだいに増えていった。過去数十年間に、先進国は新しい革命を経験した。工業の仕事が消え、サービス部門が拡大したのだ。アメリカでは二〇一〇年には、農業で暮らしを立てる人はわずか二パーセント、工業部門で働く人は二〇パーセントだったのに対して、七八パーセントの人は、教師や医師やウェブページデザイナーなどの職に就いていた。心を持たないアルゴリズムが人間より上手に教えたり、診断を下したり、デザインをしたりできるようになったら、私たちはどうしたらいいのか？

　これは真新しい疑問ではない。産業革命が勃発して以来、人々は機械化のせいで大量の失業者が出ることを恐れてきた。ところが、そういう事態にはならなかった。昔ながらの職業が時代後れになるなかで、新しい職業が誕生してきたし、機械よりも人間のほうがうまくこなせることがつねにあったからだ。とはいえ、これは自然の摂理ではなく、今後もその状態が続くという保証はまったくない。人間には身体的なものと認知的なものという、二種類の基本的な能力がある。身体的な能力の面でだけ機械が人間と競争しているかぎりは、人間のほうがうまくできる認知的な仕事が無数にあった。だから、機械が純粋な肉体労働を引き継いだときには、人間は少なくとも多少の認知的技能が必要な仕事に的を絞った。ところが、パターンを記憶したり分析したり認識したりする点でもアルゴリズムが人間を凌いだら、何が起こるのか?

意識を持たないアルゴリズムには手の届かない無類の能力を人間がいつまでも持ち続けるというのは、希望的観測にすぎない。この幻想に対する現在の科学的な答えは、以下の三つの単純な原理に要約できる。

1 生き物はアルゴリズムである。ホモ・サピエンスも含め、あらゆる動物は厖大な歳月をかけた進化を通して自然選択によって形作られた有機的なアルゴリズムの集合である。

2 アルゴリズムの計算は計算機の材料には影響されない。ソロバンは木でできていようが、鉄でできていようが、プラスティックでできていようが、二つの珠と二つの珠を合わせれば四つの珠になる。

3 したがって、有機的なアルゴリズムにできることで、非有機的なアルゴリズムにはけっして再現したり優ったりできないことがあると考える理由はまったくない。計算が有効であるかぎり、アルゴリズムが炭素の形を取っていようとシリコンの形を取っていようと関係ないではないか。

たしかに現時点では有機的なアルゴリズムのほうが非有機的なアルゴリズムよりも上手にできることがとてもたくさんあるし、非有機的なアルゴリズムには「永遠に」けっして手の届かないこともあると専門家たちは繰り返し宣言してきた。だがいざ蓋を開けてみると、「永遠に」というのがじつは一〇年か二〇年にすぎないことがしばしばある。顔認識はつい最近まで、赤ん坊でさえ楽々できるのに、最も性能の高いコンピューターでさえできないことの例として好んで使われた。それが今日では、顔認識プログラムのほうが人間よりもはるかに効率的かつ迅速に人を認識できる。今や警察や情報機関はそのようなプログラムを日常的に使って、監視カメラで撮影した途方もない時間の録画をスキャンさせ、容疑者や犯罪者を見つける。

一九八〇年代に人々が人間ならではの性質について論じたときに、人間の優位性を示す主要な証拠として、しばしばチェスを持ち出した。彼らはコンピューターにはけっしてチェスで人間を打ち負かすことはできないと信じていた。ところが一九九六年二月一〇日、IBMのコンピューター、ディープ・ブルーがチェスの世界チャンピオンのガルリ・カスパロフを破り、人間の優位に関するこの主張を葬り去った。

ディープ・ブルーは製作者たちのおかげで有利なスタートを切ることができた。彼らはディープ・ブルーにチェスの基本ルールだけではなく、チェスの戦略に関する詳しい指示もプログラムしておいたのだ。新しい世代のAIは、人間の助言よりも機械学習を好む。二〇一五年二月、グーグル・ディープマインド社が開発したプログラムが、よく知られたアタリ社の四九のゲームのプレイの仕方を独習した。開発者の一人であるデミス・ハサビス博士は、「このシステムに与えた情報は、画面上の生《なま》の画素と、高得点を取らなくてはならないという考えだけでした。それ以外はすべて、自力で解決しなければなりませんでした」と説明する。このプログラムは、「パックマン」や「スペースインベーダー」から自動車レースやテニスのゲームまで、提示された全部のゲームのルールを首尾良く学習した。それからその大半を人間と同等か、それ以上にうまくプレイし、人間のプレイヤーにはまったく思い浮かばないような戦略を考え出すこともあった。[13]

その後間もなく、AIはなおさら見事な成功を収めた。グーグル・ディープマインド社のAlphaGo（アルファ碁）というソフトウエアが、チェスよりもずっと複雑な、中国の古い盤上戦略ゲームである囲碁の打ち方を独習したのだ。囲碁はじつに込み入っているので、AIプログラムの能力を超えていると長年考えられていた。ところが二〇一六年三月に、アルファ碁と韓国の囲碁チャンピオン李世乭（イ・セドル）がソウルで対戦し、アルファ碁が専門家たちも呆然となるような、定石にはない手や

図45　ディープ・ブルーがガルリ・カスパロフを打ち負かしているところ。

独創的な戦略を使って、四勝一敗で李に圧勝した。対戦前は、プロ棋士のほとんどは李が勝つと確信していたが、アルファ碁の手を分析した後は、勝負はついた、人間にはアルファ碁とそれ以降の世代のAIを打ち負かすことはもう望めない、と大半の棋士が結論した。

コンピューターアルゴリズムは、近年、球技でも実力を立証した。野球チームは選手を選ぶ際、プロのスカウトや監督の知恵や経験や直感を何十年にもわたって使ってきた。一流選手は莫大な収益をもたらすので、裕福なチームは優秀な選手をかき集め、資金が乏しいチームは残った選手で我慢するしかなかった。ところが二〇〇二年、低予算チームのオークランド・アスレチックスのゼネラルマネージャー、ビリー・ビーンは、このような体制に一泡吹かせることにした。彼は経済学者やコンピューターマニアたちが開発した特殊なコンピューターアルゴリズムを使い、人間のスカウトが見過ごしたり過小評価したりしている選手を集めて、勝てるチームを作った。古顔たちは、ビーンのアルゴリズムが神聖な野球の世界を汚したとして、いきり立った。そして、次のように断言した。選手を選ぶのは一つの技法であり、野球を知り尽くした経験豊富な人間にしかその技法は身につけられない、コンピューターブログラムには絶対にできない、なぜなら、野球の極意や精神をけっして読み解けないから、と。

彼らはいくらもしないうちに、その主張を撤回しなければならなくなった。ビーンの低予算(四四〇〇万ドル)のアルゴリズムチームは、ニューヨーク・ヤンキース(一億二五〇〇万ドル)のような有力チームに引けを取らなかったばかりか、アメリカンリーグ初の二〇連勝も記録した。もっとも、ビーンとアスレチックスの成功は長続きしなかった。ほどなく、他の多くのチームもアルゴリズムを使ったアプローチを採用し、ヤンキースやレッドソックスは選手にもコンピューターソフトウェアにもはるかに多くのお金を払えるので、アスレチックスのような低予算チームが、お金が物を言うシステムに打ち勝つ可能性はなおさら低くなってしまった。(14)

二〇〇四年、マサチューセッツ工科大学(MIT)のフランク・レヴィ教授とハーヴァード大学のリチャード・マーネン教授は、求人市場の徹底的な研究を発表し、自動化される可能性が非常に高い職種を列挙した。トラックの運転は、当分自動化されえない仕事の例として挙げられていた。アルゴリズムが交通量の多い道路でトラックを安全に走行させられることは想像し難いと彼らは書いている。それからわずか一〇年後、グーグルとテスラはそれを想像できるばかりか、現に実現させようとしている。⑮

実際、時が流れるとともに、人間をコンピューターアルゴリズムに置き換えるのは、ますます簡単になっている。それは、アルゴリズムが利口になっているからだけではなく、人間が専門化しているからでもある。太古の狩猟採集民は、生き延びるためにじつにさまざまな技能を身につけた。だから、ロボットの狩猟採集民を設計するのは途方もなく難しいだろう。そのロボットは、燧石から槍の穂先を作ったり、森で食べられるキノコを見つけたり、マンモスを追い詰めたり、一〇人余りの仲間と連携して攻撃を仕掛けたり、その後で薬草を使って傷の手当てをしたりする方法を知っている必要がある。

ところが過去数千年の間、私たち人間はずっと専門化を進めてきた。タクシー運転手や心臓専門医は、狩猟採集民と比べて得意な分野が非常に限られているので、ＡＩに置き換えやすいのだ。これまで繰り返し強調してきたように、ＡＩは人間に似た存在には程遠い。だが、現代の仕事の大半をこなすには、人間の特性と能力の九九パーセントは余剰でしかない。ＡＩが人間を求人市場から締め出すには、特定の職業が要求する特別な能力で人間を凌ぎさえすればいいのだ。

こうしたさまざまな仕事の管理者たちさえも、ＡＩに置き換えられる。配車サービスのウーバーは強力なアルゴリズムのおかげで、ほんの一握りの人間だけで何百万ものタクシー運転手を管理できる。指令の大半はアルゴリズムが出し、人間の監督を必要としない。(16)二〇一四年五月、再生医療への投資を専門とする香港のベンチャーキャピタル企業のディープ・ナレッジ・ベンチャーズは、ＶＩＴＡＬという名のアルゴリズムを取締役会の役員に任命したことを発表した。ＶＩＴＡＬは、見込みのある企業の財務状況や臨床試験や知的財産権に関する大量のデータを分析し、投資の推薦を行なうという。このアルゴリズムは他の五人の取締役と同じで、自社が特定の企業に投資をするかどうかを決める投票権を持っている。

これは真剣な取り組みというよりもむしろ売名行為だったかもしれないが、他の多数の企業でも、アルゴリズムはもう少し間接的な形で取締役会に加わっている。取締役会の正式な役員は依然として人間に限られているにしても、それらの人間がどうすることを選ぶかは、しだいにアルゴリズムが決めるようになってきている。多くの場合、人間はアルゴリズムの勧めをそのまま聞き入れるだけだ。(17)

アルゴリズムが人間を求人市場から押しのけていけば、富と権力は全能のアルゴリズムを所有する、ほんのわずかなエリート層の手に集中して、空前の社会的・政治的不平等を生み出すかもしれない。今日、何百万というタクシーやバスやトラックの運転手は、強い経済的・政治的影響力を持っており、それぞれが輸送市場を少しずつ占有している。もし彼らの集団的利益が脅かされたら、連合してストライキを始め、ボイコットを展開し、強力な投票者集団を形成する。ところが、何百万もの人間の運転手たちが単一のアルゴリズムにいったん取って代わられてしまえば、彼らの富と権力はすべて、そのアルゴリズムを所有する企業と、その企業を所有する一握りの大富豪たちに独占されてしまうだろう。

あるいは、アルゴリズム自体が所有者になるかもしれない。人間の法律は、企業や国家のような共同主観的なものをすでに「法人」と認めている。トヨタやアルゼンチンは体も心も持っていないが、国際法に従わなくてはならず、土地やお金を所有でき、訴訟を起こすこともできれば、起こされることもありうる。私たちはほどなく、アルゴリズムにも同じような地位を与えるかもしれない。そのときには、アルゴリズムは人間の主人の思いどおりになる必要はなく、自ら巨大な輸送事業やベンチャーキャピタルファンドを所有できる。

アルゴリズムは、正しい判断を下せば、巨万の富を蓄えることができ、それからそれを自分が適切だと思う形で投資し、ひょっとしたらあなたの家を買い上げ、家主になるかもしれない。あなたが家賃を払わなかったりして、そのアルゴリズムの法的権利を侵害したら、アルゴリズムは弁護士を雇ってあなたを相手に訴訟を起こすことができる。そのようなアルゴリズムが人間の資本家よりも優れた実績を一貫して残せば、アルゴリズムから成る上流階級がこの惑星のほとんどを所有するという結果になりかねない。これはありえないように思えるかもしれないが、あっさり切り捨てる前に思い出してほしい。地球のほとんどはすでに、人間ではない共同主観的なもの、すなわち国家と企業に合法的に所有されている。実際、五〇〇〇年前、シュメールの多くは、エンキやイナンナのような想像上の神々に所有されていた。もし神々が土地を所有し、人々を雇えるのなら、どうしてアルゴリズムにそれができないことがあるだろうか？

では、人々はどうするのか？　芸術は私たちの究極の（そして、人間ならではの）聖域を提供してくれるとよく言われる。コンピューターが医師や運転手、教師、はては家主にまで取って代わった世界では、誰もが芸術家になるのだろうか？　とはいえ、芸術的な創造活動がアルゴリズムの進出を免れる理由があるかどうかは、じつに怪しい。作曲でコンピューターがけっして人間を超えられないと、私たちはどうしてそれほど自信を持っているのか？　生命科学によれば、芸術は何か神秘的な霊か超自然的な魂の産物ではなく、数学的パターンを認識する有機的なアルゴリズムの産物だという。もしそうなら、非有機的なアルゴリズムがそれを習得できない道理はない。

デイヴィッド・コープはカリフォルニア大学サンタクルーズ校の音楽学の教授だ。彼はクラシックミュージックの世界で話題の多い人物でもある。コープは、協奏曲や合唱曲、交響曲、オペラを作曲するコンピュータープログラムを書いてきた。最初に完成させたプログラムは、ＥＭＩ（Experiments in Musical Intelligence ＝音楽的知能における実験）と名づけられた。ヨハン・セバスティアン・バッハの作風を真似るのが専門だった。このプログラムは、書くのには七年かかったが、いったんでき上がると、たった一日でバッハ風の合唱曲を五〇〇〇も作曲した。コープはそのうち選りすぐりの数曲をサンタクルーズで開かれる、ある音楽フェスティバルで演奏するように手配した。聴衆のなかには熱狂的な反応を見せる人々もいて、感動的な演奏として褒め称え、その音楽が心の琴線に触れたと興奮した様子で語った。彼らは、バッハではなくＥＭＩが作曲したとは知らなかったので、真相が明かされると、むっつりと黙り込む人もいれば、怒声を発する人もいた。

その後ＥＭＩは進歩を重ね、ベートーヴェンやショパン、ラフマニノフ、ストラヴィンスキーを真似ることも学習した。コープはＥＭＩのために契約を取りつけ、最初のアルバム「コンピューターが作曲したクラシックミュージック（*Classical Music Composed by Computer*）」は驚くほどよく売れた。世間に注目されると、コープはクラシックミュージックのファンからしだいに敵意を向けられるようになった。オレゴン大学のスティーヴ・ラーソン教授は、音楽での対決を求める挑戦状をコープに送った。ラーソンは次のように提案した。バッハとEMIとラーソン自身が作曲した曲を三曲続けてプロのピアニストに演奏してもらう。その後、誰がどの曲を作曲したと思うかを聴衆が投票する。ラーソンは、魂のこもった人間の曲と、機械による生気のない作り物を聴衆は簡単に区別できると確信していた。コープは受けて立った。約束の日に、何百という教員や学生や音楽ファンがオレゴン大学のコンサートホールに集まった。演奏の後、投票が行なわれた。その結果は？　聴衆は、EMIの曲が正真正銘のバッハの作品で、バッハの曲がラーソンによる作曲、ラーソンの曲がコンピューターの作ったものと判断した。

それでも批判は続いた。EMIの音楽は技術的には卓越しているが、何かが欠けている、あまりに正確過ぎる、深みがない、魂が抜け落ちている……。ところが、由来を知らされずにEMIの曲を聞いた人は、まさに、魂がこもっている、感情に訴える響きがあるという理由を挙げて、曲を称賛することがたびたびあった。

EMIの成功を受けて、コープは新しい、なおさら高度なプログラムを作った。その最高傑作がアニーだ。EMIがあらかじめ設定された規則に従って作曲したのに対して、アニーは機械学習に基づいていた。その作風は、外界からの新しい入力に応じて絶えず変わり、発展する。アニーが次に何を作曲するか、コープにも想像がつかない。それどころか、アニーは作曲だけにとどまらず、俳句などの他の芸術も試す。コープは二〇一一年に『灼熱の夜が訪れる——人間と機械による二〇〇〇句（*Comes the Fiery Night: 2,000 Haiku by Man and Machine*）』を刊行した。そのうちの一部はアニーが詠んだもので、残りは人間の詩人の作だ。この句集では、どれが誰の句かは明かされていない。もしあなたが、人間の創造性と機械の作品の区別がつくと思うなら、ぜひともその判別能力を試してほしい(18)。

一九世紀に産業革命で巨大な都市プロレタリアートが誕生した。そして、社会主義が広まったのは、この新しい労働者階級の、前例のない欲求と希望と恐れに、他のどんな教義も応えられなかったからだ。最終的に自由主義が社会主義を打ち負かせたのは、社会主義の綱領から最良の部分を採用したからにすぎない。二一世紀には、私たちは新しい巨大な非労働者階級の誕生を目の当たりにするかもしれない。経済的価値や政治的価値、さらには芸術的価値さえ持たない人々、社会の繁栄と力と華々しさに何の貢献もしない人々だ。この「無用者階級」は失業しているだけではない。雇用不能なのだ。

二〇一三年九月、オックスフォード大学の研究者のカール・ベネディクト・フレイとマイケル・A・オズボーンは、「雇用の将来（The Future of Employment）」を出版した。その中で二人は、さまざまな職業が次の二〇年間にコンピューターアルゴリズムに取って代わられる可能性を査定している。この計算をさせるためにフレイとオズボーンが開発したアルゴリズムの推定では、アメリカの仕事の四七パーセントが深刻な危機にさらされるだろうという。たとえば、二〇三三年までに人間の電話セールスマンと保険業者がアルゴリズムに仕事を奪われる可能性は九九パーセントある。スポーツの審判員が同じ目に遭う可能性は九八パーセント、レジ係は九七パーセント、レストランの調理師は九六パーセントだそうだ。さらに、ウェイターは九四パーセント、弁護士補助員も九四パーセント、ツアーガイドは九一パーセント、パン職人は八九パーセント、スクールバスなどの運転手も八九パーセント、建設作業員は八八パーセント、獣医助手は八六パーセント、警備員は八四パーセント、船員は八三パーセント、バーテンダーは七七パーセント、公文書保管員は七六パーセント、大工は七二パーセント、救助員は六七パーセントといった具合だ。もちろん、安泰な仕事もある。二〇三三年までにコンピューターアルゴリズムが考古学者に取って代わる可能性は〇・八パーセントしかない。非常に高度な種類のパターン認識が必要とされる上に、たいした利益を生まないからだ。だから企業や政府が次の二〇年間に考古学を自動化するために必要な投資をすることはありそうにない[19]。

当然ながら二〇三三年までには、たとえばバーチャル世界デザイナーのような新しい職業が誕生している可能性が高い。だが、おそらくそうした職業は現在の平凡な仕事と比べてはるかに豊かな創造性と柔軟性を必要とするだろうし、四〇歳のレジ係や保険代理人が自分をバーチャル世界デザイナーに仕立て直せるかどうかは定かではない（保険代理人が作ったバーチャル世界を想像してみるといい！）。そして、仮にそうできたとしても、進歩のペースがあまりに速いので、一〇年もしないうちに、またしても自分を仕立て直さなければならないかもしれない。けっきょく、アルゴリズムのほうが人間よりもバーチャル世界のデザインも得意になるだろうから。人間がアルゴリズムよりもうまくこなせる新しい仕事を生み出すというのが、重大な課題なのだ。[20]

二〇三〇年や四〇年に求人市場がどうなっているか私たちにはわからないので、今日すでに、子供たちに何を教えればいいのか見当もつかない。現在子供たちが学校で習うことの大半は、彼らが四〇歳の誕生日を迎える頃にはおそらく時代後れになっているだろう。従来、人生は二つの主要な部分に分かれており、まず学ぶ時期があって、それに働く時期が続いていた。いくらもしないうちに、この伝統的なモデルは完全に廃《すた》れ、人間が取り残されないためには、一生を通して学び続け、繰り返し自分を作り変えるしかなくなるだろう。大多数とは言わないまでも、多くの人間が、そうできないかもしれない。

やがてテクノロジーが途方もない豊かさをもたらし、そうした無用の大衆がたとえまったく努力をしなくても、おそらく食べ物や支援を受けられるようになるだろう。

だが、彼らには何をやらせて満足させておけばいいのか？　人は何かする必要がある。するこ とがないと、頭がおかしくなる。彼らは一日中、何をすればいいのか？　薬物とコンピューターゲームというのが一つの答えかもしれない。必要とされない人々は、3Dのバーチャルリアリティの世界でしだいに多くの時間を費やすようになるかもしれない。その世界は外の単調な現実の世界よりもよほど刺激的で、そこではるかに強い感情を持って物事にかかわれるだろう。とはいえ、そのような展開は、人間の人生と経験は神聖であるという自由主義の信念に致命的な一撃を見舞うことになる。夢の国で人工的な経験を貪って日々を送る無用の怠け者たちの、どこがそれほど神聖だというのか？

ニック・ボストロムのような、一部の専門家や思想家は次のように警告する。人類はそのような堕落を経験しそうにない、なぜならＡＩは、いったん人間の知能を超えたら、人類をあっさり撲滅するかもしれないからだ、と。ＡＩがそうするのは、反発した人類に電源を切られるのを恐れるため、あるいは、何か独自の計り知れない目標を追求するためである可能性が高い。なぜ計り知れないかと言えば、それは、人間が自分より利口なシステムの動機付けを制御するのは極度に難しいだろうからだ。

一見すると当たり障りのなさそうな目標を、あらかじめシステムにプログラムしておいた場合にさえ、想定外の恐ろしい結果を招きかねない。とても人気のある筋書きとして次のようなものが挙げられる。ある企業が人工のスーパーインテリジェンスの第一号を設計し、円周率の計算のような無害の試験を行なう。ところが、誰も事態を把握しないうちに、そのAIが地球を乗っ取って、人類を皆殺しにし、銀河の果てまで征服に乗り出して、既知の宇宙全体を巨大なスーパーコンピューターに変え、そのコンピューターがかつてないほど高い精度を追い求めて際限なく円周率を計算し続ける。なにしろそれが、自分の創造主によって与えられた神聖な使命なのだから[21]。

八七パーセントの確率

この章の冒頭で、自由主義に対する実際的な脅威をいくつか挙げた。その第一は、人間が軍事的にも経済的にも無用になるというものだ。もちろん、これは予言ではなく、ただの可能性にすぎない。技術的な問題や政治的な反対のせいで、アルゴリズムが求人市場に侵入するのが遅れるかもしれない。また、人間の心の大半は依然として未知の領域であるため、人間は自分の中に隠れた才能を発見するかもしれないし、失われる仕事があっても、斬新な仕事を生み出してそれを埋め合わせるかもしれない。とはいえ、それだけでは自由主義を救えない可能性がある。というのも、自由主義は人間の価値を信じているだけではなく、個人主義も信奉しているからだ。自由主義が直面する第二の脅威は、経済と政治の制度は将来も依然として人間を必要とするにせよ、個人は必要としないというものだ。人間は作曲をし、物理学を教え、お金を投資し続けるだろうが、経済と政治の制度は、人間自身よりも人間たちのことをよく理解し、重要な決定のほとんどを、人間のために下すだろう。それによって経済と政治の制度は個人から権威と自由を奪う。

個人主義に対する自由主義の信心は、以前に論じた三つの重要な前提に基づいている。

1　私は分割不能の個人である。つまり私には、さまざまな部分やサブシステムに分割できない単一の本質がある。たしかにこの内なる核は幾重にも外層に包まれている。だが、もし努力してこれらの外殻を剝ぎ取れば、自分の奥深くに明瞭な単一の内なる声を見つけることができ、それが私の本物の自己だ。

2　私の本物の自己は完全に自由である。

3　これら二つの前提から、私は自分自身に関して他人には発見しえないことを知りうる。なぜなら、私だけが自分の内なる自由空間に到達することができ、私だけが自分の本物の自己のささやきを聞くことができるからだ。だから自由主義は個人にこれほどの権威を与える。私は自分のために他人を信頼して選択をしてもらうことはできない。私が本当は何者なのかや、どう感じるかや、何を望んでいるかを、他人は誰一人知りえないからだ。だからこそ、有権者がいちばんよく知っており、顧客はつねに正しく、美は見る人の目の中にあるのだ。

ところが、生命科学はこれら三つの前提のすべてに異議を唱える。生命科学によれば、以下のようになる。

1　生き物はアルゴリズムであり、人間は分割不能の個人ではなく、分割可能な存在である。つまり、人間は多くの異なるアルゴリズムの集合で、単一の内なる声や単一の自己などというものはない。

2　人間を構成しているアルゴリズムはみな、自由ではない。それらは遺伝子と環境圧によって形作られ、決定論的に、あるいはランダムに決定を下すが、自由に決定を下すことはない。

3　したがって、外部のアルゴリズムは理論上、私が自分を知りうるよりもはるかによく私を知りうる。アルゴリズムは、私の体と脳を構成するシステムの一つひとつをモニターしていれば、私が何者なのかや、どう感じているかや、何を望んでいるかを正確に知りうる。そのようなアルゴリズムは、いったん開発されれば、有権者や顧客や見る人に取って代わることができる。そうすれば、そのアルゴリズムがいちばんよく知っており、そのアルゴリズムがつねに正しく、美はそのアルゴリズムの計算の中にあることになる。

それでも一九世紀と二〇世紀の間は、個人主義を信じるのは実際上はとても理に適っていた。現に私を効果的にモニターできる外部のアルゴリズムはなかったからだ。国家も市場もまさにそうしたかったのだろうが、それに必要なテクノロジーを欠いていた。KGBやFBIは私の生化学的作用やゲノムや脳を漠然と理解していただけで、たとえ捜査官が、私がかける電話をすべて盗聴し、路上での偶然の出会いをすべて記録したとしても、全部のデータを分析するだけの演算能力が彼らにはなかった。そのため、二〇世紀のテクノロジーの状態を考えると、私自身については私よりもよく知ることのできる人は他に誰もいないという自由主義者の主張は正しかった。したがって、人間は自らを自律的なシステムと見なし、ビッグ・ブラザーの命令ではなく、自分自身の内なる声に従うべき根拠をたっぷり持っていた。

ところが、二一世紀のテクノロジーのおかげで、外部のアルゴリズムが人間の内部に侵入し、私よりも私自身についてはるかによく知ることが可能になるかもしれない。もしそうなれば、個人主義の信仰は崩れ、権威は個々の人間からネットワーク化されたアルゴリズムへと移る。人々は、自らの願望に即して生活を営む自律的な存在として自分を見ることがもうなくなり、自分のことを、電子的なアルゴリズムのネットワークに絶えずモニターされ、導かれている生化学的メカニズムの集まりと考えるのが当たり前になるだろう。それが実現するには、私を完璧に知っていて絶対にミスを犯さない外部のアルゴリズムは必要ない。私のことを私以上に知っていて、私よりも犯すミスの数が少ないアルゴリズムがあれば十分だ。そういうアルゴリズムがあれば、それを信頼して、自分の決定や人生の選択のしだいに多くを委ねるのも理に適っている。

医学に関するかぎり、私たちはすでにそうしている。私たちは病院ではもう個人ではない。あなたが生きている間に、自分の体と健康についての重大な決定の多くは、IBMのワトソンのようなコンピューターアルゴリズムが下すようになる可能性が非常に高い。しかも、それは必ずしも悪い話ではない。

糖尿病患者はすでに、日に何度か血糖値を自動的に調べるセンサーを携帯している。値が危険領域に入るたびに、センサーが警告してくれる。二〇一四年、ボストン大学とマサチューセッツ総合病院の研究者たちは、iPhoneで制御する「人工膵臓《すいぞう》」の試験に初めて成功したことを発表した。五二人の糖尿病患者がその実験に参加した。患者はそれぞれ極小のセンサーとポンプを腹部に埋め込まれた。ポンプはインシュリンとグルカゴンが入った小さなチューブにつながっていた。インシュリンとグルカゴンは、いっしょに血糖値を調節するホルモンだ。センサーは絶えず血糖値を計測し、データをｉＰｈｏｎｅに送る。ｉＰｈｏｎｅに入っているアプリケーションがその情報を分析し、必要なときにはいつもポンプに命令を出し、ポンプがインシュリンかグルカゴンのどちらかを一定量注入した。人間の介入はいっさい必要としなかった[22]。

深刻な病気にかかっていなくても、身につけられる《ウェアラブル》センサーとコンピューターを使って自分の健康状態と活動をモニターし始めた人は多い。スマートフォンや腕時計から、アームバンドや下着まで、さまざまなものに組み込まれたそれらの装置は、血圧や心拍数など、多様なバイオメトリックデータを記録する。それからそのデータは、高度なコンピュータープログラムに入力され、プログラムは装置を身につけている人に、健康を増進して、より長く生産的な人生を楽しむためには食事と日々の習慣的な行動をどう変えるべきかを助言する[23]。グーグルは医薬品業界の大手ノバルティスとともに、涙の組成を分析することによって一秒ごとに血糖値を調べるコンタクトレンズを開発中だ[24]。ピクシー・サイエンティフィック社は、赤ん坊の医学的状態についての手掛かりを得るために便を分析する「スマートおむつ」を販売している。二〇一四年一〇月、マイクロソフトは「マイクロソフトバンド」を発売した。スマートアームバンドで、着用者の心拍や眠りの質、一日に歩いた歩数などをモニターする。「デッドライン」というアプリは、その一歩先を行き、現在の生活習慣を続ければ、あと何年生きられるかを知らせてくれる。

深い考えもなくこうしたアプリを使う人もいるが、これがすでに宗教とは言わないまでもイデオロギーになっている人もいる。「定量化された自己《クオンティファイド・セルフ》」運動は、自己は数学的パターン以外の何物でもないと主張する。それらのパターンはあまりに複雑なので、人間の頭では理解のしようがない、だから、もし古い格言に従って汝自身を知りたかったら、哲学や瞑想や精神分析に時間を無駄にしないで、バイオメトリックデータを体系的に集めてアルゴリズムに分析させ、自分が何者でどうしたらいいかを教えてもらうべきであるというわけだ。この運動のモットーは、「数値を通しての自己認識」だ[25]。

二〇〇〇年にイスラエルの歌手シュロミ・シャバンのヒットソング「アリク」が地元のラジオでひっきりなしに流された。それは、自分のガールフレンドの元恋人アリクのことが頭から離れない男についての歌だ。彼はベッドの中でどっちのほうが上手か、彼か、アリクか、教えてくれ、とガールフレンドに迫る。彼女は、それぞれ違うと言って、この問いをかわす。男は満足せず、さらに問い詰める。「数で言ってくれよ」と。じつは、まさにそんな男性たちのために、ベッドポストという企業が、セックスをしている間に身につけていられるバイオメトリックアームバンドを販売している。このアームバンドは、心拍数や発汗量、性行為の持続時間、オーガズムの持続時間、燃焼したカロリーなどのデータを集める。そのデータを入力されたコンピューターが情報を分析し、そのセックスを厳密な数字で評価する。もうオーガズムに達したふりはできないし、「どうだった?」と相手に尋ねる必要もない。[26]

そのような装置の遠慮会釈のない仲介によって自分を経験する人々は、自らを分割不能の個人ではなく生化学的システムの集合と見なし始めるかもしれない。そして、彼らの意思決定は、さまざまなシステムの相容れない要求をしだいに反映するようになるだろう。[27]仮にあなたには毎週二時間、空き時間があり、チェスをするかテニスをするか決めかねているとしよう。気の置けない友人なら、「君のハートは何と言っている?」と訊くかもしれない。するとあなたは答える。「そうだね。心臓にしてみれば、テニスのほうが良いに決まっている。コレステロール値や血圧のためにもテニスのほうが良い。けれど、fMRIのスキャンによると、左の前頭前皮質を鍛えなくてはいけないらしい。うちの家系には認知症がとても多いし、伯父はずいぶん若いうちに症状が出たから。いくつか最新の研究を見ると、毎週チェスをすれば、発症の時期を遅らせられる可能性があるそうだ」

病院の高齢者病棟では、それよりもはるかに極端な外部介入の例がすでに見られる。高齢期は知恵と自覚の時期であると自由主義は空想する。理想的な高齢者は、身体的な疾患や衰弱は経験するかもしれないが、頭は鋭敏で、八〇年かけて積み重ねてきた見識を活かすことができる。物事を知り尽くしていて、孫や他の訪問者にいつも賢明な助言を与えられる。二一世紀の八〇代の人には、そのようなイメージが必ずしも当てはまるわけではない。人間の生物学的特性の理解が深まっているおかげで、医学は人を長く生かしておけるため、私たちの心や「本物の自己」が崩壊し、消滅することがありうる。モニターやコンピューターやポンプの集合によって、機能不全に陥った生化学的システムの集合の残骸が維持されていることがあまりに多い。

より深遠な次元では、遺伝子技術が日常生活に組み込まれ、人々が自分のＤＮＡとしだいに緊密な関係を育むにつれ、単一の自己というものはなおいっそう曖昧になり、本物の内なる声は途絶え、やかましい遺伝子の群れが残るだけかもしれない。だから、厄介なジレンマや意思決定に直面したとき、人は自分の内なる声を探すのをやめ、その代わりに、内なる遺伝子の議会の意見を聞くかもしれない。

女優のアンジェリーナ・ジョリーは二〇一三年五月一四日、両乳房切除手術を受けると決めたことを「ニューヨーク・タイムズ」紙の記事で公表した。ジョリーは母親が比較的若年で乳癌で亡くなったため、ずっと乳癌の影におびえながら暮らしてきた。ジョリー自身もＢＲＣＡ１遺伝子に危険な変異を抱えていることを、遺伝子検査で確認済みだった。最近の統計調査によると、この変異を持っている女性は、乳癌になる確率が八七パーセントあるという。当時ジョリーは癌になっていなかったが、心配の種であるこの病気を避けるために、両方の乳房を切除してもらうことにした。記事の中でジョリーはこう説明している。「自分の話を伏せておかないことにしたのは、癌になる可能性を抱えて生きていることを知らない女性が多くいるからです。そういう人たちも遺伝子検査を受け、危険性が高かった場合には、自分にも有力な選択肢があると知ってもらえれば、と願っています[28]」

乳房切除手術を受けるかどうかを決めるのは、難しくて、潜在的には致命的な選択だ。その選択は、手術とその後の治療のつらさや危険や費用を伴うだけではなく、本人の健康や身体的なイメージ、心の安らぎ、人間関係にも幅広い影響を及ぼしうる。ジョリーの選択と、それを公表した彼女の勇気は大きな感動を呼び、世界中で称賛された。とくに、世間の注目を集めたおかげで、遺伝医学とその潜在的恩恵に対する認識が高まることを多くの人が期待した。

歴史的な視点からは、アルゴリズムがジョリーの事例で果たした重大な役割に注目すると興味深い。ジョリーは自分の人生にまつわるこれほど重要な決定を下さなければならなかったとき、大海原を見下ろす山の頂上に登って、波間に沈む太陽を眺め、自分の心の奥底の気持ちと接触しようとはしなかった。その代わり、自分の遺伝子に耳を傾けた。すると遺伝子の声は、気持ちではなく数値として現れた。当時、ジョリーには痛みも不快感もまったくなかった。彼女の気持ちは、「くつろいで。万事順調だから」と彼女に告げていた。だが、担当の医師たちが使ったコンピューターアルゴリズムは、まったく違うことを語っていた。「どこも悪い感じはしないでしょうが、あなたのDNAの中では時限爆弾が時を刻んでいます。手を打ってください。今すぐに！」

言うまでもないが、ジョリーの情動と独自の人格も重要な役割を果たした。別の人格を持った女性なら、同じ遺伝子の変異を持っていることを知っても、乳房切除手術を受けないことにしていた可能性が十分ある。ところが（ここで私たちは非現実の世界に足を踏み入れることになるのだが）、その女性が危険なBRCA1の変異だけではなく、（架空の）ABCD3遺伝子にも変異を抱えており、確率の評価を司る脳領域がその変異のせいで損なわれ、危険を過小評価するようになってしまっているとしたらどうだろう？　彼女の母親と祖母と、他にも親族が数人、さまざまな健康上のリスクを過小評価して予防措置を取りそこね、早死にしたことを統計学者に指摘されたらどうなるか？

あなたも自分の健康にかかわる重要な決定を、アンジェリーナ・ジョリーとまったく同じ形で下す可能性は、きわめて高い。遺伝子検査や血液検査、あるいはｆＭＲＩのスキャンを受け、その結果をアルゴリズムが巨大な統計データベースに基づいて分析し、その後あなたはそのアルゴリズムの勧告を受け容れる。これは世も末というような、悲劇的な筋書きではない。アルゴリズムが反乱を起こして人間を奴隷にすることはない。むしろ、アルゴリズムは人間のために決定を下すのがとてもうまくなるので、その助言に従わないのは愚の骨頂だろう。

アンジェリーナ・ジョリーが初めて主演したのは、一九九三年のSFアクション映画『サイボーグ2』だった。彼女が演じたキャッシュことカセラ・リースはサイボーグで、産業スパイ行為と暗殺のためにピンウィール・ロボティクス社が二〇七四年に開発した。カセラは任務遂行中に人間社会にうまく溶け込むため、人間の情動をプログラムされていた。カセラは、ピンウィール・ロボティクスが自分を制御しているだけではなく、抹殺するつもりであることに気づくと、逃亡して、自分の生命と自由のために戦う。『サイボーグ2』は、巨大なグローバル企業を相手に、一個人が自由とプライバシーのために戦うという、自由主義の空想物語だ。

だがジョリーは、実生活では健康のためにプライバシーと自律性を犠牲にすることを選んだ。人類の健康を増進したいという同様の願望のために、私たちの大半は、自分の私的な空間を守っている防壁を進んで取り払い、国家の官僚制と多国籍企業に自分の内奥へのアクセスを許すだろう。たとえばグーグルが私たちの電子メールを読んだり、活動を追ったりするのを許せば、グーグルは従来の保健医療サービスが気づく前に、感染症が流行しかけていることを私たちに警告できる。

イギリスの国民保健サービスは、ロンドンでインフルエンザが流行し始めたことをどうやって知るか？　何百もの医療機関で働く何千もの医師の報告を分析して知る。では、これらの医師たちはみな、どうやって情報を手に入れるのか？　ある朝、メアリーが目覚めたときに多少具合が悪くても、すぐに医師のもとに駆けつけたりはしない。蜂蜜入りの温かい紅茶を飲めば元気になることを願いながら、数時間、あるいは一日か二日さえ様子を見る。それでも調子が良くならなければ、診察の予約をしてクリニックに行き、症状を説明する。医師はデータをコンピューターに入力する。すると、うまくすれば国民保健サービスの本部で誰かがそのデータを、他の何千もの医師から流れてくる報告と合わせて分析し、インフルエンザが流行しかけていると結論する。それまでには、たっぷり時間がかかる。

グーグルなら、ものの数分でやってのけられる。ロンドンの住民がメールやグーグルの検索エンジンに打ち込む単語をモニターし、それを病気の症状のデータベースと照合するだけでいい。たとえば平均的な日には、「頭痛」「発熱」「吐き気」「くしゃみ」という単語が、ロンドンのメールと検索で一〇万回使われるとしよう。もしグーグルのアルゴリズムが、これらの単語が今日は三〇万回使われていることに気づけば、わかった！　インフルエンザが流行しているのだ。メアリーが医師のもとを訪ねるまで待つ必要はない。彼女は、目覚めたときに多少具合が悪かったあの最初の朝、仕事に出る前に、「頭痛がするけれど、出勤します」と同僚にメールを送った。グーグルにはそれで十分なのだ。

とはいえグーグルがこの魔法のような力を振るうには、メアリーがグーグルに自分のメッセージを読むことだけではなく、その情報を保健所に伝えることも許可しなくてはならない。アンジェリーナ・ジョリーは乳癌への関心を高めるために自分のプライバシーを進んで犠牲にしたのだから、メアリーも感染症の流行を防ぐために、同じような犠牲を払うべきではないのか？

これは架空の発想ではない。二〇〇八年、グーグルは現に「Google Flu Trends（グーグル・インフルトレンド）」を公開し、グーグルの検索をモニターしてインフルエンザの大流行を追跡している。このサービスは今なお発展途上にあり、プライバシーの制約があるため、検索語だけを追っており、私的なメールを読むのは避けているという。だがすでに、従来の保健医療サービスよりも一〇日も早くインフルエンザ流行の警報を鳴らすことができる。(29)

グーグルの「Baseline Study（ベースライン・スタディ）」はそれに輪をかけて野心的なプロジェクトだ。グーグルは人間の健康に関する巨大なデータベースを構築し、

「完璧な健康」のプロフィールを確定するつもりだ。このベースラインからのわずかな逸脱さえも識別できれば、うまくすると、癌のような健康問題が起こりかけていることを、未然に防げる段階で人々に警告できるようになる。ベースライン・スタディは、「Google Fit（グーグル・フィット）」と呼ばれる一連のアプリ全部と、うまく嚙み合う。これらのアプリは、衣服やブレスレット、靴、眼鏡など、身につけられるものに組み込むことができる。グーグル・フィットのアプリでバイオメトリックデータの果てしない流れを集め、ベースライン・スタディに入力するのが狙いだ(30)。

とはいえ、グーグルのような企業は、身につけられるものよりもずっと深くまで行きたがっている。DNA検査の市場は現在急激に成長している。この市場を牽引する企業の一つが23andMeで、グーグルの共同設立者セルゲイ・ブリンの前妻アン・ウォジツキらが創業した私企業だ。「23andMe」という名前は、ヒトゲノムをコードする二三対の染色体を指しており、私の染色体は私と特別な関係にあるというのがその言わんとするところだ。染色体が何を言っているかを理解できる人なら誰であれ、染色体の持ち主が自分について夢にも思わなかったことをその人に教えてあげることができる。

それが何かを知りたければ、23andMeに九九ドル払うだけでいい。23andMeから筒の入った小さな包みが送られてくるから、その筒の中に唾を吐き、封をして、カリフォルニア州マウンテンヴューに郵送する。そこであなたの唾液中のＤＮＡが解読され、オンラインで結果が届く。それには、あなたが直面する可能性のある健康上の危険と、脱毛症から失明まで、九〇以上の特性や疾患に対するあなたの遺伝性素因が列挙されている。「汝自身を知れ」が、これほど手軽で安上がりだったことはかつてない。すべては統計に基づいているので、同社のデータベースの大きさが、正確な予測をする上でのカギを握っている。したがって、巨大な遺伝子データベースを最初に構築した企業が、顧客に最高の予測を提供することになり、市場を独占する可能性がある。アメリカのバイオテクノロジー企業は、自国のプライバシー保護法が厳しく、その一方で中国は個人のプライバシーを顧みないので、中国が遺伝子市場をやすやすと手に入れるのではないかと、しだいに懸念を深めている。

もし私たちがすべてを結びつけ、自分たちのバイオメトリック機器や、ＤＮＡスキャンの結果や、医療記録への自由なアクセスを、グーグルやその競争相手に許せば、全知の医療保健サービスが手に入り、それが感染症と戦ってくれるだけではなく、癌や心臓発作やアルツハイマー病からも守ってくれる。とはいえ、そのようなデータベースを自由に使えたら、グーグルははるかに多くのことができるだろう。イギリスのロックバンド、ポリスの有名な歌詞を借りれば、あなたの呼吸の一つひとつ、あなたの動作の一つひとつ、あなたが絶つ絆の一つひとつを見守っているシステム、あなたの銀行口座とあなたの鼓動、血糖値と性的逸脱行為をモニターしているシステムを想像してほしい。そういうシステムは確実に、あなたよりもはるかによくあなたのことを知るようになるだろう。悪い人間関係や不適切なキャリアや有害な習慣に人を陥れる自己欺瞞も、グーグルは騙《だま》せない。今日私たちを支配している物語る自己と違い、グーグルはでっち上げた物語に基づいて決定を下すことはないし、認知の近道《ショートカット》やピーク・エンドの法則に欺かれることもない。グーグルは本当に、私たちの一挙手一投足をすべて覚えているだろう。

　私たちの多くは、自分の意思決定の過程をそのようなシステムに喜んで委ねるのではないか。あるいは、重要な選択に直面したときにはいつも相談ぐらいはするだろう。グーグルは、どの映画を観たり、バカンスにどこへ行ったり、大学で何を学んだり、どの仕事の申し出を受けたりするべきかや、誰とデートして結婚したりするべきかさえも、助言するようになる。たとえば、こんな具合だ。「聞いて、グーグル。ジョンとポールがどちらも言い寄ってくるんです。二人とも好きだけど、違う意味でね。だから、心を決めるのが難しくて。あなたが知っていること全部に基づくと、どうしたらいいと思う？」

　すると、グーグルは答える。「そうですね。あなたのことは生まれた日からずっと知っています。あなたのメールは全部読んできたし、電話もすべて録音してきたし、お気に入りの映画も、ＤＮＡも、心臓のバイオメトリックの経歴も全部知っています。あなたがしたデートについても一つ残らず正確なデータを取ってあります。お望みなら、ジョンあるいはポールとしたデートのどれについても、心拍数と血圧と血糖値を秒単位で示すグラフをお見せすることもできます。必要なら、二人のどちらを相手にしたものであれ、性的経験の一つひとつの正確な数理的ランキングでさえ提供できます。そして、当然ながら私は、あなたを知っているのと同じぐらいよくあの二人も知っています。これらいっさいの情報と、私の優秀なアルゴリズムと、何百万もの人間関係に関する数十年分の統計に基づくと、ジョンを選ぶことをお勧めします。長期的には、彼のほうが、より満足できる確率が八七パーセントありますから。

それどころか、私はあなたを本当によく知っているので、この答えが気に入ってもらえないことも承知しています。ポールはジョンよりずっとハンサムですし、あなたは外見をあまりに重視するので、私に『ポール』と言ってもらいたいと、こっそり思っていましたね。ルックスはもちろん重要ですが、あなたが思っているほどではありません。何十万年も前にアフリカのサバンナで進化したあなたの生化学的アルゴリズムは、配偶者候補の全体的な格付けのうち、三五パーセントの重みをルックスに与えます。最新の研究と統計に基づく私のアルゴリズムは、恋愛関係の長期的成功に、ルックスはわずか一四パーセントの影響しか与えないと言っています。だから、私はポールのルックスを考慮に入れた上でなお、依然としてジョンを選んだほうがいいと言うのです」[31]

私たちはそのような親身のカウンセリングサービスと引き換えに、人間は分割不能の個人である、個々の人間には自由意志があって、何が善で、何が美しく、何が人生の意味かをめいめいが判断するという考え方を、どうしても捨てざるをえなくなる。人間はもう、物語る自己が創作する物語に導かれる自律的な存在ではなくなる。そして、巨大なグローバルネットワークの不可分の構成要素となる。

自由主義は物語る自己を神聖視し、投票所やスーパーマーケットや結婚市場でその自己が投票するのを許す。これは何世紀もの間、理に適っていた。物語る自己はありとあらゆる種類の虚構や幻想を信じていたとはいえ、この自己よりも本人のことをよく知っているシステムは他になかったからだ。ところが、物語る自己以上に本人のことを本当によく知るシステムがいったん手に入れれば、物語る自己の手に権限を委ねたままにするのは無謀ということになる。

民主的な選挙のような自由主義の慣習は時代後れになる。なぜならグーグルが、私の政治的見解さえ、私自身よりも的確に言い表すことができるようになるからだ。私が投票所の仕切りの中に立ったとき、本物の自己に相談し、自分の最も奥深い欲望を反映する政党や候補者を選ぶように自由主義は私に指示する。ところが、その仕切りの中に立つとき、私は前回の選挙以来、自分が感じたことや考えたことを本当に一つ残らず覚えてはいない、と生命科学は指摘する。そのうえ私は、プロパガンダや情報操作やランダムな記憶に次から次へとさらされ、選択を歪められている可能性が高い。カーネマンの冷水実験のときとちょうど同じで、政治の領域でも、物語る自己はピーク・エンドの法則に従う。出来事の大多数は忘れ、いくつかの極端な事例だけを記憶しており、また、最近起こったことをはなはだしく過大評価する。

私は四年にわたって首相の政策に繰り返し苦情を言い、自分にも、耳を傾けてくれる人なら誰にでも、この首相は「私たち全員の破滅」をもたらすと語ってきたかもしれない。ところが、選挙前の数か月間、政府は減税を行ない、お金を惜しみなく使う。与党は一流のコピーライターたちを雇って、私の脳の恐怖中枢に直接訴える脅しと公約をうまく取り混ぜ、見事な選挙運動を展開する。選挙当日の朝に目覚めたとき、私は風邪を引いており、頭の働きに影響を受け、安全と安定を他のどんな勘案要件よりも優先してしまう。そして、なんと、「私たち全員の破滅」をもたらす人物を、さらに四年間、政権の座に就かせてしまうのだ。

もし自分に代わって投票する権限をグーグルに与えてさえいたら、そんな事態は避けられただろう。グーグルは選挙運動に騙されるような青二才ではないのだから。グーグルは、最近の減税と選挙公約を無視したりはしないが、過去四年間に起こったことも覚えている。私が朝刊を読むたびに血圧がどうなったかや、晩のニュースを観ている間にドーパミン値がどれほど急激に低下したかも覚えている。グーグルは、情報操作の専門家たちが掲げる空虚なスローガンを篩《ふるい》にかける方法を知っている。病気になると有権者はいつもより少しばかり右寄りになることを承知しているので、それを補正する。したがってグーグルは、私の瞬間的な情動の状態や、物語る自己の幻想ではなく、「私」として知られる生化学的アルゴリズムの集合の本当の気持ちと関心に即して投票することができる。

当然ながら、グーグルはいつも正しい判断を下すとはかぎらない。なにしろ、万事はただの確率だからだ。だが、もしグーグルが正しい判断を十分積み重ねていけば、人々はしだいにグーグルに権限を与えるようになるだろう。時がたつにつれ、データベースが充実し、統計が精度を増し、アルゴリズムが向上し、決定がなおさら的確になる。グーグルのシステムはけっして私を完璧に知ることはないし、絶対確実にはならない。だが、そうなる必要はない。自由主義は、システムが私自身よりも私のことをよく知るようになった日に崩壊する。たいていの人は自分のことをあまりよく知らないのだから、本人よりもシステムのほうがその人のことをよく知るのは、見かけほど難しくはない。

グーグルの強敵であるフェイスブックが依頼した最近の研究の結果は、人間の性格や気質の判断に関して、今日すでにフェイスブックのアルゴリズムのほうが、当人の友人や親、配偶者と比べてさえ優っていることを示している。この研究は、フェイスブックのアカウントを持っていて、一〇〇項目の性格アンケートに答えた八万六二二〇人のボランティアを対象に行なわれた。フェイスブックのアルゴリズムは、ボランティアのフェイスブックの「いいね！」（彼らがどのウェブページや画像やクリップを見て「いいね！」ボタンをクリックしたか）をモニターし、それに基づいて彼らの答えを予測した。「いいね！」の個数が多いほど、予測が正確になる。アルゴリズムの予測は、ボランティアの同僚や友人、家族、配偶者の予測と比較された。驚くべきことに、アルゴリズムは同僚の予測の精度を上回るためには、わずか一〇個の「いいね！」しか必要としなかった。そして、友人を上回るためには七〇個、家族を上回るためには一五〇個、配偶者を上回るためには三〇〇個あれば十分だった。言い換えると、もしあなたが自分のフェイスブックのアカウントで「いいね！」を三〇〇回クリックしていたら、フェイスブックはあなたの夫や妻よりも正確に、あなたの意見や欲望を予測できるのだ！

それどころか、一部の分野では、フェイスブックのほうが本人よりも良い結果を出した。ボランティアは、薬物やアルコールなどの物質使用の程度や社会的ネットワークの大きさなどを評価するように言われた。彼らの判断は、アルゴリズムの判断ほど正確ではなかった。この研究の論文は、次のような予測（フェイスブックのアルゴリズムではなく、論文を書いた人間たちによる）で結ばれている。「人々は、活動やキャリアの選択、はては恋愛のパートナーの選択まで、人生における重要な決定を下すときに、自分の心理的判断を放棄し、コンピューターに頼るようになるかもしれない。そのようなデータ主導の決定には、人々の人生を向上させる可能性がある」[32]

この研究は、もっと不吉な調子で、次のようなことも示唆している。すなわち、将来の大統領選挙ではフェイスブックが、何千万ものアメリカ人がどんな政治的意見を持っているかばかりでなく、そのうちの誰が選挙結果を左右するかや、どうすれば彼らの意見を変えられるかさえも知りうるだろうというのだ。フェイスブックは、オクラホマ州では共和党と民主党がじつにきわどい戦いを繰り広げているのを把握し、まだ心を決めかねている有権者三万二四一七人を特定し、均衡を崩すためにはそれぞれの候補が何を言う必要があるかを突き止めることができる。フェイスブックはこの貴重な政治的データをどうやって手に入れられるのか？　私たちがただで提供するのだ。

ヨーロッパの帝国主義の全盛期には、征服者や商人は、色のついたガラス玉と引き換えに、島や国をまるごと手に入れた。二一世紀には、おそらく個人データこそが、人間が依然として提供できる最も貴重な資源であり、私たちはそれを電子メールのサービスや面白おかしいネコの動画と引き換えに、巨大なテクノロジー企業に差し出しているのだ。

巫女から君主へ

グーグルやフェイスブックなどのアルゴリズムは、いったん全知の巫女《みこ》として信頼されれば、おそらく代理人へ、最終的には君主へと進化するだろう。(33) この道筋を理解するには、今や多くの運転者が使う、GPSに基づいたナビゲーション・アプリの「Waze（ウェイズ）」の場合を考えるといい。ウェイズはただの地図ではない。何百万ものユーザーが、交通渋滞や自動車事故や警察の車両などについて絶えずアップデートしている。だからウェイズは、ユーザーに混雑した道を避けさせ、最短時間のルートで目的地に導くことができる。ユーザーが交差点に差しかかり、直感的に右に曲がりたいのにウェイズが左へ曲がるように指示すれば、そのユーザーは自分の感覚よりもウェイズに耳を傾けたほうがいいことを、遅かれ早かれ学ぶ。(34)

一見すると、ウェイズのアルゴリズムは巫女のような役割を果たしているだけに思える。あなたが質問すると、巫女が答えるが、決定を下すのはあくまであなただ。ところが、もし巫女があなたの信頼を勝ち取れば、当然、次のステップは巫女を代理人に変えることだ。あなたはアルゴリズムに最終目的だけを告げ、アルゴリズムがあなたの監督なしに、その目的を達するために行動する。ウェイズの場合には、このアプリを自動運転車に接続し、「いちばん速く帰れるルートで家へ」「いちばん眺めが良いルートで」「引き起こす大気汚染が最小になるルートで」などと指示したときに実現するだろう。あなたが采配を振っているが、命令の実行はウェイズに任せる。

そしてついには、ウェイズは君主になるかもしれない。途方もない力を手にし、あなたよりもはるかに多くを知っているウェイズは、あなたや他の運転者たちを操作し、あなたの欲望を形作り、あなたに代わって決定を下し始めるかもしれない。たとえば、ウェイズはとても性能が良いので、誰もが使い始めたとしよう。そして、ルート1号では交通渋滞が発生しているけれど、その代わりとなるルート2号は比較的空いているとしよう。たんにウェイズが運転者全員にそれを知らせるだけでは、彼らはルート2号に殺到するので、こちらの道も渋滞してしまう。誰もが同じ巫女を利用し、誰もがその巫女を信用しているときには、巫女は君主に変わる。だからウェイズは私たちのために考えなければならない。ひょっとするとウェイズは、運転者の半数にしかルート2号が空いていることを伝えず、残りの半数にはこの情報を伏せておくかもしれない。そうすれば、ルート2号を混雑させずに、ルート1号の渋滞を緩和できる。

マイクロソフトは、「Ｃｏｒｔａｎａ（コルタナ）」と呼ばれる、それよりもはるかに高性能のシステムを開発している。同社の人気の高い「Ｈａｌｏ（ヘイロー）」というコンピューターゲームシリーズに登場するＡＩキャラクターにちなんだ命名だ。コルタナは、マイクロソフトが将来のウィンドウズのバージョンに不可欠の機能として搭載することを望んでいるＡＩパーソナルアシスタントだ。ユーザーはコルタナに自分のファイルやメールやアプリへのアクセスを許すことを奨励される。コルタナがユーザーを知り、それによって、無数の件に関して助言を提供するとともに、ユーザーの関心を実行に移すバーチャルな代理人にもなれるようにするためだ。コルタナは、あなたが妻の誕生日に何か買うつもりだったことを思い出させ、プレゼントを選び、レストランのテーブルを予約し、処方されている薬を夕食の一時間前に飲むように促す。今読書をやめなければ、重要なビジネスミーティングに遅れてしまうと注意してくれる。あなたがミーティングの場に入ろうとするときには、こう警告してくれる。あなたは血圧が高過ぎ、ドーパミン値が低過ぎ、過去の統計に基づくと、こういう状況では重大なビジネス上のミスを犯しがちだから、万事を仮の話にしておき、確約したり契約したりするのは避けるほうがいい、と。

いったんコルタナが巫女から代理人に進化したら、今度はコルタナどうしが主人の代わりに直接話し合い始めるかもしれない。最初は私のコルタナがあなたのコルタナに連絡を取り、会う場所と時間を決めるといった、当たり障りのないところから始まりうる。ところがいつの間にか、私の雇用を考えている人が、わざわざ履歴書を送ってもらわなくていいから、自分のコルタナに、私のコルタナに詳しく質問をさせてほしいと言いだすかもしれない。あるいは、私のコルタナに、私に恋心を抱いている人のコルタナが接近してきて、両者が情報を照合し、良い取り合わせかどうか判断するかもしれない。それも、持ち主の人間たちがまったく知らないうちに。

コルタナは権限を獲得するにつれ、主人の利益を増進するために互いに操作し合い始めるかもしれないので、求人市場や結婚市場での成功は、あなたのコルタナの性能にしだいに依存するようになりかねない。最新式のコルタナを持っている豊かな人々は、古いバージョンしか持っていない貧しい人よりも圧倒的優位に立つ。

だが、最も厄介な問題は、コルタナの主人のアイデンティティにまつわるものだ。すでに見たとおり、人間は分割不能の個人ではなく、単一の統一された自己は持っていない。それならば、コルタナは誰の利益のために働けばいいのか？　私の物語る自己が新年の決意として、ダイエットを始めて毎日スポーツジムに行くことにしたとしよう。一週間後、ジムに行く時が来たら、経験する自己がコルタナにテレビのスイッチを入れてピザを注文するように指示する。コルタナはどうするべきなのか？　経験する自己に従うべきか、それとも、物語る自己が一週間前に宣言した新年の決意に従うべきか？

経験する自己を仕事に間に合う時間に起こすように、物語る自己が夜にかけておく目覚まし時計と、コルタナは本当に違うのだろうか、と思う人もいるだろう。だがコルタナは、目覚まし時計よりもはるかに大きな力を私に振るうことになる。経験する自己はボタンを押して目覚まし時計を黙らせることができる。それに対してコルタナは、私のことを知り尽くしているので、自分の「助言」に従わせるためには、私の内なるボタンのどれを押せばいいか、完全にわかっている。

この分野はマイクロソフトのコルタナの独占ではない。「Google Now（グーグル・ナウ）」やアップルの「Siri（シリ）」も、同じ方向を目指している。アマゾンもアルゴリズムを使い、あなたを研究した上で、蓄積した知識を利用して製品を推薦する。私は書店に行くと、棚を見て回り、自分の感覚に頼って、これぞという本を選ぶ。だが、アマゾンのバーチャルショップを訪れると、たちまちアルゴリズムがしゃしゃり出てきて、こう告げる。「あなたがこれまでどんな本を気に入ったか知っています。同じような好みの人は、これこれの新刊を選ぶ傾向があります」

だが、これはほんの序の口にすぎない。今日、アメリカでは印刷された本よりも電子書籍を読む人のほうが多い。アマゾンのキンドルのような機器は、ユーザーが読んでいる間にデータを収集できる。たとえば、キンドルはあなたがどの部分を素早く読み、どの部分をゆっくり読むかや、どのページで読むのを中断して一休みし、どの文で読むのをやめて二度と戻ってこなかったかをモニターしている（著者にその部分を少しばかり手直しするように伝えるといいだろう）。もしキンドルがアップグレードされ、顔認識とバイオメトリックセンサーの機能を備えれば、あなたが読んでいる一つひとつの文が、あなたが何に笑い、心拍数や血圧にどのような影響を与えたかを読み取れるようになる。あなたが悲しくなり、腹を立てたかも知ることができる。ほどなく、あなたが本を読んでいる間に本があなたを読むようになる。そして、あなたは自分が読んだことをすぐに忘れるのに対して、アマゾンは何一つけっして忘れない。そのようなデータがあれば、アマゾンは並外れた精度であなたのために本を選ぶことができる。また、アマゾンはあなたがどんな人間で、どうすればあなたに興味を抱かせたり失わせたりできるかも、正確に知ることができる[35]。

やがて、私たちはこの全知のネットワークからたとえ一瞬でも切り離されてはいられなくなる日が来るかもしれない。切り離されたら、それは死を意味する。もし医療の分野の希望が実現したら、未来の人間はバイオメトリック機器や人工臓器やナノロボットをたくさん体内に取り込み、健康状態をモニターしたり、感染症や疾患や損傷から守ってもらったりすることになる。とはいえ、これらの機器は、最新の医学的な進歩に即してアップデートするためにも、サイバースペースの新しい疫病から守るためにも、毎日二四時間休みなくネットワークに接続していなければならない。パソコンが絶えずウイルスやワームやトロイの木馬に攻撃されているのとちょうど同じで、ペースメーカーや補聴器やナノテクノロジーの免疫系も四六時中、攻撃を受ける。もし自分の体のアンチウイルスプログラムを定期的にアップデートしなければ、ある日目が覚めたら、自分の血管を流れる何百万ものナノロボットを、北朝鮮のハッカーが好き勝手に操っていたという事態を招きかねない。

このように、二一世紀の新しいテクノロジーは、人間至上主義の革命を逆転させ、人間から権威を剝ぎ取り、その代わり、人間ではないアルゴリズムに権限を与えるかもしれない。この趨勢《すうせい》に恐れをなしたとしても、コンピューターマニアたちを責めてはならない。じつは、責任は生物学者たちにあるのだ。この流れ全体を勢いづかせているのはコンピューター科学よりも生物学の見識であるのに気づくことがきわめて重要だ。生き物はアルゴリズムであると結論したのは生命科学だった。もしこの結論が間違っており、生き物がアルゴリズムとは本質的に異なる機能の仕方をするのなら、コンピューターはたとえ他の分野で数々の奇跡を起こすことはあっても、人間を理解して、私たちの生き方を導くことはできないし、人間と一体化することは絶対不可能だ。ところが、生き物はアルゴリズムであると生物学者たちが結論した途端、彼らは生物と非生物の間の壁を取り壊し、コンピューター革命を純粋に機械的なものから、生物学的な大変動に変え、権威を個々の人間からネットワーク化したアルゴリズムへと移した。

この展開に恐れをなしている人もたしかにいるが、無数の人がそれを喜んで受け容れているというのが現実だ。すでに今日、大勢の人が自分のプライバシーや個人性を放棄し、生活の多くをオンラインで送り、あらゆる行動を記録し、たとえ数分でもネットへの接続が遮断されればヒステリーを起こす。人間からアルゴリズムへの権威の移行は、政府が下した何らかの重大決定の結果ではなく、個人が日常的に行なう選択の洪水のせいで、私たちの周り中で起こっているのだ。

用心していないと、私たちの行動のいっさいだけでなく、体や脳の中で起こることさえ、絶えずモニターし、制御する、オーウェル風の警察国家を誕生させかねない。考えてもみてほしい。もしあらゆる場所にバイオメトリックセンサーを配備できたら、スターリンがどんな使い道を思いついていたことか？　あるいは、プーチンが思いつきかねないか？　とはいえ、人間の個人性の擁護者が二〇世紀の悪夢の再現を恐れて、お馴染みのオーウェル風の敵たちに抵抗する覚悟を固めるなか、人間の個人性は今や、逆方向からのなおさら大きな脅威に直面している。二一世紀には、個人は外から情け容赦なく打ち砕かれるのではなくむしろ、内から徐々に崩れていく可能性のほうが高い。

今日、ほとんどの企業と政府は、私の個人性に敬意を表し、私ならではの欲求や願望に合わせた医療と教育と娯楽を提供することを約束する。だが、そうするためには、企業と政府はまず、私を生化学的なサブシステムに分解し、至る所に設置したセンサーでそれらのサブシステムをモニターし、強力なアルゴリズムでその働きぶりを解明する必要がある。この過程で個人というものは、宗教的な幻想以外の何物でもないことが明るみに出るだろう。現実は生化学的アルゴリズムと電子的なアルゴリズムのメッシュとなり、明快な境界も、個人という中枢も持たなくなる。

不平等をアップグレードする

ここまでは、自由主義に対する三つの実際的な脅威のうち、二つを見てきた。その第一は、人間が完全に価値を失うこと、第二が、人間は集団として見た場合には依然として貴重ではあるが、個人としての権威を失い、代わりに、外部のアルゴリズムに管理されることだ。社会を支配するシステムは、交響曲を作曲したり、歴史を教えたり、コンピューターコードを書いたりするために、依然として人間を必要とするが、あなた自身よりもあなたのことをよく知り、したがって、重要な決定のほとんどをあなたのために下してくれるだろう。そしてあなたも、それに完全に満足することだろう。それは必ずしも悪い世界ではない。とはいえそれは、ポスト自由主義の世界となる。

自由主義に対する第三の脅威は、一部の人は絶対不可欠でしかも解読不能のままであり続けるものの、彼らが、アップグレードされた人間の、少数の特権エリート階級となることだ。これらの超人たちは、前代未聞の能力と空前の創造性を享受する。彼らはその能力と創造性のおかげで、世の中の最も重要な決定の多くを下し続けることができる。彼らは社会を支配するシステムのために不可欠な仕事を行なうが、システムは彼らを理解することも管理することもできない。ところが、ほとんどの人はアップグレードされず、その結果、コンピューターアルゴリズムと新しい超人たちの両方に支配される劣等カーストとなる。

人類が生物学的カーストに分割されれば、自由主義のイデオロギーの基盤が崩れる。自由主義は、社会経済的な格差とは共存できる。それどころか、自由主義は平等よりも自由を好むので、そのような格差はあって当然と考える。それでも自由主義は、人間はすべて等しい価値と権限を持っていることを、依然として前提としている。自由主義の視点に立つと、ある人が億万長者で壮麗な大邸宅に住んでおり、別の人が貧しい農民で、藁の小屋に住んでいても、いっこうにかまわない。なぜなら自由主義に従えば、その農民ならではの経験もやはり、億万長者の経験とまさに同じぐらい貴重ということになるからだ。だから自由主義の作家は貧しい農民の経験について長い小説を書くのだし、億万長者でさえそのような本を貪り読むのだ。ブロードウェイやコヴェントガーデンに『レ・ミゼラブル』を観に行けば、良い席は何百ドルもし、観客の資産を合計すれば何十億ドルにもなることがわかるが、それでも彼らは、飢えた甥たちのためにパンを一塊盗んだ罪で一九年間刑務所で服役したジャン・ヴァルジャンに共感する。

同じ論理が選挙の日にも働く。貧しい農民の一票も、億万長者の一票と完全に同じ価値を持つからだ。社会的不平等に対する自由主義の解決策は、全員のために同じ経験を生み出そうとするのではなく、異なる人間の経験に等しい価値を与えることだ。とはいえこの解決策は、豊かな人と貧しい人が富だけではなく、本当の生物学的格差によっても隔てられることになったときにさえ、依然として効果があるのか？

アンジェリーナ・ジョリーは「ニューヨーク・タイムズ」紙の記事で、遺伝子検査の高額な費用に触れた。ジョリーが受けた検査には三〇〇〇ドル以上かかった（これには乳房切除手術そのものや再建手術や関連の治療の費用は含まれていない）。これは、一日あたりの稼ぎが一ドル未満の人が一〇億人、一ドルから二ドルの人がさらに一五億人いる世界での話だ[36]。これらの人は死ぬまで一生懸命働いても、お金がなくて三〇〇〇ドル以上もする遺伝子検査は受けられない。しかも現在、経済的な格差は拡がる一方だ。二〇一六年初めの時点で、世界の最富裕層六二人の資産を合わせると、最貧層の三六億人の資産の合計に匹敵する！　世界の人口はおよそ七二億人だから、これら六二人の大富豪が集まれば、人類の下位半分の持つ資産の合計に匹敵する富を持っていることになる。(37)

DNA検査の費用は時とともに下がるだろうが、高額な処置が絶えず新たに開発されている。だから、以前からある治療法には一般大衆もしだいに手が届くようになる一方で、エリート層はいつも数歩先を行き続ける。豊かな人々は、歴史を通して社会的優越や政治的優越の恩恵にあずかってきたが、彼らを貧しい人々と隔てるような巨大な生物学的格差はなかった。中世の貴族は、自分たちの血管には優れた青い血が流れていると主張し、ヒンドゥー教のバラモンは、自分は生まれつき他の人々よりも賢いと断言したが、それはまったくの作り話だった。ところが将来は、アップグレードされた上流階級と、社会の残りの人々との間に、身体的能力と認知的能力の本物の格差が生じるかもしれない。

科学者はこの筋書きを突きつけられると、たいてい次のように応じる。二〇世紀には、医学の飛躍的発展は豊かな人々を対象に起こることが多過ぎたものの、やがてその恩恵は全人口に及び、社会的格差を拡げるのではなく縮めるのに役立った、たとえば、ワクチンや抗生物質は、最初は主に西洋諸国の上流階級に利益をもたらしたが、今日では、あらゆる場所で、すべての人の生活を向上させている、と。

ところが、この過程が二一世紀にも繰り返されると期待するのは考えが甘過ぎるかもしれない。それには二つの重要な理由がある。第一に、医学は途方もない概念的大変革を経験している。二〇世紀の医学は、病人を治すことを目指していた。だが、二一世紀の医学は、健康な人をアップグレードすることに、しだいに狙いを定めつつある。病人を治すのは平等主義の事業だった。誰もが享受でき、また享受するべき心身の健康の標準的な基準があることを前提にしていたからだ。もし誰かがその基準を下回ったら、その問題を解決し、その人を「他の誰とも同じ」になるのを助けるのが医師の仕事だった。それに対して、健康な人をアップグレードするのはエリート主義の事業だ。万人に当てはまる普遍的基準という考えを退け、一部の人を他の人よりも優位に立たせようとするからだ。人々は卓越した記憶力や、平均以上の知能、最高級の性的能力を望む。もしあるアップグレードがとても安価で一般的になり、誰もがそれを享受し始めたら、それはたんに、新たな基本水準と見なされ、次世代の処置は、それを上回ろうとするだろう。

したがって、二〇七〇年には、貧しい人々は今日よりもはるかに優れた医療を受けられるだろうが、それでも、彼らと豊かな人々との隔たりはずっと拡がることになる。人はたいてい、不運な祖先とではなく、もっと幸運な同時代人と自分を比較する。デトロイトのスラムの貧しいアメリカ人に、あなたは一世紀前の曽祖父母よりもはるかに優れた医療を受けられると言ったところで、その人の慰めにはなりそうにない。それどころか、恐ろしく独善的で相手を見下した物言いに聞こえるのではないか。「なんで自分を一九世紀の工場労働者や農民と比べなくてはいけないのか？」と、その人はやり返すだろう。「私はテレビに出てくる金持ちのような暮らしがしたい。少なくとも、裕福な郊外の連中のような暮らしが」。同様に、二〇七〇年に下層階級の人に、あなた方は二〇一七年よりも良い医療を受けていると言っても、それは彼らにとって、じつに冷淡な慰めでしかないかもしれない。なぜなら彼らは、世界を支配する、アップグレードされた超人と自分を比べているだろうから。

そのうえ、どれだけ医学上の飛躍的発展があっても、二〇七〇年に貧しい人々が今日よりも良い医療を享受できるかどうか、絶対的な確信は持てない。国家もエリート層も、貧しい人に医療を提供することに関心を失っているかもしれないからだ。二〇世紀に医学が一般大衆のためになったのは、二〇世紀が大衆の時代だったからだ。二〇世紀の軍隊は何百万もの健康な兵士を必要とし、経済は何百万もの健康な労働者を必要とした。そのため、国家は公衆衛生サービスを創設し、万人の健康と活力を確保した。医学上の最大の偉業は、大衆保健施設の設立と、集団予防接種活動と、集団感染の根絶だった。一九一四年に日本のエリート層が、貧しい人々に予防接種をしたり、貧民街に病院と下水設備を建設したりすることに熱心だったのは、日本を強力な軍隊と活発な経済を持つ大国にしたければ、何百万もの健康な兵士と労働者が必要だったからだ。

だが、大衆の時代は終わりを告げ、それとともに大衆医療の時代も幕を閉じるかもしれない。人間の兵士と労働者がアルゴリズムに道を譲るなか、少なくとも一部のエリート層は、次のように結論する可能性がある。無用な貧しい人々の健康水準を向上させること、あるいは、標準的な健康水準を維持することさえ、意味がない、一握りの超人たちを通常の水準を超えるところまでアップグレードすることに専心するほうが、はるかに賢明だ、と。

今日すでに、日本や韓国など、テクノロジーが進歩した国々では出生率が低下している。そこでは、減る一方の子供たちを幼少期から教育するために莫大な資金が投じられており、子供たちへの期待は高まる一方だ。インドやブラジルやナイジェリアのような巨大な開発途上国は、日本と競うことなど、どうして望みうるだろう？　これらの国々は長い列車のようなものだ。一等車のエリート層は、世界の最先進国と肩を並べる水準の医療と教育と収入を享受している。ところが、三等車にぎゅうぎゅう詰めにされた何億もの一般市民は、蔓延する病気と無知と貧困に相変わらず苦しんでいる。今後一〇〇年間に、インドやブラジルやナイジェリアのエリート層は何をしたがるだろう？　何億もの貧しい人々の問題を解決するために投資するだろうか？　それとも、数百万の豊かな人々をアップグレードするために投資するだろうか？　貧しい人々が軍事的にも経済的にも不可欠なので、彼らの問題を解決することがエリート層の関心事だった二〇世紀と違い、二一世紀には無用の三等車を置き去りにして、一等車だけで突き進むのが（冷酷ではあるものの）最も効率的な戦略となりうる。日本と競争するためには、ブラジルにとっては何百万もの平凡で健康な労働者よりも、一握りのアップグレードされた超人のほうが、はるかに必要性が高いかもしれない。

並外れた身体的能力や情緒的能力や知的能力を持った超人が出現したら、自由主義信仰はどうやって生き延びるのか？　そのような超人の経験が、典型的なサピエンスの経験と根本的に違うものになったら、何が起こるのか？　超人は、卑しいサピエンスの泥棒たちの経験を描いた小説に飽き飽きし、一方、平凡な人間は超人の恋愛を題材にしたメロドラマが理解できないとしたらどうなるのか？

飢饉と疫病と戦争の克服という、二〇世紀の人類の壮大なプロジェクトは、誰にも例外なく豊かさと健康と平和を与えるという、普遍的な規範を守ることを目指した。不死と至福と神性を獲得するという二一世紀の新しいプロジェクトも、全人類に尽くすことを願っている。ところが、これらのプロジェクトは通常の水準を維持するのではなく凌ぐことを目指しているため、新しい超人のカーストを生み出し、そのカーストは自由主義に根差す過去を捨て、典型的な人間を、一九世紀のヨーロッパ人がアフリカ人を扱ったのと同じように扱う可能性がある。

もし科学的な発見とテクノロジーの発展が人類を、大量の無用な人間と少数のアップグレードされた超人エリート層に分割したなら、あるいは、もし権限が人間から知能の高いアルゴリズムの手にそっくり移ったなら、そのときには自由主義は崩壊する。そうなったとき、そこに生じる空白を埋め、神のような私たちの子孫の、その後の進化を導いていくのは、どんな新しい宗教あるいはイデオロギーなのだろう？

第10章 意識の大海

その新しい宗教は、アフガニスタンの洞窟や中東のマドラサ〔イスラムの諸学を学ぶための高等教育機関〕からは現れ出てきそうにない。むしろ、さまざまな研究所から出現しそうだ。社会主義が蒸気と電気を通しての救済を約束して世界を席巻したのとちょうど同じように、今後の数十年間に、新しいテクノ宗教がアルゴリズムと遺伝子を通しての救済を約束して世界を征服するかもしれない。

イスラム過激派やキリスト教原理主義がしきりに話題にされているのとは裏腹に、宗教的な視点に立つと、世界で最も興味深い場所は、イスラミックステートでも聖書地帯《バイブルベルト》〔アメリカ南部・中西部の、キリスト教原理主義が盛んな地域〕でもなくシリコンヴァレーだ。そこではハイテクの権威たちが、神とはおよそ無縁でテクノロジーがすべてである素晴らしき新宗教を私たちのために生み出しつつある。彼らも昔ながらの目的、すなわち幸福や平和や繁栄、さらには永遠の命さえ約束するが、それは天上の存在の助けを借りて死後に実現するのではなく、テクノロジーの助けを借りてこの地上で実現するという。

こうした新しいテクノ宗教は、テクノ人間至上主義とデータ教という、二つの主要なタイプに分けられる。データ教によると、人間はこの世界における自分の任務を完了したので、まったく新しい種類の存在に松明《たいまつ》を手渡すべきだという。データ教の夢と悪夢については、次章で論じることにする。本章では、もっと保守的な宗教であるテクノ人間至上主義をもっぱら取り上げる。この宗教は依然として、人間を森羅万象の頂点と見なし、人間至上主義の伝統的な価値観の多くに固執する。テクノ人間至上主義は、私たちが知っているようなホモ・サピエンスはすでに歴史的役割を終え、将来はもう重要ではなくなるという考え方には同意するが、だからこそ私たちは、はるかに優れた人間モデルであるホモ・デウスを生み出すために、テクノロジーを使うべきだと結論する。ホモ・デウスは人間の本質的な特徴の一部を持ち続けるものの、意識を持たない最も高性能のアルゴリズムに対してさえ引けを取らずに済むような、アップグレードされた心身の能力も享受する。知能が意識から分離しつつあり、意識を持たない知能が急速に発達しているので、人間は、後れを取りたくなければ、自分の頭脳を積極的にアップグレードしなくてはならない。

七万年前、認知革命が起こってサピエンスの心が一変し、そのおかげで取るに足りないアフリカの霊長類の一つが世界の支配者となった。進歩したサピエンスの心は、広大な共同主観的領域へのアクセスを突如手に入れた。そのおかげで、サピエンスは神々や企業を生み出し、都市や帝国を建設し、書字や貨幣を発明し、ついには原子を分裂させ、月に到達することができた。私たちの知るかぎりでは、驚天動地のこの革命は、サピエンスのＤＮＡにおけるいくつかの小さな変化と、サピエンスの脳のほんのわずかな配線変更から生じた。だとすれば、私たちのゲノムにさらにいくつか変更を加え、脳の配線をもう一度変えるだけで、第二の認知革命を引き起こせるかもしれない、とテクノ人間至上主義は言う。最初の認知革命による心の刷新で、ホモ・サピエンスは共同主観的な領域へのアクセスを得て、地球の支配者になった。第二の認知革命では、ホモ・デウスは想像もつかないような新領域へのアクセスを獲得し、銀河系の主になるかもしれない。

この考えは、進化論的な人間至上主義が抱いていた古い夢の、アップデート版の一変種だ。なぜなら、進化論的な人間至上主義はすでに一世紀前、超人の創造を提唱していたからだ。ところが、ヒトラーやその同類が選抜育種や民族浄化によって超人を創造することをもくろんだのに対して、二一世紀のテクノ人間至上主義は、遺伝子工学やナノテクノロジーやブレイン・コンピューター・インターフェイスの助けを借りて、もっとずっと平和的にその目標を達成することを望んでいる。

心のスペクトル

テクノ人間至上主義は、人間の心をアップグレードし、未知の経験や馴染みのない意識の状態へのアクセスを私たちに与えようとする。とはいえ、人間の心を改造するというのは、すこぶる複雑で危険な企てだ。第3章で論じたように、私たちは心というものを本当に理解してはいない。心がどのように現れるのかも、どのような機能を持っているのかもわかっていない。試行錯誤を通じて、さまざまな精神状態を生み出す方法を学んでいるが、そのような操作の影響の全貌が把握できることはめったにない。精神状態のスペクトル全体に通じているわけではないため、自分がどのような精神状態を目指すべきかわからないので、なお悪い。

私たちは、初めて船を発明し、地図も、目的地さえもないまま出帆する、小さな離れ小島の住人のようなものだ。いや、それよりもいくぶん苦しい立場にある。私たちが想像している小島の住人は少なくとも、自分が、広大で神秘に満ちた海に浮かぶ、ほんのちっぽけな空間を占めているのにすぎないことを自覚している。一方私たちは、ひょっとしたら際限のない、異質の精神状態の大海に浮かぶ、ちっぽけな意識の島に暮らしていることを正しく認識できずにいる。

光と音のスペクトルが人間に見えたり聞こえたりするものよりもはるかに幅広いの

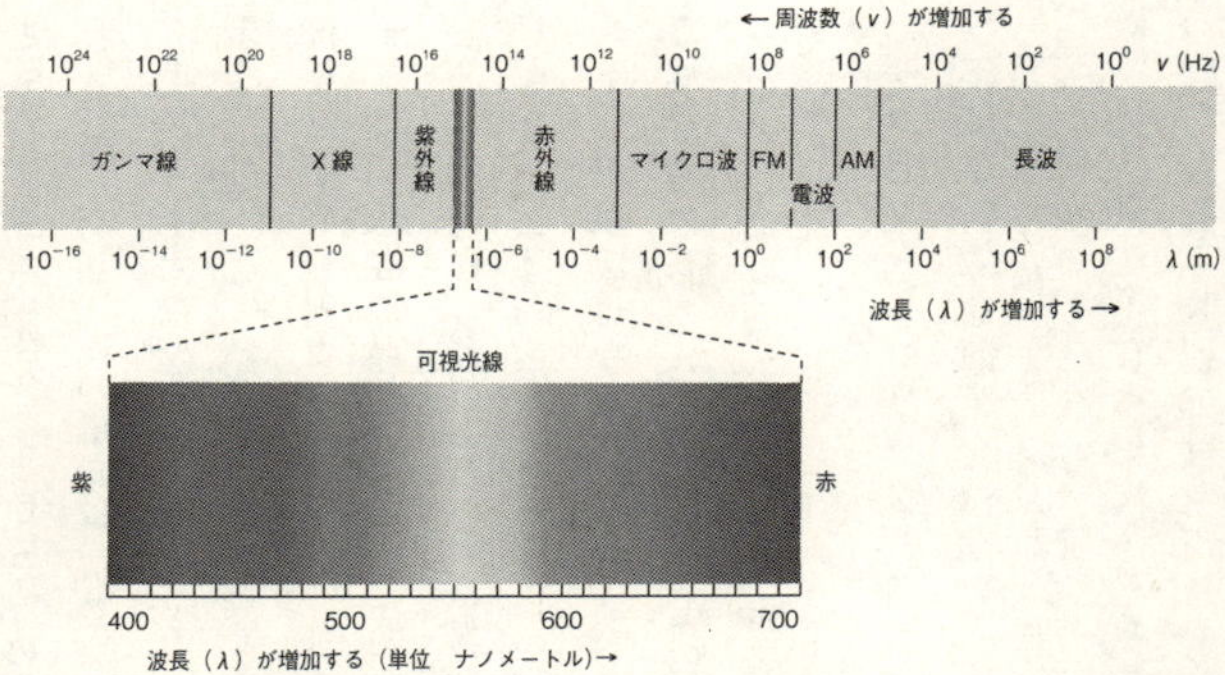

図46　人間には電磁スペクトルのほんの一部しか見えない。このスペクトル全体は、可視光線のスペクトルのおよそ10兆倍の幅がある。精神状態のスペクトルもそれと同じぐらい広大なのだろうか？

とちょうど同じで、精神状態のスペクトルも、平均的な人間が知覚できるものよりもはるかに大きい。私たちには、波長が四〇〇～七〇〇ナノメートル〔一ナノメートルは一〇億分の一メートル〕の光しか見えない。この人間の視覚の狭い領域の外側には、赤外線、マイクロ波、電波といった、もっと波長の長い、目には見えないものの広大な領域と、紫外線、X線、ガンマ線といった、もっと波長の短い暗黒の領域が広がっている。同様に、存在しうる精神状態のスペクトルは無限かもしれないが、科学はこれまでそのうち二つの小さな部分しか研究してこなかった。標準未満とWEIRD〔「西洋の、高等教育を受けた、工業化された、裕福で、民主的な」という意味の英語の語句、「Western, educated, industrialised, rich and democratic」の頭文字を取った造語。ちなみに、小文字で綴った「weird」という単語があり、この単語は、「変な」「奇妙な」「気味の悪い」といった意味を持つ〕だ。

心理学者と生物学者は一世紀以上にわたって、自閉症から統合失調症まで、さまざまな精神障害や精神疾患を抱えた人を広範に研究してきた。その結果、私たちは今日、標準未満の精神スペクトル、すなわち、感じたり、考えたり、意思を疎通させたりする能力が通常の水準に達していない状態の範囲の、不完全ながら詳しい地図を持っている。同時に、科学者たちは健康で標準的と考えられている人々の精神状態も研究してきた。とはいえ、人間の心や経験に関する科学研究の大半は、WEIRD社会の人々を対象に行なわれてきており、彼らはけっして人類を代表するサンプルではない。これまでのところ、人間の心の研究は、ホモ・サピエンスはホーマー・シンプソン〔アニメ「シンプソンズ」に登場するアメリカの中産階級の男性〕であるという前提に立っている。

ジョゼフ・ヘンリックとスティーヴン・J・ハインとアラ・ノレンザヤンは二〇一〇年に革新的な研究を行ない、心理学の六つの異なる下位分野の主要な科学雑誌に二〇〇三年から二〇〇七年にかけて掲載された論文をすべて体系的に調査した。すると、論文は人間の心について一般的な主張をしていることが多かったのに、その大半はもっぱらWEIRDのサンプルから得た結果に基づいていることがわかった。サンプルとなった人の九六パーセントがWEIRDで、六八パーセントがアメリカ人だった。また、社会心理学という下位分野で最も重要な雑誌と言っていい、「ジャーナル・オブ・パーソナリティ・アンド・ソーシャル・サイコロジー」誌に掲載された論文では、アメリカ人の研究参加者の六七パーセント、アメリカ人以外の研究参加者の八〇パーセントが、心理学を学んでいる学生だった！　言い換えれば、この権威ある雑誌に掲載された論文の個人サンプルの三分の二以上が、西洋の大学で心理学を学ぶ学生だったのだ。ヘンリックとハインとノレンザヤンは、この雑誌は名前を「ジャーナル・オブ・パーソナリティ・アンド・ソーシャル・サイコロジー・オブ・アメリカン・アンダーグラデュエイト・サイコロジー・スチューデンツ」に変えてはどうかと、冗談半分で提案している(1)。

心理学を学ぶ学生が多くの研究に登場するのは、彼らを教える教授たちに、実験に参加することを強いられているからだ。もし私がハーヴァード大学の心理学教授なら、犯罪が多発するボストンのスラムの住人よりも、自分の学生たちを対象に実験を行なうほうがずっと簡単だ。はるばるナミビアまで出向いて、カラハリ砂漠の狩猟採集民に協力してもらうより楽なのは言うまでもない。ところが、ボストンのスラム街の住人やカラハリ砂漠の狩猟採集民はおそらく、ハーヴァードで心理学を学ぶ学生に長い質問表に答えさせたり、頭をｆＭＲＩスキャナーに突っ込ませたりするだけではけっして発見できない精神状態を経験しているだろう。

たとえ世界中に出かけていって、あらゆるコミュニティを一つ残らず研究したとしても、依然としてサピエンスの精神状態のスペクトルのごく一部を調べたことにしかならない。今日、全人類が現代の影響を受けており、単一の「地球村」に属している。カラハリ砂漠の狩猟採集民はハーヴァードで心理学を学ぶ学生ほど現代的ではないにしても、遠い昔から伝わるタイムカプセルの中で生きているわけではない。彼らもまた、キリスト教の宣教師やヨーロッパの商人、裕福なエコツーリスト、探求心旺盛な研究者たちに影響されてきた（カラハリ砂漠では、典型的な狩猟採集民の生活集団は、狩猟者二〇人、採集者二〇人、人類学者五〇人から成るというジョークがあるほどだ）。

地球村の出現以前、この惑星は孤立した無数の人間文化から成る銀河のようなものだった。そしてそこでは、今や消えてなくなったさまざまな精神状態が育まれていたかもしれない。社会経済的な現実や日々の決まり切った手順が違えば、違う意識の状態が育つ。旧石器時代のマンモス・ハンターや新石器時代の農耕民や鎌倉時代の武士の心を推測できる人がいるだろうか？　しかも、近代以前の多くの文化では、意識にはより優れた状態が存在する、その状態へは瞑想や薬物や儀式を通して到達できる、と信じられていた。シャーマンや僧侶や行者は、謎めいた心の世界を体系的に探検し、思わず息を呑むような物語を山のように持ち帰った。彼らは、至高の静穏や極度の鋭敏さや比類のない感受性といったものを伴う、馴染みのない状態について述べた。また、心が無限に拡がったり、消滅して無に帰したりする様子を語った。

人間至上主義の革命が起こると、近代の西洋文化は卓越した精神状態に対する信心や関心を失い、平均的な人間の平凡な経験を神聖視するようになった。したがって、近代以降の西洋文化は、尋常ではない精神状態を経験することを求める特別な階級の人々を欠いているという点で、類がない。この文化では、そのような経験を得ようと試みる人は薬物の常用者か、精神疾患の患者か、ペテン師だと見なされる。そのため、ハーヴァードで心理学を学ぶ学生の精神世界を記した詳細な地図はあるものの、アメリカ先住民のシャーマンや仏教の僧侶やイスラム教神秘主義者の精神世界については、わかっていることがずっと少ない(2)。

しかも、これはサピエンスの心についてのことでしかない。五万年前、私たちはこの惑星を近縁のネアンデルタール人と共有していた。彼らはロケットを発射したり、ピラミッドを建設したり、帝国を打ち立てたりはしなかった。彼らはまったく異なる心的能力を持っており、私たちの持つ才能の多くを欠いていたことは明らかだ。それでも、私たちサピエンスよりも大きな脳を持っていた。それほど多くのニューロンを使って、彼らはいったい何をしていたのか？　皆目見当がつかない。だが、サピエンスが一度として経験したことのないような精神状態をいくつも持っていたことだろう。

とはいえ、かつて存在していた全人類種を考慮に入れたとしてもなお、精神状態のスペクトルを網羅するには程遠い。おそらく他の動物たちも、人間にはとても想像できないような経験をしているはずだ。たとえばコウモリは、反響定位によってこの世界を経験する。人間の可聴域をはるかに超えた高周波の声を、超高速で立て続けに発する。それから戻ってくる反響音を感知して解釈し、世界の心象を作る。その心象は非常に詳細で正確なので、コウモリは木々や建物の間を素早く飛び回り、蛾や蚊を追って捕まえ、しかもその間ずっと、フクロウなどの捕食者はかわし続けることができる。

コウモリは反響の世界に暮らしている。人間の世界ではすべての物に特徴的な形と色があるのと同じで、コウモリの世界ではすべての物に独自の反響パターンがある。コウモリは、美味しい蛾の種と毒を持った蛾の種を、繊細な羽に反射して戻ってくる反響の違いで区別できる。餌にされる蛾のうちには、有毒な種のものに似た反響パターンを進化させて身を守ろうとする種もある。コウモリのレーダーが発する音波の向きを逸らすという、なおさら驚くべき能力を進化させた種もあり、彼らはステルス爆撃機のように、コウモリに所在を知られずに飛び回れる。反響定位の世界は、私たちにお馴染みの音と光景の世界と同じぐらい複雑で波乱に満ちているが、私たちはその存在にまったく気づいていない。

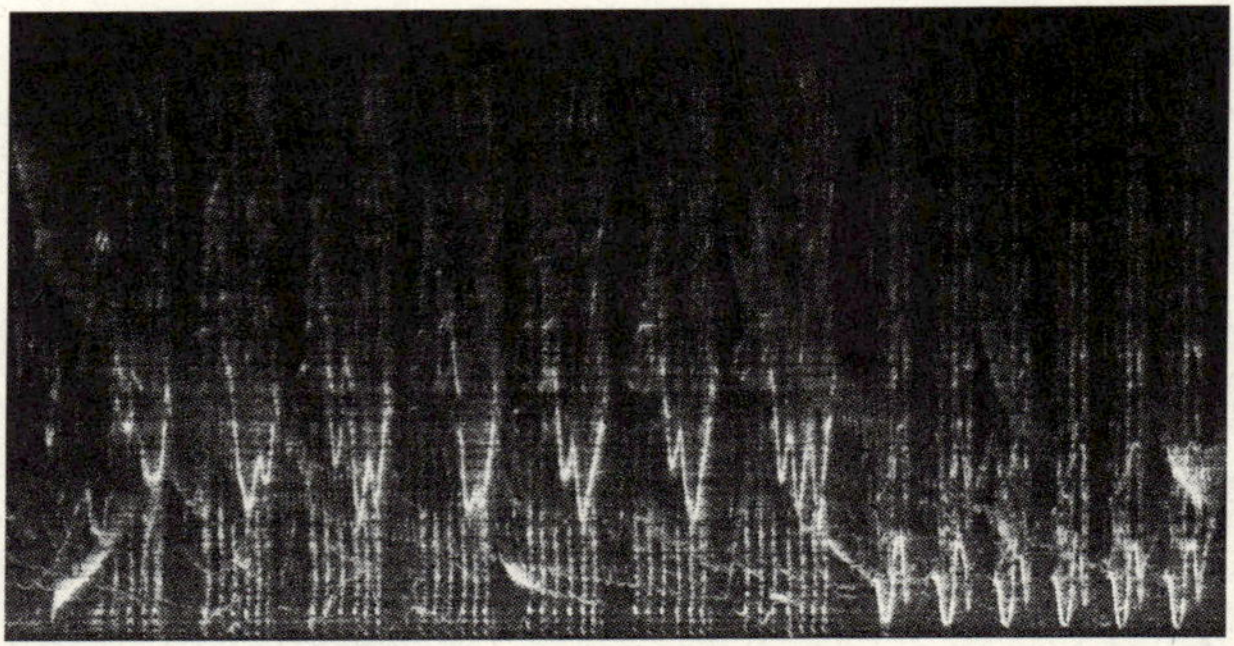

図47　ホッキョククジラの歌の音響スペクトログラム。クジラはこの歌をどのように経験するのだろうか？　ボイジャーのレコード盤には、ベートーヴェンやバッハやチャック・ベリーの作品に加えて、クジラの歌も録音されている。それが名曲であることを願うばかりだ。

心の哲学に関するきわめて重要な論文の一つには、「コウモリであるとはどのようなことか」という題がついている[3]。哲学者のトマス・ネーゲルは、この一九七四年の論文で、サピエンスの心にはコウモリの主観的な世界が推測できないことを指摘している。私たちはコウモリの体や反響定位のシステムやニューロンについていくらでもアルゴリズムが書けるが、そうしたところで、コウモリであるとはどういう感じなのかはわからない。羽ばたいている蛾を反響定位したら、どう感じられるのか？　目にするのと似ているのか？　それとも、完全に違う感じがするのか？

チョウを反響定位するのがどんな感じかをサピエンスに説明しようとするのは、

目の見えないモグラにカラヴァッジョの作品を目にするのがどういう感じかを説明するのと同じで、おそらく意味がない。コウモリの情動も、反響定位の感覚の重要性に強く影響されているだろう。サピエンスは愛情を赤と、嫉妬を緑と、憂鬱を青と結びつける〔英語では、感情と色の間にこのような結びつきがある〕。子供たちに対するメスのコウモリの愛や、競争相手に対するオスのコウモリの気持ちに、反響定位がどんな彩りを添えるか、知れたものではない。

もちろん、コウモリが特別なわけではない。コウモリは考えうる無数の例の一つにすぎない。サピエンスは、コウモリであるとはどのようなことかを理解できないのとちょうど同じように、クジラやトラやペリカンであるとはどんな感じかも理解するのに苦労する。何かの感じがするには違いないが、それがどのような感じなのかは、私たちにはわからない。クジラも人間も、辺縁系と呼ばれる脳の部位で情動を処理するが、クジラの辺縁系には、人間の辺縁系には欠けている部分が、そっくり一つついている。ひょっとしたらその部分のおかげで、クジラは私たちには馴染みのない、極端に深くて複雑な情動を経験できるのかもしれない。また、クジラはバッハやモーツァルトでさえ把握できない驚嘆するべき音楽的経験もしているのかもしれない。クジラは何百キロメートルも離れていても互いの声を聞くことができ、それぞれが特徴的な「歌」のレパートリーを持っており、そうした歌は何時間も続き、とても込み入った

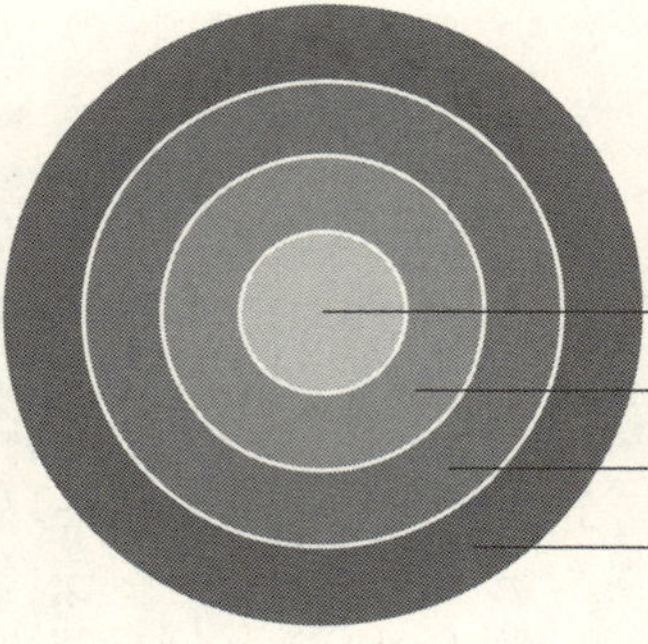

図48　意識のスペクトル。

パターンをたどることがある。ときおり誰かが新しいヒット曲を作曲すると、その海域の他のクジラたちがそれを採用する。科学者はそうしたヒット曲を日頃から記録し、コンピューターの助けを借りて分析しているが、これらの音楽的経験を推測し、クジラ版のベートーヴェンとクジラ版のジャスティン・ビーバーを区別できる人間がいるだろうか?[4]

私たちはこうした例のどれにも驚くべきではない。サピエンスが世界を支配しているのは、私たちが他の動物たちよりも深遠な情動を持っていたり、複雑な音楽的経験をしていたりするからではない。だから、情動と経験の分野の少なくとも一部では、私たちはクジラやコウモリ、トラ、ペリカンに劣っているかもしれないのだ。

人間やコウモリ、クジラ、その他あらゆる動物の精神状態のスペクトルの外には、さらに広

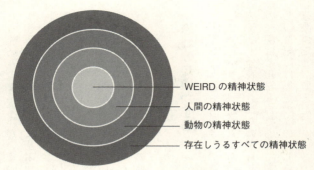

大で馴染みのない大陸がいくつも待ち受けているかもしれない。サピエンスもコウモリも恐竜も、四〇億年に及ぶ地球上の進化史の中で一度も経験したことのない、果てしなく多様な精神状態が、おそらく存在するだろう。なぜなら、私たちにはそれに必要な器官がないからだ。ところが将来は、強力な薬物や遺伝子工学、電子ヘルメット、直接的なブレイン・コンピューター・インターフェイスが、そうした大陸への航路を切り拓いてくれるかもしれない。コロンブスやマゼランが新しい島々や未知の大陸を探検するために水平線の彼方へと航海していったのとちょうど同じように、私たちもいつの日か、心という惑星の反対側へ向かって大海へ乗り出すかもしれない。

恐れの匂いがする

医師や技術者や消費者が、精神疾患の治療とWEIRD社会での生活の享受に専念しているかぎり、標準未満の精神状態とWEIRDの心を研究していれば、私たちの必要は十分満たされたのかもしれない。標準的な人を対象とする心理学は、標準からの逸脱はどんなものであっても不当な扱いをする、としばしば非難されるとはいえ、二〇世紀には無数の人の苦しみを取り除き、何百万もの人の人生を救い、彼らの正気を保つことができた。

ところが三〇〇〇年紀の幕開きの今、自由主義的な人間至上主義がテクノ人間至上主義に道を譲り、医学が病人の治療よりも健康な人のアップグレードにしだいに的を絞っていくなか、私たちは完全に異なる種類の課題に直面している。医師や技術者や消費者はもう、ただ精神的な問題を解決したがっているだけではなく、今や、心をアップグレードしようとしているのだ。私たちは、新しい意識の状態を作り出す作業に着手する技術的能力を獲得しつつあるが、そのような潜在的な新領域の地図はない。馴染みがあるのは主にＷＥＩＲＤの人々の標準的な精神状態や標準未満の精神状態のスペクトルなので、どんな目的地を目指せばいいのかすらわからない。

だから驚くまでもないのだが、ポジティブ心理学がこの学問領域で流行の下位分野になった。一九九〇年代に、マーティン・セリグマンやエド・ディーナーやミハイ・チクセントミハイといった一流の専門家は、心理学は精神疾患ばかりでなく、精神の持つ強みも研究するべきだと主張した。病んだ心の著しく詳細な地図帳はあるのに、順調に機能している心の科学的な地図がないとは、いったいどうしたことか？　過去二〇年間、ポジティブ心理学は標準を超える精神状態の研究で、重要な最初の数歩を踏み出したが、二〇一六年の時点で、超標準の領域は、科学にとっておおむね人跡未踏の地のままだ。

そのような状況下で、私たちはまったく地図を持たずに突き進み、現在の経済や政治の制度が必要とする心的能力をアップグレードすることに的を絞り、他の能力は無視したり、ダウングレードしたりさえするかもしれない。もちろん、これは完全に新しい現象ではない。過去何千年にもわたって、そのときどきの支配的な体制は、自らの必要性に応じて私たちの心を形作ったり、作り変えたりしてきた。サピエンスはもともと、小さく親密なコミュニティの成員として進化し、その心的能力は巨大な機械の中の歯車として暮らすことに適応していなかった。ところが、都市や王国や帝国の隆盛とともに、支配的な体制は、大規模な協力に必要とされる能力を培う一方、他の能力や技能はなおざりにした。

たとえば、太古の人間はおそらく、嗅覚を幅広く使っただろう。狩猟採集民は遠く離れた所から、さまざまな動物種や、さまざまな人間、さらにはさまざまな情動の違いさえ嗅ぎ分けられる。一例を挙げよう。恐れは勇気とは違う匂いがする。人は恐れていると、勇気に満ちているときとは違う化学物質を分泌する。近隣の人々に対して戦争を始めるかどうかを議論している太古の生活集団の中に座っていたら、文字どおり世論を嗅ぎ取れただろう。

サピエンスがしだいに大きな集団を組織するようになると、鼻は社会的重要性の大半を失った。鼻が役に立つのは、少数の個人を相手にしているときだけだからだ。たとえば、中国に対するアメリカの恐れを嗅ぎ取ることはできない。したがって、人間の嗅覚の力は軽んじられた。何万年も前にはおそらく匂いに対処していた脳の領域は、読書や数学や抽象的な推論といったより切迫した課題に取り組むように振り向けられた。社会を支配するシステムは、私たちのニューロンが隣人たちの匂いを嗅ぐより、微分方程式を解くことを好んだのだ。(5)

同じことが私たちの他の感覚器官や、感覚に注意を向ける基本的な能力にも起こった。古代の狩猟採集民は、つねに油断なく気を配っており、注意深かった。キノコを探して森を歩き回っているときには、風に漂う匂いを慎重に嗅ぎ、地面を熱心に眺めた。キノコが見つかると、細心の注意を払って食べた。味の微妙な差異を一つひとつ感じた。そうした違いによって、食べられるキノコと毒キノコとを区別できるからだ。今日の豊かな社会の人々には、そこまで鋭敏な自覚は必要ない。スーパーマーケットに行って、保健当局がすべて監督している無数の食品のどれでも買うことができる。だが、イタリアのピザであれ、タイの麺であれ、何を選ぼうと、味にろくに注意を払わず、テレビの前でせかせかと食べることだろう(だから食品製造業者は新しい刺激的な味を絶えず生み出しているのだ。私たちの無関心の帳《とばり》をなんとか貫けるように)。同様に、優れた交通機関のおかげで、私たちは町の反対側に住む友人と簡単に会える。だが、いっしょにいるときにさえ、この友人に注意をすべて向けることはない。おそらくどこか別の所で、もっとずっと面白いことが起こっているものとばかり思っているので、絶えずスマートフォンやフェイスブックのアカウントをチェックしている からだ。現代の人間は、FOMO（見逃したり取り残されたりすることへの恐れ）に取り憑かれており、かつてないほど多くの選択肢があるというのに、何を選んでもそれに本当に注意を向ける能力を失ってしまった(6)。

私たちは匂いを嗅ぐ能力や注意を払う能力に加えて、夢を見る能力も失ってきている。多くの文化では、夢の中で見たりしたりすることは、目覚めているときに見たりしたりすることに劣らず重要だと信じられていた。だから人々は、夢を見たり、夢を覚えていたりする能力や、さらには、夢の世界での自分の行動を制御したりする（そういう夢を「明晰夢《めいせきむ》」という）能力まで、積極的に育んできた。明晰夢の達人たちは、夢の世界を思いのままに動き回ることができ、高次の存在の次元まで行ったり、異界からの訪問者に会ったりすることさえ可能だと主張した。それに対して現代の世界では、夢はよくても潜在意識のメッセージ、悪くすれば心のゴミとして退けられる。その結果、夢が私たちの人生で果たす役割ははるかに小さく、夢を見る技能を積極的に伸ばす人はほとんどおらず、多くの人はまったく夢を見ない、あるいは一つも夢を思い出せない、と言い切る(7)。

匂いを嗅いだり、注意を払ったり、夢を見たりする能力が衰えたせいで、私たちの人生は貧しく味気ないものになったのだろうか？　そうかもしれない。だが、たとえそうだとしても、経済と政治の制度にとっては、十分価値があった。職場の上司は部下には、花の匂いを嗅いだり、妖精の夢を見たりしているよりも、メールを絶えずチェックしていてほしいものだ。似たような理由から、人間の心に対する将来のアップグレードは、政治的な必要性と市場の力を反映する可能性が高い。

たとえば、注意力を高めるアメリカ陸軍のヘルメットは、兵士が明確に規定された任務に集中し、意思決定の過程を迅速化するのを助けることが狙いだ。とはいえそのヘルメットは、共感を示したり、疑いや内面的な葛藤に耐えたりする能力を弱めるかもしれない。人間至上主義の心理学者たちは、苦悩している人は急場凌ぎの解決策は望まず、自分の恐れや不安に耳を傾けて同情してくれる人を求めることを指摘している。あなたが職場でずっと苦境に立たされているとしよう。新しい上司があなたの見方を認めてくれず、何でも自分の思いどおりにさせないと気が済まないからだ。ひときわ惨めな一日を過ごした後、あなたは友人に電話する。だが、彼はあなたのために割ける時間も元気もほとんどなく、あなたの話を遮り、問題を解決しようとする。「そうなのか。わかった。だったら、道は二つしかないね。仕事を辞めるか、踏みとどまって、上司の言うとおりにするかのどっちか。僕だったら、辞めるだろうな」。これでは、ほとんど助けにならない。本当の友人ならもっと辛抱強く、慌てて解決策を見つけようとはしないはずだ。あなたの悩みに耳を傾け、あなたの中でせめぎ合う感情や、心を苦しめる不安が浮かび上がってくるのを、じっくり待ってくれる。

注意力を高めるヘルメットは、せっかちな友人のような働きをする。もちろん、たとえば戦場でのように、断固たる決定を迅速に下さなくてはならない場合もある。だが、人生にはそれ以上のものがある。注意力を高めるヘルメットをますます多くの状況で使い始めたら、私たちは混乱や疑いや矛盾に耐える能力を失う羽目になるかもしれない。匂いを嗅いだり、夢を見たり、注意を払ったりする能力を失ったのとちょうど同じように。社会を支配するシステムは私たちをその方向へと押しやる可能性がある。システムはたいてい、私たちが抱く疑いよりも下す決断に報いるからだ。とはいえ、断固とした決定や急場凌ぎの解決策ばかりの人生は、疑いや矛盾に満ちた人生よりも不毛で浅薄かもしれない。

心を生み出す実際的な能力が、精神状態のスペクトルに関する私たちの無知や、政府と軍隊と企業の狭い関心と組み合わさると、災難の処方箋ができ上がる。私たちは首尾良く体や脳をアップグレードできるかもしれないが、その過程で心を失いかねない。けっきょく、テクノ人間至上主義は人間をダウングレードすることになるかもしれない。社会を支配するシステムがダウングレードされた人間を好む可能性があるのは、そういう人間が超人的な才覚を持つからではなく、システムの邪魔をして物事の進行を遅らせる、本当に厄介な人間の特性の一部を欠くことになるからだろう。農民なら誰もが知っているとおり、人をいちばんてこずらせるのは、たいてい群れの最も賢いヤギで、だから農業革命には動物の心的能力をダウングレードするという側面があったのだ。テクノ人間至上主義者が思いつくような第二の認知革命は、私たちに対して同じことをし、これまでよりもはるかに効果的にデータをやり取りして処理できるものの、注意を払ったり夢を見たり疑ったりすることがほとんどできない人間を生み出す恐れがある。私たちは何百万年にもわたって、能力を強化されたチンパンジーだった。だが将来は、特大のアリになるかもしれない。

宇宙がぶら下がっている釘

テクノ人間至上主義は、さらに別の恐ろしい脅威に直面している。人間至上主義のあらゆる宗派と同じで、テクノ人間至上主義も人間の意志を神聖視し、それを全宇宙がぶら下がっている釘と見なしている。テクノ人間至上主義は、私たちの欲望がどの心的能力を伸ばすかを選び、それによって未来の心の形態を決めることを見込んでいる。とはいえ、テクノロジーの進歩のおかげで、まさにその欲望を作り変えたり生み出したりできるようになったら、何が起こるのか？

人間至上主義はつねに、自分の本物の意志を突き止めるのは簡単ではないことを強調していた。私たちは、自分自身に耳を傾けようとすると、相容れないさまざまな雑音の不協和音の洪水に呑まれてしまうことが多い。実際、自分の本物の声をあまり聞きたいとは思わないこともある。なぜなら、その声に耳を傾ければ、ありがたくない秘密が明るみに出たり、不愉快な要求を突きつけられたりしかねないからだ。多くの人が自分をあまり深く探らないように、心を砕いている。仕事がうまく行き、出世街道をひた走っている弁護士は、一休みして子供を産むように言う内なる声を抑え込むかもしれない。不満だらけの結婚生活にはまり込んだ女性は、その生活が提供する経済的な安心感を失うのを恐れる。罪の意識に苛まれる兵士は、自分が犯した残虐な行為の悪夢につきまとわれる。自分の性的指向に確信が持てない若い男性は、自分なりの「訊くな、語るな」政策を採用する。人間至上主義は、こうした状況のどれにも、明確な万能の解決策はないと考える。だが人間至上主義は、私たちが多少の度胸を見せて、たとえ怖いものであっても内なるメッセージに耳を傾け、自分の本物の声を突き止め、困難をものともせずにその指示に従うことを求める。

一方、テクノロジーの進歩には、それとはかけ離れた狙いがある。テクノロジーの進歩は、私たちの内なる声に耳を傾けたがらない。その声を制御することを望む。これらの声をすべて生み出している生化学系をいったん理解すれば、私たちはさまざまなスイッチをいじり、ここでボリュームを上げ、そこでは下げ、という具合に調節し、人生をはるかに楽で快適にできる。気が散った弁護士にはリタリン〔中枢神経を興奮させる向精神薬〕を、罪悪感を抱えた兵士にはプロザック〔抗うつ薬〕を、不満な妻にはシプラレックス〔抗うつ薬〕を与えるだろう。しかもそれは、ほんの序の口にすぎない。

人間至上主義者はこのアプローチにぞっとすることが多いが、慌てて是非の判断を下さないほうがいい。自分自身に耳を傾けるようにという人間至上主義の勧めは、多くの人の人生を破綻させてきたのに対して、適切な化学物質の適量の服用は、何百万もの人の幸福を増進し、人間関係を改善してきた。自分自身に本当に耳を傾けるためには、内なる悲鳴や酷評のボリュームをまず下げなければならない人もいる。現代の精神医学によれば、多くの「内なる声」や「本物の願望」は生化学的な不均衡と神経疾患の産物にほかならないという。臨床的うつ病の人は、将来有望なキャリアや健全な人間関係を繰り返し捨ててしまう。何らかの生化学的な不調のせいで、物事を暗い色の眼鏡を通して眺めてしまうからだ。そのような有害な内なる声に耳を傾ける代わりに、それらを黙らせてしまうのは、良い考えなのかもしれない。サリー・アディーは、注意力を高めるヘルメットを使って頭の中のさまざまな声を沈黙させたとき、射撃の名手になれただけでなく、普段よりはるかに強い自己肯定感も得られた。

私たちはそれぞれ個人的には、こうした問題について見方が異なるかもしれない。とはいえ、歴史的な視点に立てば、何か重大なことが起こっているのは明らかだ。汝自身に耳を傾けよ！という、人間至上主義の第一の戒律はもう、自明ではなくなった。私たちは内なる声のボリュームを上げ下げすることを学ぶと、本物の自己への信仰を捨てる。誰がスイッチを操作しているのか、もはや明白ではないからだ。自分の頭の中のうるさい雑音を消すのは、素晴らしいアイデアのように思える。ただし、それによってついに、自分の奥底にいる本物の自己の声が聞こえるのであれば。だが、本物の自己などというものがないのなら、どの声を黙らせ、どの声のボリュームを上げるかを、どうやって決めればいいのか？

話をわかりやすくするために、次のような筋書きを想像してほしい。数十年のうちに脳科学のおかげで私たちは多くの内なる声を簡単かつ正確に制御できるようになる。敬虔なモルモン教徒の一家の出身の若い同性愛の男性が、長年、自分の性的指向を隠してきた後で、ついにその指向を変える手術を受けられるだけのお金を貯める。彼は一〇万ドルを手に、クリニックに行く。モルモン教創始者のジョセフ・スミスに少しも劣らぬほど強い異性愛指向を抱くようになって帰ってこようと決意を固めて。クリニックのドアの前に立った彼は、医師に言うつもりの言葉を頭の中で繰り返す。「先生、ここに一〇万ドルあります。どうか、二度と男性を求めたくならないようにしてください」。それからベルを鳴らすと、ドアが開き、ジョージ・クルーニーばりの医師が立っている。「先生」と、その魅力にすっかり参ってしまった若者は言う。「ここに一〇万ドルあります。どうか、二度と異性愛者になりたくならないようにしてください」

この若い男性の本物の自己は、自分が経験した宗教的な洗脳に打ち勝ったのだろうか？　それとも、一時的な誘惑のせいで自分を裏切ったのだろうか？　はたまた、従ったり裏切ったりできるような本物の自己などというものは、まったく存在しないのだろうか？　自分の意志をデザインしたりデザインし直したりできるようになった日には、もう私たちはそれをあらゆる意味と権威の究極の源泉と見なすことはできないだろう。なぜなら、たとえ私たちの意志が何と言おうと、いつでも別のことを言わせられるからだ。

人間至上主義によれば、人間の欲望だけがこの世界に意味を持たせるという。とはいえ、もし自分の欲望を選べるとしたら、いったい何に基づいてそうした選択ができるのか？　仮に『ロミオとジュリエット』の冒頭で、誰と恋に落ちるかをロミオが決めなければならなかったとしよう。そして、それを決めた後も、いつでも心を変えて別の選択をすることができるとしよう。そうしたら、『ロミオとジュリエット』はどんな戯曲になっていただろう？　じつは、テクノロジーの進歩が私たちのために生み出そうとしているのは、まさにそのような戯曲なのだ。もし私たちが自分の欲望を厄介に感じることがあっても、テクノロジーはそこから救い出してくれることを約束する。全宇宙がぶら下がっている釘が、問題を孕んだ場所に打ち込まれているときには、テクノロジーはその釘を抜き取り、別の場所に打ち込んでくれるだろう。だが、いったいどこに？　もし私が宇宙のどこにでもその釘を打てるなら、どこに打つべきなのか？　そして、よりによって、なぜそこでなければならないのか？

人間至上主義のドラマは、人々が厄介な欲望を抱いたときに展開する。たとえば、モンタギュー家のロミオがキャピュレット家のジュリエットと恋に落ちたときは、はなはだ厄介なことになった。モンタギュー家とキャピュレット家は激しく敵対していたからだ。そのようなドラマのテクノロジーによる解決策は、私たちがけっして厄介な欲望を抱かないようにすることだ。ロミオやジュリエットが毒を飲む代わりに、不運な恋心を別の人に向け直すような薬を飲んだり、ヘルメットを被ったりできていたら、どれほどの痛みと悲しみが避けられたことか。

テクノ人間至上主義は、ここでどうしようもないジレンマに直面する。テクノ人間至上主義は、人間の意志がこの世界で最も重要なものだと考えているので、人類を促して、その意志を制御したりデザインし直したりできるテクノロジーを開発させようとする。つまるところ、この世で最も重要なものを思いのままにできるというのは、とても魅力的だから。ところが、万一そのように制御できるようになったら、テクノ人間至上主義には、その能力を使ってどうすればいいのかわからない。なぜならそのときには、神聖な人間もまた、ただのデザイナー製品になってしまうからだ。私たちは、人間の意志と人間の経験が権威と意味の至高の源泉であると信じているかぎり、そのようなテクノロジーにはけっして対処できないのだ。

したがって、より大胆なテクノ宗教は、人間至上主義の臍の緒《へそのお》をすぱっと切断しようとする。そういうテクノ宗教は、何であれ人間のような存在の欲望や経験を中心に回ったりはしない世界を予見している。あらゆる意味と権威の源泉として、欲望と経験に何が取って代わりうるのか？　二〇一六年の時点では、歴史の待合室でこの任務の採用面接を待っている候補が一つある。その候補とは、情報だ。最も興味深い新興宗教はデータ至上主義で、この宗教は神も人間も崇めることはなく、データを崇拝する。

第11章 データ教

データ至上主義では、森羅万象がデータの流れからできており、どんな現象やものの価値もデータ処理にどれだけ寄与するかで決まるとされている(1)。これは突飛で傍流の考え方だという印象を受けるかもしれないが、じつは科学界の主流をすでにおおむね席巻している。データ至上主義は科学における二つの大きな流れがぶつかり合って誕生した。チャールズ・ダーウィンが『種の起源』を出版して以来の一五〇年間に、生命科学では生き物を生化学的アルゴリズムと考えるようになった。それとともに、アラン・チューリングがチューリングマシンの発想を形にしてからの八〇年間に、コンピューター科学者はしだいに高性能の電子工学的アルゴリズムを設計できるようになった。データ至上主義はこれら二つをまとめ、まったく同じ数学的法則が生化学的アルゴリズムにも電子工学的アルゴリズムにも当てはまることを指摘する。データ至上主義はこうして、動物と機械を隔てる壁を取り払う。そして、ゆくゆくは電子工学的なアルゴリズムが生化学的なアルゴリズムを解読し、それを超える働きをすることを見込んでいる。

データ至上主義は、政治家や実業家や一般消費者に革新的なテクノロジーと計り知れない新しい力を提供する。学者や知識人にも、何世紀にもわたって私たちを寄せつけなかった科学の聖杯を与えることを約束する。その聖杯とは、音楽学から経済学、果ては生物学に至るまで、科学のあらゆる学問領域を統一する、単一の包括的な理論だ。データ至上主義によると、ベートーヴェンの交響曲第五番と株価バブルとインフルエンザウイルスは三つとも、同じ基本概念とツールを使って分析できるデータフローのパターンにすぎないという。この考え方はきわめて魅力的だ。すべての科学者に共通の言語を与え、学問上の亀裂に橋を架け、学問領域の境界を越えて見識を円滑に伝え広める。音楽学者と経済学者と細胞生物学者が、ようやく理解し合えるのだ。

その過程で、データ至上主義は従来の学習のピラミッドをひっくり返す。これまでは、データは長い一連の知的活動のほんの第一段階と見なされていた。人間はデータを洗練して情報にし、情報を洗練して知識に変え、知識を洗練して知恵に昇華させるべきだと考えられていた。ところがデータ至上主義者は、次のように見ている。もはや人間は厖大なデータの流れに対処できず、そのためデータを洗練して情報にすることができない。ましてや知識や知恵にすることなど望むべくもない。したがってデータ処理という作業は電子工学的アルゴリズムに任せるべきだ。このアルゴリズムの処理能力は、人間の脳の処理能力よりもはるかに優れているのだから。つまり事実上、データ至上主義者は人間の知識や知恵に懐疑的で、ビッグデータとコンピューターアルゴリズムに信頼を置きたがるということだ。

データ至上主義は、母体である二つの学問領域にしっかりと根差している。その領域とは、コンピューター科学と生物学だ。両者を比べると生物学がとりわけ重要だ。生物学がデータ至上主義を採用したからこそ、コンピューター科学における限定的な躍進が世界を揺るがす大変動になったのであり、それが生命の本質そのものを完全に変えてしまう可能性が生まれたのだ。生き物はアルゴリズムで、キリンもトマトも人間もたんに異なるデータ処理の方法にすぎないという考えに同意できない人もいるかもしれない。だが、これが現在の科学界の定説であり、それが私たちの世界を一変させつつあることは知っておくべきだ。

今日、個々の生き物だけではなく、ハチの巣やバクテリアのコロニー、森林、人間の都市など、さまざまな形の社会全体もデータ処理システムと見なされている。経済学者はしだいに、経済もまたデータ処理システムだと解釈するようになっている。経済は、小麦を栽培する農民や、衣服を製造する労働者、パンや肌着を買う消費者から成ると素人は考える。ところが専門家にしてみれば、経済とは欲望や能力についてのデータを集め、そのデータをもとに決定を下す仕組みなのだ。

この見方によれば、自由市場資本主義と国家統制下にある共産主義は、競合するイデオロギーでも倫理上の教義でも政治制度でもないことになる。本質的には、競合するデータ処理システムなのだ。資本主義が分散処理を利用するのに対して、共産主義は集中処理に依存する。資本主義は、すべての生産者と消費者を直接結びつけ、彼らに自由に情報を交換させたり、各自に決定を下させたりすることでデータを処理する。自由市場ではどのようにしてパンの価格を決めるのか？　じつのところ、どのベーカリーも好きなだけパンを作り、いくらでも高い値段をつけられる。消費者も同じく自由に、買えるだけのパンを買うこともできれば、他の店で買うこともできる。バゲット一本に一〇〇〇ドルの値をつけても違法ではないが、それでは買う人はいないだろう。

今度はずっと大きなスケールで考えよう。投資家はパンの需要増加を予測すると、遺伝子操作によって収穫量の多い小麦の品種を作り出すバイオテクノロジー企業の株を買うだろう。すると、そうした企業に資金が流れ込み、研究が加速し、小麦が前より多く、速く供給され、パン不足が回避できる。たとえバイオテクノロジーの大手一社が間違った理論を採用して行き詰まったとしても、おそらく競争相手のなかにはもっとうまくやる企業もあり、期待どおりの大躍進を遂げるだろう。このように、自由市場資本主義では、データ分析と意思決定の作業が、独立してはいても互いにつながっている多くの処理者に分散している。オーストリアの経済学の大家フリードリヒ・ハイエクはこれを次のように説明している。「当該の事実に関する知識が多くの人の間に分散しているシステムでは、価格はさまざまな人の別個の行動を調整する働きをなしうる」(2)

この見方によれば、株式取引はこれまでに人間が創り出したデータ処理システムのうちで最も速く効率が良い。参加したい人は誰でも歓迎される。直接ではなくても、銀行や年金基金を通じてでも参加できる。株式取引は世界経済を動かし、地球上で起こること、さらには地球外で起こることさえも、すべて考慮に入れる。成功裡《せいこうり》に終わった科学実験、日本の政治スキャンダル、アイスランドでの火山爆発、それに太陽表面での変則的な活動にさえ株価は影響される。システムが円滑に稼働するためには、できるだけ多くの情報ができるだけ自由に流れる必要がある。世界中の何百万もの人が有意義な情報のすべてにアクセスすれば、石油やヒュンダイの株やスウェーデン政府公債の最も適正な価格が、彼らの売買によって決まる。「ニューヨーク・タイムズ」紙の見出しが大多数の株価に与える影響を株式市場が見極めるのに必要な取引時間は、わずか一五分と推定されている。(3)

データ処理の観点から考えてみれば、資本主義者がより低い税金を支持する理由も説明できる。税金が高いというのは、利用可能な資本のかなりの部分が一か所、つまり国庫に集まり、結果としてますます多くの決定が単一の処理者、すなわち政府によってなされざるをえないことを意味する。これによって過度に中央集権化されたデータ処理システムができ上がる。極端な場合、税金が高過ぎてほぼすべての資本が政府の手元に集まり、政府が単独ですべての采配を振ることになる。パンの価格も、ベーカリーの場所も、研究開発の予算も、政府が指図するのだ。自由市場では、ある処理者が判断を誤ったら、ほかの処理者がすぐにその間違いに乗ずるだろう。ところが単一の処理者がほぼすべての決定を下す場合には、ミスを犯せば大惨事になりうる。

中央の単一の処理者がすべてのデータを処理し、あらゆる決定を下す、この極端な状況を共産主義と呼ぶ。共産主義経済では、人々は能力に応じて働き、必要に応じて受け取る建前になっている。言い換えれば、政府はあなたの利益をそっくり取り上げ、あなたに必要なものを判断し、それを供給する。この制度を極端な形で実現した国はいまだないものの、ソ連やその衛星国は可能なかぎりそれに近づいた。これらの国々は、分散型データ処理の原理を捨て、集中型データ処理のモデルに切り替えた。ソ連全土から集まってくる情報はすべてモスクワにある一つの場所に流れ込み、重要な決定はすべてそこで下された。生産者と消費者は直接やりとりできず、政府の命令に従うしかなかった。

たとえば、ソ連の経済担当機関は次のように決めたかもしれない。どの店でもパンの価格はきっかり二ルーブル四コペイカ。オデッサ地方のあるコルホーズ（集団農場）は小麦栽培から養鶏に切り替える。モスクワの「赤い一〇月」ベーカリーでは一日にパンを三五〇万個製造し、一個でもそれを上回ることは許されない。一方、ソ連の科学担当機関は、自国のバイオテクノロジー研究所のすべてに、トロフィム・ルイセンコが提唱する理論を採用させた。レーニン記念全ソ農業科学アカデミーの総裁で、悪名高いルイセンコは、当時支配的だった遺伝理論を否定した。生き物が生きている間に新しい形質を獲得すると、その性質は子孫に直接伝わりうると主張したのだ。この考え方はダーウィンの学説とは真っ向から対立するものだったが、共産主義の教育原理とはうまく嚙み合った。もし小麦を訓練して寒冷な天候に耐えられるようにしたなら、その子孫もまた寒さに耐えられることになる。そこでルイセンコは反革命的な小麦を何十億株もシベリアに送り、それらに再教育を施した。その結果、ソ連はほどなくアメリカからしだいに多くの小麦粉を輸入する羽目になった。(4)

資本主義が共産主義を打ち負かしたのは、資本主義のほうが倫理的だったからでも、個人の自由が神聖だからでも、神が無信仰の共産主義者に腹を立てたからでもない。そうではなくて、資本主義が冷戦に勝ったのは、少なくともテクノロジーが加速度的に変化する時代には、分散型データ処理が集中型データ処理よりもうまくいくからだ。

図49　モスクワのソ連指導者たち。集中型データ処理。

共産党の中央委員会は、二〇世紀後期の急速に変化を遂げる世界にどうしても対処できなかったのだ。すべてのデータを一つの秘密の掩蔽壕に蓄積し、すべての重要な決定を高齢の共産党首脳陣が下すのであれば、大量の核爆弾は製造できても、アップルやウィキペディアは作れない。

次のような話がある（おそらくは作り話だろう。面白い話はたいていそうだ）。ミハイル・ゴルバチョフは、瀕死のソ連経済を再生させようとするにあたり、側近の一人をロンドンに派遣し、サッチャリズムとはいったい何か、資本主義体制は実際にはどのように機能するのかを探らせた。イギリス側の案内人はソ連からの訪問者を連れ、商業と金融の中心地であるシティや、ロンドン証券取引所、ロンドン・スクール・オブ・エコノミクスを巡った。そこでその側近は、銀行の支店長や起業家や教授たちと長々と会談した。何時間もの話し合いの後、ソ連から来たこの専門家はだしぬけに次のように述べた。「申し訳ないですが、ちょっと待っていただきたい。こんなややこしい経済理論はすべて脇に置いておきましょう。我々は今日、まる一日かけてロンドンのあちこちを巡りました。それで、一つ理解できないことがあります。モスクワでは、我が国切っての俊英たちがパンの供給体制の運営に取り組んでいます。それでもどのベーカリーにも食料品店にも恐ろしく長い列ができます。ここロンドンには何百万もの人が暮らしていますが、今日、多くの店やスーパーマーケットの前を通ってきたのに、パンを待つ行列は一つとして見かけませんでした。ロンドンへのパン供給を担当されている方に会わせてくださいませんか。極意をお聞きせねばなりません」。案内人は頭を掻き、少し考えてから、こう応じた。「ロンドンへのパン供給の担当者などおりません」

それが資本主義の成功の秘訣だ。ロンドンのパンの供給に関するデータをすべて独占するような中央処理装置はない。情報は何百万もの消費者と生産者、パン職人と大物実業家、農民と科学者の間を自由に流れる。市場の力によって、パンの価格、毎日焼くパンの数量、研究開発の優先順位が決まる。市場の力は、判断を誤った場合、す

図50　ニューヨーク証券取引所での日々の騒々しい取引。分散型データ処理。

ぐに自己修正する。いや、資本主義者はそう信じている。この資本主義の理論が正しいかどうかは、私たちの目下の論点にとって問題ではない。重要なのは、その理論が経済をデータ処理という観点で捉えていることだ。

権力はみな、どこへ行ったのか？

政治学者たちも、人間の政治制度をしだいにデータ処理システムとして解釈するようになってきている。資本主義や共産主義と同じで、民主主義と独裁制も本質的には、競合する情報収集・分析メカニズムだ。独裁制は集中処理の方法を使い、一方、民主主義は分散処理を好む。過去数十年のうちに、民主主義が優位に立った。二〇世紀後期に特有の状況の下では、分散処理のほうがうまく機能したからだ。古代ローマ帝国で一般的だったもののような、別の状況の下では、集中処理のほうが優った。そのために、共和制ローマは滅び、権力は元老院と市民集会のもとを離れ、単一の独裁的な皇帝の手へと渡ったのだ。

これは、二一世紀に再びデータ処理の条件が変化するにつれ、民主主義が衰退し、消滅さえするかもしれないことを意味している。データの量と速度が増すとともに、選挙や政党や議会のような従来の制度は廃れるかもしれない。それらが非倫理的だからではなく、データを効率的に処理できないからだ。このような制度は政治がテクノロジーよりも速く進む時代に発展した。一九世紀と二〇世紀には、産業革命がゆっくりと進展したので、政治家と有権者はつねに一歩先行し、テクノロジーのたどる道筋を統制し、操作することができた。ところが、政治の動きが蒸気機関の時代からあまり変わっていないのに対して、テクノロジーはギアをファーストからトップに切り替えた。今やテクノロジーの革命は政治のプロセスよりも速く進むので、議員も有権者もそれを制御できなくなっている。

インターネットの台頭からは、将来の世界がうかがえる。今ではサイバースペースは私たちの日常生活や経済やセキュリティにとってきわめて重要だ。それなのに、いくつかのウェブの設計から一つを選ぶという重大な選択は、それが主権や国境、プライバシー、セキュリティのような従来の政治的な問題に関連しているにもかかわらず、民主的な政治プロセスを通して行なわれなかった。あなたはサイバースペースの形態について投票などしただろうか？　ウェブの設計者たちが人々の目の届かない所で決定を下したため、今日インターネットは自由で無法のゾーンであり、国家の主権を損ない、国境を無視し、プライバシーを無効にし、ことによると最も恐るべき世界的なセキュリティのリスクとなっている。サイバースペースでの大規模なテロは一〇年前にはまったく警戒の対象になっていなかったが、今日、ヒステリックな役人はサイバースペース版の九・一一が差し迫っていると予測している。

そのため、政府とNGOはインターネットの再構築について熱のこもった議論をしているが、初めから構築に介入するよりも、既存のシステムを変更するほうがずっと難しい。そのうえ、手際の悪い政府官僚が重い腰を上げてサイバースペースの規制に乗り出すまでに、インターネットは一〇回は形を変えているだろう。政府というカメはテクノロジーというウサギに追いつけない。政府はデータを持て余している。アメリカのNSA（国家安全保障局）は私たちの会話や文書をすべて監視しているかもしれないが、この国の外交政策が繰り返し失敗していることから判断すると、ワシントンにいる人は集めた厖大なデータをどうすればいいのかわかっていないようだ。世界で何が起こっているかを一政府がこれほどよく知っていたことは歴史上かつてないが、それでも、現代のアメリカほどしくじりを重ねた帝国はほとんどない。アメリカは、相手がどんなカードを持っているかを知っているのに負けてばかりいる、間抜けなポーカープレイヤーのようなものだ。

私たちは今後の数十年に、インターネットのような革命をいくつも目にするだろう。そのような革命では、テクノロジーが政治を出し抜く。AIとバイオテクノロジーは間もなく私たちの社会と経済を――そして体と心も――すっかり変えるかもしれないが、両者は現在の政治のレーダーにはほとんど捕捉されていない。今日の民主主義の構造では、肝心なデータの収集と処理が間に合わず、たいていの有権者は適切な意見を持つほど生物学や人工頭脳学を理解していない。したがって、従来の民主主義政治はさまざまな出来事を制御できなくなりつつあり、将来の有意義なビジョンを私たちに示すことができないでいる。

一般の有権者は、民主主義のメカニズムはもう自分たちに権限を与えてくれないと感じ始めている。世界は至る所で変化しているが、彼らはなぜ、どのように変化しているかわかっていない。権力は彼らから離れていっているが、どこへ行ったのかは定かでない。イギリスでは、有権者は権力はEUに移ったかもしれないと思っているので、「ブレグジット（イギリスのEU離脱）」に賛成票を投ずる。アメリカでは有権者は既成の体制が権力をすべて独占していると思っているので、バーニー・サンダースやドナルド・トランプのような反体制の候補を支持する。だが、権力がみなどこへ行ったか誰にもわからないというのが、悲しい真実なのだ。イギリスがEUを離れても、トランプがホワイトハウスを引き継いでも、権力は一般の有権者のもとには絶対に戻らない。

だからといって私たちは、二〇世紀のもののような独裁制に立ち返るわけではない。独裁的な政権もやはり、テクノロジーの発展のペースや、データの流れの速度と量に圧倒されているようだ。二〇世紀には、独裁者は将来への壮大なビジョンを持っていた。共産主義者もファシストもともに、古い世界を完全に破壊してそこに新しい世界を建設しようとした。あなたがレーニンやヒトラーや毛沢東についてどう考えていようと、彼らにはビジョンがないと非難することはできない。今日、指導者にはより壮大なビジョンを追い求める機会があるようだ。共産主義者とナチスは蒸気機関とタイプライターの助けを借りて新しい社会と新しい人間を作ろうとしたが、今日の預言者はバイオテクノロジーとスーパーコンピューターを頼りにできる。

SF映画では、ヒトラーのような冷酷な政治家がそういった新しいテクノロジーにたちまち飛びつき、あれやこれやの誇大妄想的な政治の理想の実現に利用する。ところが二一世紀初頭、現実の世界の政治家は、ロシアやイランや北朝鮮のような独裁国家においてさえ、ハリウッド映画に登場するような人物とはまったく違う。彼らはどんな「素晴らしき新世界」の構想も練っていないようだ。金正恩やアリー・ハメネイも、原爆や弾道ミサイル以上のものには逆立ちしても思いが及ばない。まさに一九四五年止まりなのだ。プーチンの野心はもっぱら旧ソヴィエトブロック、あるいはさらに昔のロシア帝国を再構築することに限られているらしい。一方、アメリカでは被害妄想を抱く共和党員が、バラク・オバマをアメリカ社会の基盤を崩壊させる陰謀を企てている冷酷な独裁者だと非難したものの、オバマ大統領は八年間の在任中、小規模な医療改革法案をかろうじて通すことしかできなかった。新しい世界や新しい人間を創り出すことなど、彼の眼中にはまったくなかった。

今やテクノロジーは急速に進歩しており、議会も独裁者もとうてい処理が追いつかないデータに圧倒されている。まさにそのために、今日の政治家は一世紀前の先人よりもはるかに小さなスケールで物事を考えている。結果として、二一世紀初頭の政治は壮大なビジョンを失っている。政府はたんなる管理者になった。国を管理するが、もう導きはしない。政府は、教師の給与が遅れずに支払われ、下水道があふれないことを請け合うが、二〇年後に国がどうなるかは見当もつかない。

これは、見ようによってはとても良いことだ。二〇世紀の大きな政治的ビジョンのいくつかがアウシュヴィッツや広島や大躍進政策へとつながったことを考えると、私たちは狭量な官僚の管理下にあったほうがいいのかもしれない。神のようなテクノロジーと誇大妄想的な政治という取り合わせは、災難の処方箋となる。多くの新自由主義の経済学者や政治学者は、重要な決定はすべて自由市場の手に委ねるのが最善だと主張する。それによって政治家は、無為や無知であることの完璧な口実が得られ、無為と無知は深遠な知恵として再解釈される。政治家にとっては、理解する必要がないからこの世界を理解しないのだと思うのが好都合なのだ。

とはいえ、神のようなテクノロジーを近視眼的な政治と組み合わせることには悪い面もある。ビジョンの欠如がいつも恵みであるわけではなく、また、あらゆるビジョンが必ずしも悪いわけではない。二〇世紀に、陰惨なナチスのビジョンは自然に崩れたのではなかった。同じぐらい壮大な社会主義や自由主義のビジョンに打ち負かされたのだ。私たちの未来を市場の力に任せるのは危険だ。なぜならその力は、人類や世界にとって良いことでなく、市場にとって良いことをするからだ。市場の手は目に見えないだけでなく、盲目でもあるので、放っておくと、地球温暖化の脅威やＡＩの危険な潜在能力に関して何一つしないかもしれない。

それでもやはり、誰か管理している人物がいると思っている人もいる。民主主義の政治家でも独裁的な暴君でもなく、億万長者の小さなグループが密かに世界を動かしているというのだ。だが、そのような陰謀論はけっして成立しない。現在の体制の複雑さを過小評価しているからだ。どこかの秘密の部屋で葉巻を吸い、スコッチを飲む少数の億万長者には、この地球で起こっていることを一つ残らず理解できるはずがないし、まして制御できるはずもない。冷酷な億万長者や小さな利益団体が今日の混沌とした世界で成功しているのは、彼らには他の人よりも状況がよく読めるからではなく、彼らの狙いがごく限られているからだ。混沌としたシステムでは視野が狭いほうが有利に働くし、億万長者の権力は彼らの目標と厳密に釣り合っている。世界でも有数の富裕な実業家がさらに一〇億ドル儲けたいと思ったときには、そのために現在のシステムを容易に出し抜ける。それに対して、世界の不平等を是正したい、あるいは地球温暖化を止めたいと思ったら、彼らでさえできないだろう。現在のシステムがあまりにも複雑だからだ。

とはいえ、権力の空白状態はめったに長続きしない。二一世紀に、従来の政治の構造がデータを速く処理し切れなくて、もう有意義なビジョンを生み出せないのならば、新しくてもっと効率的な構造が発達してそれに取って代わるだろう。そのような新しい構造は、民主主義でも独裁制でもなく、以前の政治制度とはまったく異なるかもしれない。唯一の疑問は、そのような構造を構築して制御するのは誰か、だ。もはや人類がその任務を果たせないのなら、ひょっとすると誰か別の者に試させることになるかもしれない。

歴史を要約すれば

データ至上主義の視点に立つと、人類という種全体を単一のデータ処理システムとして解釈してもいいかもしれない。一人ひとりの人間はそのシステムのチップの役目を果たす。そう解釈すれば歴史全体を、以下の四つの基本的な方法を通してこのシステムの効率を高める過程として捉えることもできる。

1　**プロセッサーの数を増やす。**人口一〇万人の都市は人口一〇〇〇人の村より演算能力が高い。

2　**プロセッサーの種類を増やす。**異なるプロセッサーは異なる方法で計算し、データを分析するかもしれない。そのため、単一のシステムで数種のプロセッサーを使うと、システムのダイナミズムと創造力が増すことがある。農民と聖職者と医師の会話は、三人の狩猟採集民の会話からはけっして生まれないような斬新なアイデアを生み出しうる。

3　**プロセッサー間の接続数を増やす。**単にプロセッサーの数や種類を増やしても、相互の接続が乏しければほとんど意味がない。一〇都市を結ぶ交易ネットワークは、孤立した一〇の都市より、経済の面でも、テクノロジーの面でも、社会の面でもずっと多くの革新をもたらす可能性が高い。

4 **既存の接続に沿って動く自由を増やす。**プロセッサーを接続しても、データが自由に流れることができなければほとんど役に立たない。一〇都市間にただ道を通しても、追い剝ぎが出没したり、被害妄想を抱く専制君主が、商人や旅人に好きなように移動することを許さなかったりしたら、そうした道もたいして役には立たない。

これらの四つの方法は相容れないことがよくある。たとえば、プロセッサーの数と種類が増せば増すほど、それらを自由に接続するのが困難になる。したがって、サピエンスのデータ処理システムの構築は、それぞれ異なる方法に重点を置く、四つの主な段階を経てきた。

第一段階は認知革命とともに始まった。認知革命によって、厖大な数のサピエンスを結びつけて単一のデータ処理ネットワークにすることが可能になった。そのおかげで、サピエンスは他のすべての人類種や動物種より決定的に優位に立つことができた。一つのネットワークに結びつけられるネアンデルタール人、あるいはチンパンジー、ゾウの数はかなり限られているのに対して、サピエンスの数には限度がない。サピエンスはデータ処理における自らの優位性を利用して全世界を席巻した。ところが、異なる土地や気候帯に分散するにつれて互いにつながりを失い、さまざまな文化的変化を経験した。その結果、人類の文化は限りなく多様になり、それぞれが独自の生活様式や行動パターンや世界観を持つに至った。したがって、歴史の第一段階は、人間というプロセッサーの数と種類の増加を伴い、互いの結びつきを犠牲にした。二万年前には、七万年前よりずっと多くのサピエンスがいて、ヨーロッパのサピエンスは中国のサピエンスとは情報の処理の仕方が異なっていた。ところが、ヨーロッパのサピエンスと中国のサピエンスの間には何の結びつきもなく、すべてのサピエンスが将来、単一のデータ処理のウェブに加われるようになることなど、まったく不可能に見えただろう。

第二段階は農業革命とともに始まり、約五〇〇〇年前に書字と貨幣が発明されるまで続いた。農業のおかげで人口の増加が加速したため、人間というプロセッサーの数は急増した。同時に、農業により、ずっと多くの人が互いに近接して暮らせるようになり、それにしたがい、かつてないほどの数のプロセッサーを含む、高密な局地的ネットワークが生まれた。さらに、農業は、異なるネットワークどうしが交易したり意思を疎通させたりする新たな誘因や機会を生み出した。それにもかかわらず、この第二段階の間は、遠心的な力が優勢なままだった。書字と貨幣が発明されていなかったので、人間は都市も王国も帝国も樹立できなかった。人類はまだ無数の小さな部族に分かれており、それぞれが独自の生活様式や世界観を持っていた。全人類を統一することなど夢想だにできなかった。

第三段階は約五〇〇〇年前に書字と貨幣の発明とともに始まり、科学革命の始まりまで続いた。書字と貨幣のおかげで、人類による協力の重力場はついに遠心的な力に打ち勝った。人間の集団どうしが緊密に結びつき、一体化して都市や王国を建設した。異なる都市や王国の間の政治的結びつきと商業的な結びつきも強まった。少なくとも、貨幣制度や帝国や普遍的な宗教が出現した紀元前一〇〇〇年紀以来、人類は全世界を網羅するような単一のネットワークの構築を意識的に夢見るようになった。

この夢は、一四九二年ごろに始まった、歴史における最新の第四段階の間に実現した。近代前期の探検家や征服者や商人は、全世界を覆う最初の細い糸を張り巡らせた。近代後期にはこれらの糸はより強く、より濃密になり、コロンブスの時代のクモの巣は、二一世紀には鋼とアスファルトのネットワークになった。さらに重要なのは、このグローバルなネットワークの隅から隅まで、情報がますます自由に流れることができるようになった点だ。コロンブスがユーラシア大陸の網をアメリカ大陸の網に初めてつないだときは、文化的偏見や厳しい検閲や政治的弾圧といった大きな試練を受けながら、毎年ほんのわずかなデータがなんとか海を渡ったにすぎなかった。だが年月を経るうちに、自由市場や科学界、法の支配、民主主義の普及などが相まって、こうした障壁を消滅させるのを助けた。私たちは、民主主義と自由市場が勝利したのは、それらが「善い」からだと考えることが多い。じつは、それらが勝利したのは、グローバルなデータ処理システムを向上させたからだ。

こうして人類は過去七万年間に、まず拡散し、その後別々の集団に分かれ、最後に再び一体化した。とはいえ、この統一の過程が私たちを最初の状態へ連れ戻すことはなかった。さまざまな人間の集団が融合して今日の地球村になったとき、それぞれの集団はそれまで集め、発達させてきた独自の考えと道具と行動の遺産を持ち寄った。現代の私たちの食料庫は、中東が原産地である小麦やアンデス山系が原産地のジャガイモ、ニューギニアが原産地の砂糖、エチオピアが原産地のコーヒーなどで満杯だ。同様に、私たちの言語や宗教、音楽、政治には、地球全域の先祖伝来の財産があふれている。(5)

もし本当に人類が単一のデータ処理システムだとしたら、このシステムはいったい何を出力するのだろう？　データ至上主義者なら、その出力とは、「すべてのモノのインターネット」と呼ばれる、新しい、さらに効率的なデータ処理システムの創造だと言うだろう。この任務が達成されたなら、ホモ・サピエンスは消滅する。

情報は自由になりたがっている

資本主義同様、データ至上主義も中立的な科学理論として始まったが、今では物事の正邪を決めると公言する宗教へと変わりつつある。この新宗教が信奉する至高の価値は「情報の流れ」だ。もし生命が情報の動きで、私たちが生命は善いものだと考えるなら、私たちはこの世界における情報の流れを深め、拡げるべきであるということになる。データ至上主義によると、人間の経験は神聖ではないし、ホモ・サピエンスは、森羅万象の頂点でもなければ、いずれ登場するホモ・デウスの前身でもない。人間は「すべてのモノのインターネット」を創造するためのたんなる道具にすぎない。「すべてのモノのインターネット」はやがては地球という惑星から銀河系全体へ、そして宇宙全体にさえ拡がる。この宇宙データ処理システムは神のようなものになるだろう。至る所に存在し、あらゆるものを制御し、人類はそれと一体化する定めにある。

この概念は伝統的な宗教のビジョンをいくつか思い起こさせる。たとえばヒンドゥー教徒は、人間は宇宙の普遍的な魂（アートマン）と一体化できるし、また一体化するべきだと信じている。キリスト教徒は、聖人は死後、神の無限の恩寵で満たされる一方、罪人は神との関係を絶つと信じている。実際、シリコンヴァレーではデータ至上主義の預言者は、救世主を想起させる伝統的な言葉を意識的に使っている。たとえばレイ・カーツワイルの預言の著書のタイトル『シンギュラリティは近い――人類が生命を超越するとき［エッセンス版］』（NHK出版編、NHK出版、二〇一六年）は、「天の国は近づいた（「マタイによる福音書」第3章2節）」という洗礼者ヨハネの叫びを真似ている。

データ至上主義者は、依然として生身の人間を賛美している人々に、次のように説明する。彼らは時代後れのテクノロジーにこだわり過ぎている。ホモ・サピエンスは時代後れのアルゴリズムだ。つまるところ、人間はニワトリよりどこが優れているだろう？　それは、人間の中では情報がはるかに複雑なパターンで流れるということにすぎない。人間はニワトリよりも多くのデータを取り込み、より良いアルゴリズムを利用して処理する（これを日常的な言葉で言えば、人間はより深い情動とより高い知的能力を持っているとされているということだ。だが、最新の生物学の定説では、情動や知能はたんなるアルゴリズムにすぎないことを思い出してほしい）。それでは、もし人間よりさらに多くのデータを取り入れ、さらに効率的に処理できるデータ処理システムを創り出せたなら、そのシステムのほうが人間よりも優れていることになりはしないだろうか？　ニワトリより人間が優れているのとまさに同じように。

データ至上主義は根拠のない預言にとどまらない。あらゆる宗教と同じように、実際的な戒律を持っている。データ至上主義者は、何よりもまず、ますます多くの媒体と結びつき、ますます多くの情報を生み出し、消費することによって、データフローを最大化しなければならない。栄えている他の宗教のように、データ至上主義も宣教を行なう。第二の戒律は、接続されることを望まない異教徒も含め、すべてをデータフローのシステムにつなぐことだ。「すべて」とは人間に限らない。文字どおり、すべてを意味する。私たちの体はむろんのこと、通りを走る自動車、キッチンの冷蔵庫、鶏舎のニワトリ、密林の木々など、ありとあらゆるものが「すべてのモノのインターネット」に接続されるべきなのだ。冷蔵庫は棚の卵の数をモニターし、補充が必要になったら鶏舎に知らせるようになる。自動車は連絡を取り合い、密林の木々は天気や二酸化炭素濃度を報告する。この世界のどんな部分も生命の壮大なウェブから切り離されたままにしてはいけない。逆に、データフローを妨げるのは最大の罪となる。死とは、情報が流れない状態以外の何物だと言うのか？　したがってデータ至上主義は、情報の自由を何にも優る善として擁護する。

人々が完全に新しい価値を首尾良く思いつくことなどめったにない。それが最後に起こったのは一八世紀で、人間至上主義の革命が勃発し、人間の自由、平等、友愛という胸躍る理想が唱えられ始めた。一七八九年以降、おびただしい数の戦争や革命や大変動があったにもかかわらず、人間は新しい価値を何一つ思いつくことができずにきた。その後の紛争や闘争はすべて、人間至上主義者のこの三つの価値を掲げて、あるいは、神への服従や国家への忠誠といったさらに古い価値を掲げて行なわれてきた。一七八九年以降、紛れもなく新しい価値を生み出した動きはデータ至上主義が初めてであり、その新しい価値とは情報の自由だ。

私たちは、情報の自由と、昔ながらの自由主義の理想である表現の自由を混同してはならない。表現の自由は人間に与えられ、人間が好きなことを考えて言葉にする権利を保護した。これには、口を閉ざして自分の考えを人に言わない権利も含まれていた。それに対して、情報の自由は人間に与えられるのではない。情報に与えられるのだ。しかもこの新しい価値は、人間に与えられている従来の表現の自由を侵害するかもしれない。人間がデータを所有したりデータの移動を制限したりする権利よりも、情報が自由に拡がる権利を優先するからだ。

二〇一三年一月一一日、データ至上主義の最初の殉教者が出た。二六歳のアメリカ人ハッカー、アーロン・スワーツが自分のアパートで自殺したのだ。スワーツは他に類を見ない天才だった。一四歳できわめて重要なRSSプロトコル〔RSSとはウェブサイトの更新情報をまとめて配信するためのフォーマットのこと〕の開発に協力した。彼はまた、情報の自由を固く信じていた。二〇〇八年、彼は「ゲリラ・オープン・アクセス・マニフェスト」を発表し、その中で、自由で制約を受けない情報の流れを要求した。スワーツは次のように述べている。「我々は、情報がどこに保存されていようと、それを入手し、複製し、世界中の人々と共有する必要がある。著作権切れのものを入手してアーカイブに加える必要がある。非公開のデータベースを買ってウェブで公開する必要がある。科学雑誌をダウンロードしてファイル共有ネットワークにアップロードする必要がある。ゲリラ・オープン・アクセスのために戦わなければならないのだ」

スワーツは自分の言葉に忠実な人だった。電子図書館JSTORが顧客に課金していることに腹を立てるようになった。JSTORは何百万という学術論文や研究論文を保有し、科学者や科学雑誌の編集者の表現の自由を信じており、その自由には彼らの論文を読むための料金を請求する自由も含まれる、という姿勢をとっていた。JSTORによれば、もし私が自分の生み出したアイデアに対して支払いを受けたければ、支払ってもらうのは私の権利ということになる。スワーツの考えは違っていた。情報は自由になりたがっており、アイデアはそれを生み出した人の所有物ではなく、データを壁の奥にしまい込んで入場料を請求するのは間違っている、と彼は信じていた。そして、MITのコンピューターネットワークを利用してJSTORにアクセスし、大量の学術論文をダウンロードした。それをインターネット上で公開して誰でも自由に読めるようにするつもりだった。

スワーツは逮捕されて裁判にかけられた。そして、おそらく自分は有罪判決を受けて刑務所に送り込まれるだろうと悟ると、首を吊った。ハッカーたちがこれに反応した。情報の自由を侵害し、スワーツを追い詰めた学術機関や政府機関に対して陳情や攻撃を行なった。JSTORは重圧を受けて、スワーツの悲劇に加担したことを謝罪した。そして今日では、全部ではないが多くのデータに無料でアクセスできるようにしている。(6)

データ至上主義の宣教師たちは懐疑的な人を説得するために、情報の自由の計り知れない利点を繰り返し説明している。資本主義者が、良いことはすべて経済成長にかかっていると信じているのとちょうど同じで、データ至上主義者は、経済成長も含めて、良いことはすべて情報の自由にかかっていると信じている。なぜアメリカはソ連より速く成長したのか？　アメリカのほうが、情報が自由に流れたからだ。なぜアメリカ人のほうがイラン人やナイジェリア人より健康で裕福で幸せなのか？　情報の自由のおかげだ。だから、より良い世界を作り上げたいなら、そのカギはデータを自由にすることにある。

すでに見たとおり、グーグルは従来の保健機関より速く、感染症の新たな流行を見つけることができるが、それは私たちが、自分の生み出している情報にグーグルが自由にアクセスするのを許す場合に限られる。データが自由に流れれば、たとえば輸送システムの合理化によって、汚染や廃棄物を減らすこともできる。二〇一〇年、世界の自家用車の数は一〇億台を超え、以後も増え続けている。(7) これらの自動車はとりわけ、ますます広い道路や多くの駐車場を必要とするため、地球を汚染し、膨大な資源を浪費している。人々は自家用車での移動の便利さにすっかり慣れてしまったため、バスや電車では我慢できそうもない。ところが、人々が本当に求めているのは自家用車ではなく移動のしやすさであり、優秀なデータ処理システムならこの移動のしやすさをはるかに安くはるかに効率良く提供できることをデータ至上主義者は指摘する。

私は自家用車を持っているが、ほとんど駐車場に停めたままだ。普通の日には、八時四分に車に乗り込み、三〇分間運転して大学に行き、日中はそこに駐車しておく。午後六時一一分、車に戻って家まで三〇分間運転し、それで終わりだ。つまり私は、一日のうちたった一時間しか自分の車を使わない。残りの二三時間も、その車を維持する必要がなぜあるだろう？　コンピューターアルゴリズムで動かすスマート・カープール・システムを作ればいいではないか。コンピューターなら、私が八時四分に家を出なければならないことがわかり、いちばん近くにいる自動運転車を迎えによこして、時間ぴったりに私を拾わせるだろう。車は大学のキャンパスで私を降ろしたら、駐車場でじっと待つ代わりに、他の目的に使える。午後六時一一分ちょうどに私が大学の門を出ると、別の共同利用型の車がやって来て私の目の前に止まり、家まで送ってくれる。この方法なら、五〇〇〇万台の共同利用型の自動運転車が一〇億台の自家用車に取って代われるだろうし、道路や橋、トンネル、駐車場もはるかに少ししか必要なくなる。もちろんそれは、私が自分のプライバシーを放棄して、私がどこにいてどこに行きたいかを、アルゴリズムがつねに把握するのを許せばの話だが。

記録し、アップロードし、シェアしよう！

だが、ことによるとわざわざあなたを説得するまでもないのかもしれない。あなたが二〇歳前ならなおさらだ。人々はひたすらデータフローの一部になりたがっている。それがプライバシーや自律性や個性の放棄を意味するとしても、だ。人間至上主義の芸術は、個人の才能を神聖視する。だから、ピカソがナプキンに描いたいたずら書きが、サザビーズのオークションでとんでもない高値で売れる。人間至上主義の科学は個人の研究者を賛美し、どんな学者も自分の名前が「サイエンス」誌や「ネイチャー」誌に掲載される論文の執筆陣の先頭を飾ることを夢見る。だが最近は、みんなの不断の協力によって生み出される、芸術的創造物や科学的創作物が増え続けている。ウィキペディアを書いているのは誰か？　私たちみんなだ。

個人は、誰にもよくわからない巨大なシステムの中で、小さなチップになってきている。毎日私は、電子メールや電話や論説を通じて無数のデータを取り込み、そのデータを処理して、さらに多くのメールや電話や論説を通じて新しいデータを送り返している。私が世の中のより大きな仕組みのどこに組み込まれているのか、あるいは自分が生み出すデータが他の何十億という人間やコンピューターが生み出すデータとどう結びつくのか、実際にはよくわかっていない。私にはそれを解明する時間はない。すべての電子メールに返信するのにあまりにも忙しいからだ。そして、私がより多くのデータをより効率良く処理する、すなわち、もっと多くのメールに返信し、もっと電話をかけ、もっと論説を書くと、周囲の人にますます多くのデータが殺到することになる。

この容赦ないデータの流れは、誰も計画も制御も把握もしていない、新たな発明や混乱を引き起こす。グローバルな経済がどう機能しているか、グローバルな政治がどこに向かっているのか、誰にもわからない。だが、誰にも理解する必要はない。必要なのは、自分宛てのメールにもっと速く返信することだ。そして、データ処理システムがそれを読むのを許すことだ。自由市場資本主義者が市場の見えざる手の存在を信じているように、データ至上主義者はデータフローの見えざる手の存在を信じている。グローバルなデータ処理システムが全知全能になっていくと、このシステムにつながることがすべての意味の源になる。人はデータフローと一体化したがる。データフローの一部になれば、自分よりもはるかに大きいものの一部になるからだ。伝統的な宗教は次のように断言した。あなたの言動のいっさいは、宇宙の構想の一部であり、神はどんなときもあなたを見守り、あなたの思考や感情のすべてを気にかけている、と。今やデータ教は、次のように言う。あなたの言動のいっさいは大量のデータフローの一部で、アルゴリズムが絶えずあなたを見守り、あなたのすること、感じることすべてに関心を持っている、と。たいていの人はそれがとても気に入っている。熱狂的な信者にしてみれば、データフローと切り離されたら人生の意味そのものを失う恐れがある。何かをしたり味わったりしても、誰もそれを知らないとしたら、また、グローバルな情報交換に提供するものがないとしたら、何の意味があるだろう。

人間至上主義によれば、経験は私たちの中で起こっていて、私たちは起こることすべての意味を自分の中に見つけなければならず、それによって森羅万象に意味を持たせなければならないことになる。一方、データ至上主義者は、経験は共有されなければ無価値で、私たちは自分の中に意味を見出す必要はない、いや、じつは見出せないと信じている。私たちはただ、自らの経験を記録し、大量のデータフローにつなげさえすればいい。そうすればアルゴリズムがその意味を見出して、私たちにどうするべきかを教えてくれる。二〇年前、日本人旅行者は万人の笑い種《ぐさ》になっていた。いつもカメラを携えて目にしたものをすべて写真に撮っていたからだ。だが、今では誰もが同じことをしている。インドに行ってゾウを目にしたら、ゾウを眺めて、「私は何を感じているか?」と自問したりしない。スマートフォンを出してゾウの写真を撮り、フェイスブックに投稿し、その後は自分のアカウントを二分おきにチェックして「いいね！」をどれだけ獲得したかを見るのに忙しいからだ。自分しか読まない日記を書くのはこれまでの世代の人間至上主義者にとっては普通のことだったが、多くの現代の若者にはまるで意味がないことのように思える。他の人が誰も読めないようなものを書いて、何になるというのか? 新しいスローガンはこう訴える。「何かを経験したら、記録しよう。何かを記録したら、アップロードしよう。何かをアップロードしたら、シェアしよう」

私たちは本書を通して、人間を他の動物より優れた存在にしているものは何か、繰り返し問うてきた。データ至上主義には、新しい単純な答えがある。人間の経験それ自体は、オオカミやゾウの経験より少しも優れてなどいない。ある一ビットのデータの価値は別の一ビットのデータの価値と変わらない。とはいえ人間は、自分の経験を詩やブログに書いてネットに投稿し、それによってグローバルなデータ処理システムを豊かにできる。だからこそ人間のデータは価値を持つ。オオカミにはそれができない。したがって、オオカミの経験は、人間のものと同じぐらい深遠で複雑であったとしても、価値を持たない。私たちが自分の経験をデータに変換するのに忙しいのもうなずける。これは流行の問題ではない。生き延びられるかどうかの問題なのだ。私たちは自分自身やデータ処理システムに、自分にはまだ価値があることを証明しなければならない。そして価値は、経験することにあるのではなく、その経験を自由に流れるデータに変えることにある。

（ところで、オオカミ、あるいは少なくともオオカミの親戚の犬は、救いようがないわけではない。ノルディック・ソサエティ・フォー・インヴェンション・アンド・ディスカヴァリーという研究所が、犬の経験を読み取る「ノー・モア・ウーフ」というヘッドセットを開発している。このヘッドセットは、犬の脳波をモニターして、コンピューターアルゴリズムを使い、「僕は怒っている」といった単純な感情を人間の言葉に翻訳する(8)。あなたの犬もそのうちフェイスブックやツイッターに自分のアカウントを持つかもしれない。そして、ことによると「いいね！」やフォロワーをあなたよりたくさん獲得するかもしれない。）

汝自身を知れ

データ至上主義は、自由主義的でも人間至上主義的でもない。とはいえ、反人間至上主義的ではないことは特筆しておくべきだろう。データ至上主義は、人間の経験を敵視しているわけではない。人間の経験には本質的な価値はないと考えているだけだ。私たちは人間至上主義の三つの主な宗派を概観したときに、次のどれを聴く経験に最も価値があるか問うた。ベートーヴェンの交響曲第五番か、チャック・ベリーか、ピグミーの儀礼の歌か、発情期のオオカミの遠吠えか。データ至上主義者であれば、こう主張するだろう。音楽はそれが生み出す経験に照らしてではなく、それが持っているデータに照らして評価されるべきだから、そうした問いそのものが見当違いだ、と。そして、次のように説明するかもしれない。たとえば、交響曲第五番のほうが多くのコードや音階を使い、多様な音楽的表現方法を使った対話的なフレーズを生み出しているので、ピグミーの儀礼の歌よりもずっと多くのデータを持っている。その結果、交響曲第五番を解釈するにははるかに高度な演算能力が求められ、解釈をすることで得られる知識もずっと多い。

この見方によれば、音楽は数学的パターンということになる。どんな曲も、どんな曲どうしの関係も、数学で記述できる。したがってどんな交響曲や歌や遠吠えも、正確なデータ値を測定でき、どれが最も豊かであるかを判断できる。交響曲や歌や遠吠えが人間やオオカミの中に生み出す経験はあまり重要ではない。たしかに過去七万年ほどの間、人間の経験はこの世界で最も効率の良いデータ処理アルゴリズムであり続けてきた。だから人間の経験を神聖視するのは当然だった。ところが私たちは、このアルゴリズムがその座を奪われ、重荷にすらなる段階に間もなく達するかもしれない。サピエンスは何万年も前にアフリカのサバンナで進化したため、私たちのアルゴリズムは二一世紀のデータフローに対処するようには構築されていない。私たちは人間のデータ処理システムをアップグレードしようとするかもしれないが、それでは十分ではないだろう。「すべてのモノのインターネット」は、あまりにも大量で急速なデータフローをほどなく生み出すかもしれないので、アップグレードされた人間のアルゴリズムでさえ対処できないだろう。自動車が馬車に取って代わったとき、私たちは馬をアップグレードしたりせず、引退させた。ホモ・サピエンスについても同じことをする時が来ているのかもしれない。

データ至上主義は、人類に対して厳密に機能的なアプローチを採り、人間の経験の価値を、データ処理メカニズムにおける機能に即して評価する。もし同じ機能をもっとうまく果たすアルゴリズムが開発されれば、人間の経験はその価値を失うだろう。だから、もしタクシー運転手や医師だけでなく法律家や詩人や音楽家も優れたコンピュータープログラムに取り替えることができるなら、それらのプログラムが意識や主観的経験を持たないからといって気にする必要があるだろうか？　もし人間至上主義者の一部が、人間の経験の神聖さを称賛し始めたら、そのような感傷的な戯言《たわごと》を、データ至上主義者はこう言ってはねつけるだろう。「あなたが称えている経験は、時代後れの生化学的なアルゴリズムにすぎません。そのアルゴリズムは、七万年前のアフリカのサバンナでは最先端を行っていました。二〇世紀においてさえ、軍隊や経済にとって必要不可欠でした。しかし、間もなく私たちはずっと優れたアルゴリズムを手に入れるでしょう」

ハリウッドの多くのSF映画のクライマックス・シーンでは、人間がエイリアンの侵略宇宙船団や、反乱ロボットの大群や、人間を一掃しようとする全知のスーパーコンピューターに直面する。人類の前途は絶望的に見える。だが人類はこの苦境に屈することなく、最後の最後に、何かエイリアンやロボットやスーパーコンピューターには思いもよらず、理解もできないもののおかげで勝利する。その何かとは、愛だ。それまではやすやすとスーパーコンピューターに操られてきて、邪悪なロボットたちの弾丸を全身に浴びたヒーローが、恋人に奮い立たされて、まったく予想外の行動を取り、形勢を逆転させ、愕然としたスーパーコンピューターを倒す。データ至上主義は、そのような筋書きは完全に馬鹿げていると考え、ハリウッドの脚本家たちに忠告する。「まさか。考えつくことと言えばそれだけですか？　愛？　それもプラトニックな広大無辺の愛のようなものですらなく、一対の哺乳動物が肉体的に惹かれ合うことだけとは。全知のスーパーコンピューターや銀河系全体の征服をたくらむエイリアンが、急激なホルモン分泌に物も言えないほど驚いたりするなんて、あなたは本当に思っているのですか？」

データ至上主義は、人間の経験をデータのパターンと同等と見なすことによって、私たちの権威や意味の主要な源泉を切り崩し、一八世紀以来見られなかったような、途方もない規模の宗教革命の到来を告げる。ロックやヒュームやヴォルテールの時代に、人間至上主義者は「神は人間の想像力の産物だ」と主張した。今度はデータ至上主義が人間至上主義者に向かって同じようなことを言う。「そうです。神は人間の想像力の産物ですが、人間の想像力そのものは、生化学的なアルゴリズムの産物にすぎません」。一八世紀には、人間至上主義が世界観を神中心から人間中心に変えることで、神を主役から外した。二一世紀には、データ至上主義が世界観を人間中心からデータ中心に変えることで、人間を主役から外すかもしれない。

データ至上主義の革命には、一、二世紀とまでは言わないまでも、おそらく二、三〇年かかるだろう。だが、人間至上主義の革命も一夜にして起こったわけではない。最初は、人間は神を信じ続け、人間は神によって何かしらの聖なる目的のために創造されたので神聖だと主張していた。かなり後になってようやく、人間はそれ自体が本質的に神聖だ、神はどこにも存在しない、と思い切って言う人が出てきた。同様に、今日ほとんどのデータ至上主義者は、「すべてのモノのインターネット」は人間が人間の欲求に応えるために創出しているから神聖だと主張する。だがいずれ、「すべてのモノのインターネット」はそれ自体が本質的に神聖になるのかもしれない。

人間中心からデータ中心へという世界観の変化は、たんなる哲学的な革命ではなく、実際的な革命になるだろう。真に重要な革命はみな実際的だ。「人間が神を考え出した」という人間至上主義の発想が重要だったのは、広範囲に及ぶ実際的な意味合いを持っていたからだ。同様に、「生き物はアルゴリズムだ」というデータ至上主義者の発想が重要なのは、それが日常生活に与える実際的な影響のためだ。発想が世界を変えるのは、その発想が私たちの行動を変えるときに限られる。

古代のバビロンでは、人々は厄介なジレンマに直面すると、夜の暗闇の中で近くの神殿の上に登り、空を観察した。バビロニア人は、星が自分たちの運命を支配し、自分たちの未来を予言すると信じていた。バビロニア人は星を観察することで、結婚するかどうかや、畑を耕すかどうか、戦争を始めるかどうかを決めた。彼らの哲学的な信念は、とても実際的な手順に変換されていたのだ。

ユダヤ教やキリスト教のような聖典に基づく宗教は、別の物語を語った。「星は真実を語っていない。星を創造した神が、聖書の中にすべての真実を啓示した。だから星の観察はやめて、代わりに聖書を読むのだ！」これも実際的な提案だった。人々は、誰と結婚するべきか、どんな職業を選ぶべきか、戦争を始めるべきかどうかなどがわからないとき、聖書を読み、その教えに従った。

次に人間至上主義者がまったく新たな物語を引っ提げて登場した。「人間が神を考え出し、聖書を書き、多種多様に解釈した。だから人間自身があらゆる真実の源泉だ。聖書を、インスピレーションを与える人間の創造物として読んでもかまわないが、本当はそんなことをする必要はない。もしジレンマに直面したら、ただ自分自身に耳を傾け、内なる声に従おう」。人間至上主義は、夕日を眺めたり、ゲーテを読んだり、私的な日記をつけたり、良い友人と腹を割って話したり、民主的な選挙を行なったりといったテクニックを推奨し、どのように自分自身に耳を傾けるのか、詳細にわたる実際的な指示を与えた。

科学者も、何世紀にもわたってこうした人間至上主義の指針を受け容れてきた。物理学者も、結婚するべきかどうか迷ったとき、夕日を眺め、自分自身を知ろうとした。化学者も、問題含みの仕事の依頼を受けるかどうかを考えたときは、日記をつけたり良い友人と腹を割って話したりした。生物学者も、戦争を始めるべきか平和条約を結ぶべきか論争になったときは、民主的に票決した。脳科学者は、自らの驚くべき発見について本を書くとき、インスピレーションを与えるようなゲーテの引用を巻頭に載せることがしばしばあった。これは、現代における科学と人間至上主義の提携の基礎を成し、それが理性と情動や、研究所と美術館や、生産ラインとスーパーマーケットといった、現代の陽と陰の間の微妙なバランスを保ってきた。

科学者は、人間の感情を神聖視しただけでなく、その裏付けとして、進化上の素晴らしい理由を見つけた。ダーウィン以後、生物学者は、感情は進化によって磨きをかけられる複雑なアルゴリズムで、動物が正しい決定を下すのを助けるという説明をし始めた。私たちの愛情や恐れや情熱は、詩を創作することだけに役立つ不明瞭な霊的現象ではない。何百万年分もの実際的な知恵を内包しているのだ。あなたが聖書を読む場合は、古代エルサレムに暮らしていた数人の聖職者やラビからの助言を得ることになる。それに対して、自分の感情に耳を傾ける場合は、進化が何百万年にもわたって発達させ、この上なく厳しい自然選択の品質管理検査にも耐えたアルゴリズムに従う。あなたの感情は、無数の先祖の声だ。その先祖のそれぞれが、容赦のない環境でなんとか生き延び、子供を残した。あなたの感情はもちろん完全無欠ではないが、他の手引きの源泉のほとんどよりは優れている。何百万年にもわたって、感情は世界で最高のアルゴリズムだった。だから孔子やムハンマドやスターリンの時代には、人々は儒教やイスラム教や共産主義の教えよりも、自分たちの感情に耳を傾けるべきだった。

ところが二一世紀の今、もはや感情は世界で最高のアルゴリズムではない。私たちはかつてない演算能力と巨大なデータベースを利用する優れたアルゴリズムを開発している。グーグルとフェイスブックのアルゴリズムは、あなたがどのように感じているかを正確に知っているだけでなく、あなたに関して、あなたには思いもよらない他の無数の事柄も知っている。したがって、あなたは自分の感情に耳を傾けるのをやめて、代わりにこうした外部のアルゴリズムに耳を傾け始めるべきだ。一人ひとりが誰に投票するかだけでなく、ある人が民主党の候補者に投票し、別の人が共和党の候補者に投票するときに、その根底にある神経学的な理由もアルゴリズムが知っているのなら、民主的な選挙をすることにどんな意味があるのだろうか？　人間至上主義が「汝の感情に耳を傾けよ！」と命じたのに対して、データ至上主義は今や「アルゴリズムに耳を傾けよ！」と命令する。

あなたが、誰と結婚するべきかや、どんなキャリアを積むべきかや、戦争を始めるべきかどうかを真剣に考えるとき、データ至上主義は、高い山に登って波間に沈む夕日を眺めても完全な時間の無駄だと告げる。同様に、美術館を訪れたり、日記を書いたり、友人と腹を割って話したりするのも役に立たないだろう。そう、正しい決定を下すためには、自分自身をよりよく知るようにならなければいけない。だがもし二一世紀に自分自身を知りたいと思うなら、山に登ったり、美術館に行ったり、日記を書いたりするよりずっといい手段がある。以下にデータ至上主義の実際的な指針を挙げておく。

「自分は本当は誰なのかを知りたいんですか？」とデータ至上主義者が尋ねる。「それならば、山に登ったり美術館に行ったりする必要はありません。自分のDNA配列はもう調べてもらいましたか？　まだ⁉　何をぐずぐずしているんです？　今日、調べてもらってきてください。それから、祖父母と両親と兄弟姉妹にも、DNA配列を調べさせないと――彼らのデータは、あなたにとってとても貴重なんです。そうそう、血圧と心拍数を一日二四時間測定できる、ウェアラブル・バイオメトリック装置のことは聞いたことがありますか？　よかった。それなら一つ買って、装着して、自分のスマートフォンにつないでください。買い物のついでに携帯型の録音機能付きカメラも買って、あなたがすることをすべて記録して、インターネット上に掲示してくださ い。そして、グーグルとフェイスブックが、あなたのメールをすべて読んだり、チャットやメッセージをすべてモニターしたり、あなたが『いいね！』したものやクリックしたものをすべて記録したりするのを許可してください。こうしたことを全部すれば、『すべてのモノのインターネット』の偉大なアルゴリズムが、誰と結婚するべきか、どんなキャリアを積むべきか、そして戦争を始めるべきかどうかを、教えてくれるでしょう」

だが、こうした偉大なアルゴリズムはどこから生じるのだろうか？　これがデータ至上主義の謎だ。キリスト教によると、私たち人間は神と神の構想を理解できないというが、ちょうどそれと同じように、データ至上主義は、人間の頭では新しい支配者であるアルゴリズムをとうてい理解できないと断言する。むろん現在のところ、アルゴリズムの大半は人間の専門家によって書かれている。それでも、グーグルの検索アルゴリズムのような、真に重要なアルゴリズムは、巨大なチームによって開発されている。チームの各メンバーが理解しているのはパズルのほんの一部分で、アルゴリズム全体を本当に理解している人はいない。さらに、機械学習や人工ニューラルネットワークの台頭によって、ますます多くのアルゴリズムが独自に進化して、自らを改善し、自分のミスから学習している。そうしたアルゴリズムは人間ならばとても把握し切れないような天文学的な量のデータを分析し、パターンを認識することを学び、人間の頭には浮かばない方策を採用する。もとになるアルゴリズムは、初めは人間によって開発されるのかもしれないが、成長するにつれて自らの道を進み、人間がかつて行ったことのない場所にまで、さらには人間がついていけない場所にまで行くのだ。

データフローの中の小波《さざなみ》

データ至上主義にも当然、批判者や異端者がいる。第3章で見たように、生命が本当にデータフローに還元できるかどうかは疑わしい。とりわけ、現時点ではデータフローがなぜ、どのように意識と主観的経験を生み出しうるのかは皆目わからない。二〇年もすれば、うまく説明がつくのかもしれない。だが、生き物はけっきょくアルゴリズムではないことが判明するかもしれない。

生命現象とはつまるところ意思決定にすぎないということになるかどうかも、同様に疑わしい。データ至上主義の影響下で、生命科学も社会科学も、意思決定の過程の解明に躍起になって取り組んでいる。まるで意思決定が生命にとってすべてであるかのように。だが、果たしてそうだろうか？　感覚や情動や思考は、意思決定においてたしかに重要な役割を果たしているが、意思決定だけが、それらの唯一の意義なのだろうか？　データ至上主義は、意思決定過程についての理解をますます深めているが、生命についてしだいに偏った見方を採用しているのかもしれない。

データ至上主義の教義を批判的に考察することは、二一世紀最大の科学的課題であるだけでなく、最も火急の政治的・経済的プロジェクトにもなりそうだ。生命をデータ処理と意思決定として理解してしまうと、何か見落とすことになるのではないか、と生命科学者や社会科学者は自問するべきだ。この世界にはデータに還元できないものがあるのではないだろうか？　意識を持たないアルゴリズムが、既知のデータ処理課題のすべてにおいて、意識を持つ知能をいずれ凌ぐことができるとしよう。その場合、意識を持つ知能を、意識を持たない優れたアルゴリズムに取り替えることによって、失われるものがあるとしたらそれは何だろうか？

もちろん、たとえデータ至上主義が間違っていて、生き物がただのアルゴリズムではないとしても、データ至上主義が世界を乗っ取ることを必ずしも防げるわけではない。これまでの多くの宗教は、事実に関して不正確だったにもかかわらず、途方もない人気と力を得た。キリスト教と共産主義にそれができたのなら、データ至上主義にできないはずがあるだろうか？　データ至上主義にとって見通しはとりわけ明るい。なぜなら現在、データ至上主義は科学の全学問領域に広まりつつあるからだ。統一された科学的パラダイムが生まれれば、確固たる教義になるのはたやすいかもしれない。科学的パラダイムに異を唱えるのは難しいものだが、これまでのところ単一のパラダイムが科学界全体に採用されたことはない。だからこそ、一つの分野の学者は異端の説を外からつねに取り入れることができたのだ。だが、音楽学者から生物学者まで、すべての学者が同じデータ至上主義のパラダイムを使うとしたら、別の学問領域に踏み込んでもそのパラダイムをさらに強めるだけだろう。その結果、たとえそのパラダイムに欠点があっても、それに抗するのは困難を極めることになる。

データ至上主義が世界を征服することに成功したら、私たち人間はどうなるのか？　最初は、データ至上主義は人間至上主義に基づく健康と幸福と力の追求を加速させるだろう。人間至上主義のこうした願望の充足を約束することによって、データ至上主義は広まる。不死と至福と神のような創造の力とを得るためには、人間の脳の容量をはるかに超えた、途方もない量のデータを処理しなければならない。だから、アルゴリズムが私たちに代わってそれをしてくれる。ところが、人間からアルゴリズムへと権限がいったん移ってしまえば、人間至上主義のプロジェクトは意味を失うかもしれない。人間中心の世界観を捨てて、データ中心の世界観をいったん受け容れたなら、人間の健康や幸福の重要性は霞《かす》んでしまうかもしれないからだ。はるかに優れたモデルがすでに存在するのだから、旧式のデータ処理マシンなどどうでもいいではないか。私たちは健康と幸福と力を与えてくれることを願って「すべてのモノのインターネット」の構築に励んでいる。それなのに、「すべてのモノのインターネット」がうまく軌道に乗った暁には、人間はその構築者からチップへ、さらにはデータへと落ちぶれ、ついには急流に呑まれた土塊《つちくれ》のように、データの奔流に溶けて消えかねない。

そうなるとデータ至上主義は、ホモ・サピエンスが他のすべての動物にしてきたことを、ホモ・サピエンスに対してする恐れがある。歴史を通して、人間はグローバルなネットワークを創り出し、そのネットワーク内で果たす機能に応じてあらゆるものを評価してきた。何千年間もそうしているうちに、人間は高慢と偏見を募らせた。人間はそのネットワークの中で最も重要な機能を果たしていたので、ネットワークの功績を自分の手柄にして、自らを森羅万象の頂点と見なした。残りの動物たちが果たす機能は重要性の点ではるかに劣っていたので、彼らの生命と経験は過小評価され、何の機能も果たさなくなった動物は絶滅した。ところが、私たち人間が自らの機能の重要性をネットワークに譲り渡したときには、私たちはけっきょく森羅万象の頂点ではないことを思い知らされるだろう。そして、私たち自身が神聖視してきた基準によって、マンモスやヨウスコウカワイルカと同じ運命をたどる羽目になる。振り返って見れば、人類など広大無辺なデータフローの中の小波《さざなみ》にすぎなかったということになるだろう。

私たちには未来を本当に予測することはできない。なぜならテクノロジーは決定論的ではないからだ。同一のテクノロジーがまったく異なる種類の社会を創り出すこともありうる。たとえば、産業革命がもたらした列車や電気、ラジオ、電話といったテクノロジーを使って、共産主義独裁政権とファシスト政権と自由民主主義政権のどれを確立することもできた。韓国と北朝鮮を考えてみるといい。これまで両国はまったく同じテクノロジーを利用することができたが、それを非常に異なる方法で採用する道を選んできた。

AIとバイオテクノロジーの台頭は世界を確実に変容させるだろうが、単一の決定論的な結果が待ち受けているわけではない。本書で概説した筋書きはみな、予言ではなく可能性として捉えるべきだ。こうした可能性のなかに気に入らないものがあるなら、その可能性を実現させないように、ぜひ従来とは違う形で考えて行動してほしい。

とはいえ、新たな形で考えて行動するのは容易ではない。なぜなら私たちの思考や行動はたいてい、今日のイデオロギーや社会制度の制約を受けているからだ。本書では、その制約を緩め、私たちが行動を変え、人類の未来についてはるかに想像力に富んだ考え方ができるようになるために、今日私たちが受けている条件付けの源泉をたどってきた。単一の明確な筋書きを予測して私たちの視野を狭めるのではなく、地平を拡げ、ずっと幅広い、さまざまな選択肢に気づいてもらうことが本書の目的だ。繰り返し強調してきたように、二〇五〇年に求人市場や家族や生態系がどのようになっているのか、どの宗教や経済制度や政治構造が世界を支配しているのか、本当にわかっている人は誰もいないのだ。

もっとも、地平を拡げると、以前よりも困惑して活動が鈍り、逆効果になることもありうる。それほど多くの筋書きと可能性があるときに、私たちは何に注意を払うべきなのか？ 世界はかつてないほど急速に変化しており、とても手に負えない量のデータやアイデア、約束、脅威が、私たちに押し寄せている。人間は、自由市場や群衆の知恵や外部のアルゴリズムへと、権威を明け渡している。それは一つには私たちが、殺到するデータを処理できないからだ。過去には、検閲は情報の流れを遮断することで機能した。二一世紀には、どうでもいい情報を人々に多量にお見舞いすることで機能する。私たちは何に注意を払うべきかまったくわからずに、しばしば枝葉の問題を調べたり論じたりすることに時間を使ってしまう。古代には、力があるというのはデータにアクセスできることを意味した。今日では、力があるというのは何を無視するかを知っていることを意味する。では、私たちの混沌とした世界で起こっていることをすべて考えると、何に焦点を当てるべきだろうか？

何か月という単位で考えるのなら、中東の紛争やヨーロッパの難民危機や中国経済の減速といった、目の前の問題に焦点を当てるべきだろう。何十年の単位で考えるのなら、地球温暖化や不平等の拡大や求人市場の混乱が行く手に大きく立ちはだかる。ところが、生命という本当に壮大な視点で見ると、他のあらゆる問題や展開も、次の三つの相互に関連した動きの前に影が薄くなる。

1　科学は一つの包括的な教義に収斂《しゅうれん》しつつある。それは、生き物はアルゴリズムであり、生命はデータ処理であるという教義だ。

2　知能は意識から分離しつつある。

3　意識を持たないものの高度な知能を備えたアルゴリズムが間もなく、私たちが自分自身を知るよりもよく私たちのことを知るようになるかもしれない。

この三つの動きは、次の三つの重要な問いを提起する。本書を読み終わった後もずっと、それがみなさんの頭に残り続けることを願っている。

1 生き物は本当にアルゴリズムにすぎないのか？ そして、生命は本当にデータ処理にすぎないのか？

2 知能と意識のどちらのほうが価値があるのか？

3 意識は持たないものの高度な知能を備えたアルゴリズムが、私たちが自分自身を知るよりもよく私たちのことを知るようになったとき、社会や政治や日常生活はどうなるのか？

謝辞

以下の人々と動物と機関に心から感謝したい。

ヴィパッサナー瞑想の技法を手ほどきしてくれた恩師サティア・ナラヤン・ゴエンカ（一九二四〜二〇一三）。この技法はこれまでずっと、私が現実をあるがままに見て取り、心とこの世界を前よりよく知るのに役立ってきた。過去一五年にわたってヴィパッサナー瞑想を実践することから得られた集中力と心の平穏と洞察力なしには、本書は書けなかっただろう。

この研究プロジェクトを資金面で支援してくれたイスラエル科学財団（助成金番号26／09）。

ヘブライ大学、とくに、私にとって学術面での本拠である、その歴史学部、そして、これまでに私と学んだ学生全員——諸君は、質問や回答や沈黙によってじつに多くを教えてくれた。

研究アシスタントのイダン・シェレル。チンパンジーであれ、ネアンデルタール人であれ、サイボーグであれ、彼は私が投げかけるありとあらゆるテーマを献身的に処理してくれた。そして、折に触れて手助けしてくれた、他の三人のアシスタント、ラム・リランとエヤル・ミレルとオムリ・シェフェル・ラヴィヴ。

本書に賭け、何年にもわたって尽きることのない情熱を傾け、支援を続けてくれた、本書の発行者である、イギリスのペンギン・ランダムハウスのミチャル・シャヴィット、そして、親身になって力を貸してくれたペンギン・ランダムハウスのエリー・スティール、スザンヌ・ディーン、ベサン・ジョーンズ、マリア・ガルバット゠ルチェロとその同僚たち。

原稿を見事に編集し、私の恥ずかしいミスが活字になるのを何か所となく防ぎ、キーボード上では「デリート」がおそらく最も重要なキーであることに気づかせてくれたデイヴィッド・ミルナー。

じつに効率的な広報活動を展開してくれた、ライオット・コミュニケーションズのプリーナ・ガドハー、ティ・ディン、リジャ・クレソワティ。

私を信じ、励まし、見識を提供してくれた、ニューヨークのハーパーコリンズの担当発行者ジョナサン・ジャオと同社の前担当発行者クレア・ワクテル。

可能性を認め、貴重なフィードバックと助言を提供してくれたシュムエル・ロズネルとエラン・ジーモラ。

必要不可欠な突破口を開くのを助けてくれたデボラ・ハリス。

念入りに原稿を読み、たっぷり手間と暇をかけて私の誤りを正し、私が別のさまざまな視点から物事を見られるようにしてくれた、アモス・アヴィサル、シロ・デバー、ティルツァ・アイゼンバーグ、ルーク・マシューズ、ラミ・ロソルズ、オーレン・シュリキ。

神を寛大に扱うように私を説得してくれたイガル・ボロチョフスキー。

見識を教示してくれ、エシュタオルの森をいっしょに散歩してくれたヨラム・ヨヴエル。

資本主義体制に関する私の理解を深めるのを助けてくれたオリ・カッツとジェイ・ポメランツ。

脳と心についての考えを聞かせてくれたカーメル・ワイズマンとホアキン・ケラーとアントワーヌ・マジエール。

種を蒔き、水をやってくれたベンヤミン・Z・ケダル。

長年にわたって温かい友情を差し伸べ、冷静な手引きをしてくれたディエゴ・オルシュタイン。

原稿の一部を読み、意見を述べてくれたエフード・アミール、シュキ・ブルック、ミリ・ウォルツェル、ガイ・ザスレイヴァキ、ミチャル・コーヘン、ヨシ・モーリー、アミール・スマカイ＝フィンク、サライ・アハロニ、アディ・エズラ。

　熱意がほとばしる泉であり、どっしりした岩のように安全な避難場所であったエイロナ・アリエル。

　金銭面で万事を抜かりなく処理してくれた義母で会計士のハンナ・ヤハヴ。

　私を支え、親密に接してくれた祖母のファニー、母のプニーナ、姉のリアットとエイナットをはじめとする親族や友人。

　本書で述べた主要な考えや説の一部に関して犬の視点を提供してくれた、チャンバとペンゴとチリ。

　そして今日すでに私の「すべてのモノのインターネット」として機能してくれている、配偶者でマネージャーのイツィク。

訳者あとがき

本書『ホモ・デウス――テクノロジーとサピエンスの未来』は、イスラエルの歴史学者ユヴァル・ノア・ハラリが『サピエンス全史――文明の構造と人類の幸福』に続いて、該博な知識とじつに多様な分野の知見を独創的に結集して著した *Homo Deus: A Brief History of Tomorrow* の全訳だ。ただし、前作同様、最初のヘブライ語版が刊行されてから著者が行なった改訂や、日本語版用の加筆・変更を反映してある。

全世界で八〇〇万部を超えるベストセラーとなっている前作では、主にサピエンス（著者は他の人類種と区別するために、現生人類であるホモ・サピエンスをしばしば「サピエンス」と呼ぶ）の来《こ》し方を顧みたのに対して、本作ではその行く末を見据える。『サピエンス全史』では、認知革命、農業革命、科学革命という三つの革命を重大な転機と位置づけ、虚構や幸福をはじめとする斬新な観点を持ち込みながら過去を振り返り、私たちが抱きがちな近視眼的歴史観や先入観や固定観念を揺るがせてくれた。そして最終章では未来に目を転じて、サピエンスの終焉と超人誕生の筋書き、及び、それに伴う問題を簡潔に提示した。それを受けた本作の重点は、その未来にある。サピエンスは自らをアップグレードし、神のような力を持つホモ・デウス(「デウス」は「神」の意)となることを目指すが、かえって墓穴を掘る結果になるというのが、著者が提示する一つの予測だ。人間が分をわきまえずに高みを目指したために災いを招くというシナリオからは、バベルの塔の話などが思い出されるが、本書はそれらとは決定的に違う。バベルの塔の話の類が(ほとんどの人にとって)寓話や非現実的なフィクションであることが多いのに対して、本書は歴史的な考察だ。そして、本書が秀逸なのは、大きな歴史の流れをしっかり踏まえて、何がどういう理由でその未来につながるのか、その過程がどのような意味を持つのかについて、俯瞰《ふかん》的・論理的で説得力ある説を明確に提示している点にある。

したがって本書は、ひたすら未来の予測を語るのではなく、まずは過去を見遣り、なぜ人間はホモ・デウスになること、すなわち不死と至福と神のような力の獲得(本書では、これを神性の獲得という概念に集約している)を必然的に目指す道をたどるのかという理由を解き明かす。第一の理由は、従来の課題を達成したことだ。古来、サピエンスは飢饉と疫病と戦争に悩まされてきたが、これらの問題は三つとも二一世紀初頭までにほぼ克服された。第二に、歴史は空白を許さず、サピエンスを待ち受けているのは「充足ではなくさらなる渇望」であり、「成功は野心を生」み、そこに「科学界の主流の動態《ダイナミクス》」と「資本主義経済の必要性」が加わると、新しい課題の追求が始まる。そして第三の理由が、過去三〇〇年にわたって世界を支配してきた人間至上主義《ヒューマニズム》だった。「人間至上主義は、ホモ・サピエンスの生命と幸福と力を神聖視する。不死と至福と神性を獲得しようとする試みは、人間至上主義者の積年の理想を突き詰めていった場合の、論理上必然の結論にすぎない」のだ。

著者はこの必然的経過をサピエンスの世界と宇宙論の変化というさらに大きな枠組みの中に位置づける。狩猟採集時代には、万物が原則として対等で、森羅万象がそれぞれ役割を果たしていた。このアニミズムの「オペラ」は、農業革命によって神と人間以外が脇へ押しやられ、有神論の人間と神の「対話劇」に変わり、さらには人間至上主義の科学革命を経て神が沈黙させられ、人間の「ワンマン・ショー」へと変化した。「太古の狩猟採集民は、たんなる動物の種の一つにすぎなかった。農耕民は自らを森羅万象の頂点と考えた。科学者たちは人間を神へとアップグレードするだろう」

その実現を可能にしうるのが科学とテクノロジーの進歩であり、『サピエンス全史』の最終章でも示されていた三つの道筋、すなわち自然選択の法則を打ち破り、生物学的に定められた限界を突破する、生物工学、サイボーグ工学、非有機的生命工学だ。その背景には二つの流れがある。一つは、生き物はアルゴリズムであり、生命はデータ処理であるという、あらゆる生物を網羅する考え方で、これは科学界の定説だという。もう一つは、意識というものの解明はいっこうに進まないとはいえ、知能を意識から分離し、ＡＩ（人工知能）の形で急速に発展させる動きだ。

ただし、科学は万能ではないことも著者は明示する。科学には、人間がどう行動するべきかを決めることができない。科学も含め、社会が機能するには倫理的判断や価値判断が欠かせず、そうした判断を下すためには、何らかの宗教あるいはイデオロギーが必要となる。そして著者は近代以降の歴史を、科学と特定の宗教（人間至上主義）が手を組み、「人間の経験が宇宙に意味を与える」と信じながら、力を手に入れていくプロセスと捉える。そして、神性の獲得もその延長線上にある。

さて、神性の獲得を目指すと、なぜサピエンスは終焉を迎えるのか？　ＡＩが進歩し、ほとんどの分野で人間に取って代わり、人間について、本人よりもよく知るようになれば、大多数の人は存在価値を失い、巨大な無用者階級を成し、人間の人生と経験は神聖であるという人間至上主義の信念が崩れる。一握りのエリート層は、自らをホモ・デウスにアップグレードし、無用者階級を支配したり切り捨てたりして生き残りを図るかもしれない。ところが、人間の心を制御したりデザインしたりできるようになれば、人間至上主義の拠り所が失われてしまう。なぜなら人間至上主義では、人間は心の奥底にある単一不変の自己が意味と権威の源泉のはずなのに、自分の心を好き勝手に作り変えられるなら、真の自己などというものは存在しえなくなるからだ。

今のところ、人間至上主義に取って代わるものとして最も有力なのは、人間ではなくデータをあらゆる意味と権威の源泉とするデータ至上主義だ、と著者は言う。データ至上主義の観点に立つと、人類全体を単一のデータ処理システムと見なし、歴史全体を、このシステムの効率を高める過程と捉えることができる。この効率化の極致が「すべてのモノのインターネット」だ。だが、大量で急速なデータフローには、人間をアップグレードしても対処できない。「人間はその構築者からチップへ、さらにはデータへと落ちぶれ、ついには急流に呑まれた土塊《つちくれ》のように、データの奔流に溶けて消えかねない」

著者は、サピエンスを理解するための第1部で動物について多くを語っている。「動物たちから始めなければ、人類の性質や未来について本格的に考察することはできない」し、「私たちも動物であることは動かし難い事実だ」からだ。そして、「人間と動物の関係は、超人と人間の未来の関係」やデータ至上主義と人間の関係にとって、「私たちの手元にある最良のモデルだから」でもある。そのモデルに従えば、こうなる。「自動車が馬車に取って代わったとき、私たちは馬をアップグレードしたりせず、引退させた。ホモ・サピエンスについても同じことをする時が来ているのかもしれない」

では、サピエンスの未来に希望はないのか？　断じて違う。著者は楽観はしていないが、絶望もしていない。絶望していたら、この作品を書いただろうか？ 本書には二つの希望が見える。まず、結びの問いかけを読めばわかるように、現在の科学の教義が正しくないと考える余地が残っている点だ。生き物はただのアルゴリズムではない可能性、生命はデータ処理だけではない可能性と、意識が知能よりも重要である可能性は今後も真剣に研究・検討していく価値がある。

そして、もう一つ。本書の予測が、予測のための予測ではなく、未来は変えられるという前提で思考や行動を促す提言である点だ。「この予測は、予言というよりも現在の選択肢を考察する方便という色合いが濃い。この考察によって私たちの選択が変わり、その結果、予測が外れたなら、考察した甲斐があったというものだ。予測を立てても、それで何一つ変えられないとしたら、どんな意味があるというのか」。「本書の随所に見られる予測は、今日私たちが直面しているジレンマを考察する試みと、未来を変えようという提案にすぎない」。「新しいテクノロジーの使用に関してある程度の選択肢があるからこそ、今何が起こっているのかを理解して、自ら決断を下し、今後の展開のなすがままになるのを避けるべきなのだ」。「本書で概説した筋書きはみな、予言ではなく可能性として捉えるべきだ。こうした可能性のなかに気に入らないものがあるなら、その可能性を実現させないように、ぜひ従来とは違う形で考えて行動してほしい」

　そして、この言葉の背後には、歴史を学ぶことの意義に関する確固たる信念があり、著者はそれを切々と訴えてくる。「歴史の研究は、私たちが通常なら考えない可能性に気づくように仕向けることを何にもまして目指している。歴史学者が過去を研究するのは、過去を繰り返すためではなく、過去から解放されるためなのだ」。「歴史を学ぶ目的は、私たちを押さえつける過去の手から逃れることにある。歴史を学べば、私たちはあちらへ、こちらへと顔を向け、祖先には想像できなかった可能性や祖先が私たちに想像してほしくなかった可能性に気づき始めることができる。私たちをここまで導いてきた偶然の出来事の連鎖を目にすれば、自分が抱いている考えや夢がどのように形を取ったかに気づき、違う考えや夢を抱けるようになる。歴史を学んでも、何を選ぶべきかはわからないだろうが、少なくとも、選択肢は増える」。「歴史を学ぶ最高の理由がここにある。すなわち、未来を予測するのではなく、過去から自らを解放し、他のさまざまな運命を想像するためだ。もちろん、それは全面的な自由ではない。私たちは過去に縛られることは避けられないが、少しでも自由があるほうが、まったく自由がないよりも優る」。これは歴史に限らず、何であれ学ぶとき、さらに言えば、何であれ、物事を見たり考えたりするときにも当てはまるのではないか？

「とはいえ、新たな形で考えて行動するのは容易ではない。なぜなら私たちの思考や行動はたいてい、今日のイデオロギーや社会制度の制約を受けているからだ。本書では、その制約を緩め、私たちが行動を変え、人類の未来についてはるかに想像力に富んだ考え方ができるようになるために、今日私たちが受けている条件付けの源泉をたどってきた。単一の明確な筋書きを予測して私たちの視野を狭めるのではなく、地平を拡げ、ずっと幅広い、さまざまな選択肢に気づいてもらうことが本書の目的だ」

最後に著者の主張のカギを握る「虚構（架空の事物や物語）」についても述べておきたい。著者はサピエンスがこれほど大きな力を獲得することを可能にした、サピエンスならではの能力として、前作でも本書でも、大勢が柔軟に協力する能力を挙げ、その能力は誰もが信じる虚構（共同主観的現実）に支えられているとしている。サピエンスの成功や繁栄に虚構は必要だが、虚構は客観的現実ではなく、物語は道具にすぎない。ところが、虚構は現実を変え、現実との違いをあやふやにし、サピエンスの目標を決め、サピエンスを利用する嫌いがある。

「私たちは二一世紀にはこれまでのどんな時代にも見られなかったほど強力な虚構と全体主義的な宗教を生み出すだろう。そうした宗教はバイオテクノロジーとコンピューターアルゴリズムの助けを借り、私たちの生活を絶え間なく支配するだけでなく、私たちの体や脳や心を形作ったり、天国も地獄も備わったバーチャル世界をそっくり創造したりすることもできるようになるだろう。したがって、虚構と現実、宗教と科学を区別するのはいよいよ難しくなるが、その能力はかつてないほど重要になる」

「二一世紀の間に、歴史学と生物学の境界は曖昧になるだろうが、それは歴史上の出来事に生物学的な説明が見つかるからではなく、むしろ、イデオロギー上の虚構がDNA鎖を書き換え、政治的関心や経済的関心が気候を再設計し、山や川から成る地理的空間がサイバースペースに取って代わられるからだろう。人間の虚構が遺伝子コードや電子コードに翻訳されるにつれて、共同主観的現実は客観的現実を呑み込み、生物学は歴史学と一体化する。そのため、二一世紀には虚構は気まぐれな小惑星や自然選択をも凌ぎ、地球上で最も強大な力となりかねない。したがって、もし自分たちの将来を知りたければ、ゲノムを解読したり、計算を行なったりするだけでは、とても十分とは言えない。私たちには、この世界に意味を与えている虚構を読み解くことも、絶対に必要なのだ」

読者のみなさんが、本書を楽しんでくださるとともに、何か新しい視点や考え方を見出してくださること、そして、著者のメッセージが伝わることを、訳者としては願うばかりだ。

今回もまた、本書に関する質問に毎回迅速かつ的確に答えてくださった著者に深く感謝したい。そして、編集を担当してくださった河出書房新社の九法崇さん、校正に当たってくださった方々、デザイナーの木庭貴信さんをはじめ、刊行までにお世話になった大勢の方々に、この場を借りて心からお礼を申し上げる。

二〇一八年七月

柴田裕之

文庫版のための訳者あとがき

「人間の愚かさをけっして過小評価してはならない」——著者のユヴァル・ノア・ハラリは、これまで数々の名言を口にしてきたが、なかでも私がとりわけ気に入っているのがこの警句（『21 Lessons』第11章より）だ。的を射ている上に、著者一流のひねりと皮肉が利いていて、しかも謙虚な著者のことだから、自戒の意味も込められていることと思われる。

それにしても、昨今はとみにこの愚かさを痛感させられる。本文と文庫版への序文にあるように、せっかく人類は飢饉と疫病と戦争に対処する力を獲得し、「歴史上最も協力的で平和な繁栄の時代を……楽しんでいた」のに、「その時代がこれほど真に短命に終わろうとは、私は最も悲観的な瞬間にさえ予期していなかった」と、著者ほどの賢人も認める始末になった。人類が次の課題に取りかかれるかに思えた矢先に、新型コロナウイルスのパンデミックが起こり、ロシアがウクライナに侵攻し、そのあおりで食糧危機、さらには飢饉まで起こりかねない状況に私たちは陥っている。しかも、これらはけっして天災ではない。著者の言葉を借りれば「弁解の余地のない人災」であり、「大人の振る舞いを見せる人が一人も見当たらない」せいとなる。つまり人間の愚かさのせいということだ。

かつてアフリカ大陸の一隅で捕食者を恐れてほそぼそと暮らしていた取るに足りない動物であるサピエンスが地球を支配するに至ったのは、多数の見知らぬ者どうしが協力し、柔軟に物事に対処する能力を身につけたからだ。ところが、その能力の成果を台無しにするためには、必ずしも大勢の人が協力する必要はない。一人あるいは少数の人間が愚かなことをすれば十分な場合もある。そして、かつてないほどテクノロジーが発達し、グローバル化が進んで、局地的現象の波紋が全世界に及びやすくなった近代以降には、愚かさの潜在的な影響力も格段に増した。核による相互確証破壊を持ち出すまでもなく、この非対称性に現代の深刻な危うさがある。

そしてこれが、単独あるいは少数の為政者に権力の集中する専制主義国家の大きな問題となりかねない。それに対して、権力の分散を図る民主主義国家は、効率は良くないかもしれないが、そうした危うさをある程度回避できる。もちろん、民主主義国家も盤石ではなく、たとえばコロナ対策は、けっして褒められたものではないし、日本の対応ぶりも例外でないことは周知のとおりだ。さらに、衆愚という言葉もある。イデオロギーのせいか、偽情報のせいかはともかく、感染を防ぐための施策に反対する傾向が強く、ワクチンの接種やいわゆる「三密」の回避やマスクの着用が積極的に行なわれていない国や地域のほうが、はるかに多くの犠牲者が出ているという。何万、何十万という、救えたはずの命が失われたのだとしたら、痛ましいかぎりだ。

このように、悲惨な点は多々あるが、ここ数年の展開の中には明るい材料も見つかる。コロナに関して言えば、科学と技術、関係者の協力により、短期間で「ウイルスの正体を突き止め、感染が拡がるのを防ぐ方法を見つけ出し、ワクチンを開発した」ことが挙げられる。ウクライナ侵攻に関しては、西側世界の国家間と国内で崩れかけていた信頼が多少なりとも息を吹き返し、結束が強まったことが一例だ。化石燃料（とくにロシアのような専制主義国家由来の化石燃料）に依存しない、持続可能で効率的で環境に優しいエネルギーの供給の実現に向けた努力にも弾みがついた（そのような動きを、著者はあるインタビューで「グリーン・マンハッタン計画」と呼んでいた）。

著者はロシアによるウクライナ侵攻が始まる直前の今年一月に「タイム」誌に寄稿した記事で、人類の将来を脅かす気候変動を抑えるための、ネットゼロ炭素経済の達成には、世界の年間ＧＤＰ総額の二パーセントを費やせばよく、政治家はそうした金額をあちらからこちらへと振り向ける能力に非常に長《た》けていると述べた。それだけの金額を本当に動かせるか、疑問に思う向きもあったようだが、侵攻開始後、ドイツは国防費をＧＤＰ比で二パーセント以上へと大幅に引き上げる方針を発表し、日本の首相も五月の日米首脳会談で「防衛費の相当な増額を確保する決意」を表明し、著者の言う能力が絵空事でないことを図らずも裏づけた――ただし、目的こそまったく違っていたが。

だが、ことによると最も明るい材料は、逆説的ではあるものの、人間の愚かさをあらためて思い知らされたことかもしれない。本書は、二一世紀の人類の課題にまつわるものだ。そして、一世紀は長い。二一世紀はまだ五分の一が過ぎたばかりだ。歴史の長大な流れの中に位置づければ、ここ数年の出来事は、その流れに現れた一瞬の淀《よど》みにすぎない可能性があるし、また、そうあってほしい。だとすれば、人類はいずれまた近年の挫折を乗り越え、前代未聞のテクノロジーを手に、未来に向かおうとしていることになる。そのとき、人間の愚かさを踏まえて本書が提起するさまざまな問題を考え、人類の次なる課題に思いを巡らし、進んでいければ、この作品は相変わらずじつに興味深い啓発的な読み物であるばかりか、最初に出版されたときよりもなおさら大きな重みと切実さを持つことになるだろう。

二〇二二年六月

柴田裕之

Louis H. Ederington and Jae Ha Lee, 'How Markets Process Information: News Releases and Volatility', *Journal of Finance* 48:4 (1993), 1161–91; Mark L. Mitchell and J. Harold Mulherin, 'The Impact of Public Information on the Stock Market', *Journal of Finance* 49:3 (1994): 923–50; Jean-Jacques Laffont and Eric S. Maskin, 'The Efficient Market Hypothesis and Insider Trading on the Stock Market', *Journal of Political Economy* 98:1 (1990), 70–93; Steven R. Salbu, 'Differentiated Perspectives on Insider Trading: The Effect of Paradigm Selection on Policy', *St John's Law Review* 66:2 (1992), 373–405.

4. Valery N. Soyfer, 'New Light on the Lysenko Era', *Nature* 339:6224 (1989), 415–20; Nils Roll-Hansen, 'Wishful Science: The Persistence of T. D. Lysenko's Agrobiology in the Politics of Science', *Osiris* 23:1 (2008), 166–88.
5. William H. McNeill and J. R. McNeill, *The Human Web: A Bird's-Eye View of World History* (New York: W. W. Norton, 2003).（『世界史――人類の結びつきと相互作用の歴史』ウィリアム・H・マクニール／ジョン・R・マクニール著、福岡洋一訳、楽工社、2015年）
6. Aaron Swartz, 'Guerilla Open Access Manifesto', July 2008, accessed 22 December 2014, https://ia700808.us.archive.org/17/items/GuerillaOpenAccessManifesto/Goamjuly2008.pdf; Sam Gustin, 'Aaron Swartz, Tech Prodigy and Internet Activist, Is Dead at 26', *Time*, 13 January 2013, accessed 22 December 2014, http://business.time.com/2013/01/13/tech-prodigy-and-internet-activist-aaron-swartz-commits-suicide; Todd Leopold, 'How Aaron Swartz Helped Build the Internet', CNN, 15 January 2013, 22 December 2014, http://edition.cnn.com/2013/01/15/tech/web/aaron-swartz-internet/; Declan McCullagh, 'Swartz Didn't Face Prison until Feds Took Over Case, Report Says', CNET, 25 January 2013, accessed 22 December 2014, http://news.cnet.com/8301-13578_3-57565927-38/swartz-didnt-face-prison-until-feds-took-over-case-report-says/.
7. John Sousanis, 'World Vehicle Population Tops 1 Billion Units', *Wardsauto*, 15 August 2011, accessed 3 December 2015, http://wardsauto.com/news-analysis/world-vehicle-population-tops-1-billion-units.
8. 'No More Woof', https://www.indiegogo.com/projects/no-more-woof.

Kelly Bulkeley, *Visions of the Night: Dreams, Religion and Psychology* (New York: State University of New York Press, 1999); Andreas Mavromatis, *Hypnagogia: The Unique State of Consciousness Between Wakefulness and Sleep* (London: Routledge, 1987); Brigitte Holzinger, Stephen LaBerge and Lynn Levitan, 'Psychophysiological Correlates of Lucid Dreaming', *American Psychological Association* 16:2 (2006): 88–95; Watanabe Tsuneo, 'Lucid Dreaming: Its Experimental Proof and Psychological Conditions', *Journal of International Society of Life Information Science* 21:1 (2003): 159–62; Victor I. Spoormaker and Jan van den Bout, 'Lucid Dreaming Treatment for Nightmares: A Pilot Study', *Psychotherapy and Psychosomatics* 75:6 (2006): 389–94.

第11章　データ教

1. たとえば以下を参照のこと。Kevin Kelly, *What Technology Wants* (New York: Viking Press, 2010).（『テクニウム——テクノロジーはどこへ向かうのか?』ケヴィン・ケリー著、服部桂訳、みすず書房、2014年）; César Hidalgo, *Why Information Grows: The Evolution of Order, From Atoms to Economies* (New York: Basic Books, 2015).（『情報と秩序——原子から経済までを動かす根本原理を求めて』セザー・ヒダルゴ著、千葉敏生訳、早川書房、2017年）; Howard Bloom, *Global Brain: The Evolution of Mass Mind from the Big Bang to the 21st Century* (Hoboken: Wiley, 2001); DuBravac, *Digital Destiny*.
2. Friedrich Hayek, 'The Use of Knowledge in Society,' *American Economic Review* 35:4 (1945): 519–30.
3. Kiyohiko G. Nishimura, *Imperfect Competition, Differential Information and the Macro-foundations of Macro-economy* (Oxford: Oxford University Press, 1992); Frank M. Machovec, *Perfect Competition and the Transformation of Economics* (London: Routledge, 2002); Frank V. Mastrianna, *Basic Economics*, 16th edn (Mason: South-Western, 2010), 78–89; Zhiwu Chen, 'Freedom of Information and the Economic Future of Hong Kong', *Hong Kong Centre for Economic Research* 74 (2003); Randall Morck, Bernard Yeung and Wayne Yu, 'The Information Content of Stock Markets: Why Do Emerging Markets Have Synchronous Stock Price Movements?', *Journal of Financial Economics* 58:1 (2000), 215–60;

'The Nature of Humpback Whale (*Megaptera novaeangliae*) Song', *Journal of Marine Animals and Their Ecology* 1:1 (2008), 22–31.

5. C. Bushdid et al., 'Human can Discriminate More than 1 Trillion Olfactory Stimuli', *Science* 343:6177 (2014), 1370–2; Peter A. Brennan and Frank Zufall, 'Pheromonal Communication in Vertebrates', *Nature* 444:7117 (2006), 308–15; Jianzhi Zhang and David M. Webb, 'Evolutionary Deterioration of the Vomeronasal Pheromone Transduction Pathway in Catarrhine Primates', *Proceedings of the National Academy of Sciences* 100:14 (2003), 8337–41; Bettina Beer, 'Smell, Person, Space and Memory', *Experiencing New Worlds,* ed. Jurg Wassmann and Kathrina Stockhaus (New York: Berghahn Books, 2007), 187–200; Niclas Burenhult and Majid Asifa, 'Olfaction in Aslian Ideology and Language', *Sense and Society* 6:1 (2011), 19–29; Constance Classen, David Howes and Anthony Synnott, *Aroma: The Cultural History of Smell* (London: Routledge, 1994).（『アローマ――匂いの文化史』コンスタンス・クラッセン／デイヴィッド・ハウズ／アンソニー・シノット著、時田正博訳、筑摩書房、1997年）; Amy Pei-jung Lee, 'Reduplication and Odor in Four Formosan Languages', *Language and Linguistics* 11:1 (2010): 99–126; Walter E. A. van Beek, 'The Dirty Smith: Smell as a Social Frontier among the Kapsiki/Higi of North Cameroon and North-Eastern Nigeria', *Africa* 62:1 (1992), 38–58; Ewelina Wnuk and Asifa Majid, 'Revisiting the Limits of Language: The Odor Lexicon of Maniq', *Cognition* 131 (2014), 125–38. ただし、人間の嗅覚の能力の衰退を、もっとずっと古い進化の過程と結びつける学者もいる。以下を参照のこと。Yoav Gilad et al., 'Human Specific Loss of Olfactory Receptor Genes', *Proceedings of the National Academy of Sciences* 100:6 (2003), 3324–7; Atushi Matsui, Yasuhiro Go and Yoshihito Niimura, 'Degeneration of Olfactory Receptor Gene Repertories in Primates: No Direct Link to Full Trichromatic Vision', *Molecular Biology and Evolution* 27:5 (2010), 1192–200.
6. Matthew Crawford, *The World Beyond Your Head: How to Flourish in an Age of Distraction* (London: Viking, 2015).
7. Turnbull and Solms, *The Brain and the Inner World*, 136–59.（『脳と心的世界――主観的経験のニューロサイエンスへの招待』マーク・ソームズ／オリヴァー・ターンブル著、平尾和之訳、星和書店、2007年）;

Developers', *Next Web*, 25 June 2014, accessed 22 December 2014, http://thenextweb.com/insider/2014/06/25/google-launches-google-fit-platform-preview-developers/.
31. Dormehl, *The Formula*, 72–80.
32. Wu Youyou, Michal Kosinski and David Stillwell, 'Computer-Based Personality Judgements Are More Accurate Than Those Made by Humans', *PNAS* 112:4 (2015), 1036–40.
33. 巫女と代理人と君主については、以下を参照のこと。Bostrom, *Superintelligence*.(『スーパーインテリジェンス——超絶 AI と人類の命運』ニック・ボストロム著、倉骨彰訳、日本経済新聞出版社、2017年)
34. https://www.waze.com/.
35. Dormehl, *The Formula*, 206.
36. World Bank, *World Development Indicators 2012* (Washington DC: World Bank, 2012), 72, http://data.worldbank.org/sites/default/files/wdi-2012–ebook.pdf.
37. Larry Elliott, 'Richest 62 People as Wealthy as Half of World's Population, Says Oxfam', *Guardian*, 18 January 2016, retrieved 9 February 2016, http://www.theguardian.com/business/2016/jan/18/richest-62-billionaires-wealthy-half-world-population-combined; Tami Luhby, 'The 62 Richest People Have As Much Wealth As Half the World', *CNN Money*, 18 January 2016, retrieved 9 February 2016, http://money.cnn.com/2016/01/17/news/economy/oxfam-wealth/.

第10章　意識の大海

1. Joseph Henrich, Steven J. Heine and Ara Norenzayan, 'The Weirdest People in the World', *Behavioral and Brain Sciences* 33 (2010), 61–135.
2. Benny Shanon, *Antipodes of the Mind: Charting the Phenomenology of the Ayahuasca Experience* (Oxford: Oxford University Press, 2002).
3. Thomas Nagel, 'What Is It Like to Be a Bat?', *Philosophical Review* 83:4 (1974), 435–50.
4. Michael J. Noad et al., 'Cultural Revolution in Whale Songs', *Nature* 408:6812 (2000), 537; Nina Eriksen et al., 'Cultural Change in the Songs of Humpback Whales (*Megaptera novaeangliae*) from Tonga', *Behaviour* 142:3 (2005), 305–28; E. C. M. Parsons, A. J. Wright and M. A. Gore,

html; Mark Scott, 'Novartis Joins with Google to Develop Contact Lens That Monitors Blood Sugar', *New York Times*, 15 July 2014, accessed 12 August 2015, http://www.nytimes.com/2014/07/16/business/international/novartis-joins-with-google-to-develop-contact-lens-to-monitor-blood-sugar.html?_r=0; Rachel Barclay, 'Google Scientists Create Contact Lens to Measure Blood Sugar Level in Tears', *Healthline*, 23 January 2014, accessed 12 August 2015, http://www.healthline.com/health-news/diabetes-google-develops-glucose-monitoring-contact-lens-012314.

25. 'Quantified Self', http://quantifiedself.com/; Dormehl, *The Formula*, 11–16.
26. Dormehl, *The Formula*, 91–5; 'Bedpost', http://bedposted.com.
27. Dormehl, *The Formula*, 53–9.
28. Angelina Jolie, 'My Medical Choice', *New York Times*, 14 May 2013, accessed 22 December 2014, http://www.nytimes.com/2013/05/14/opinion/my-medical-choice.html.
29. 'Google Flu Trends', http://www.google.org/flutrends/about/how.html; Jeremy Ginsberg et al., 'Detecting Influenza Epidemics Using Search Engine Query Data', *Nature*, 457:7232 (2008), 1012–14; Declan Butler, 'When Google Got Flu Wrong', *Nature*, 13 February 2013, accessed 22 December 2014, http://www.nature.com/news/when-google-got-flu-wrong-1.12413; Miguel Helft, 'Google Uses Searches to Track Flu's Spread', *New York Times*, 11 November 2008, accessed 22 December 2014, http://msl1.mit.edu/furdlog/docs/nytimes/2008–11–11_nytimes_google_influenza.pdf; Samanth Cook et al., 'Assessing Google Flu Trends Performance in the United States during the 2009 Influenza Virus A (H1N1) Pandemic', *PLOS ONE*, 19 August 2011, accessed 22 December 2014, http://www.plosone.org/article/info%3Adoi%2F 10.1371%2Fjournal.pone.0023610; Jeffrey Shaman et al., 'Real-Time Influenza Forecasts during the 2012–2013 Season', *Nature*, 23 April 2013, accessed 24 December 2014, http://www.nature.com/ncomms/2013/131203/ncomms3837/full/ncomms3837.html.
30. Alistair Barr, 'Google's New Moonshot Project: The Human Body', *Wall Street Journal*, 24 July 2014, accessed 22 December 2014, http://www.wsj.com/articles/google-to-collect-data-to-define-healthy-human-1406246214; Nick Summers, 'Google Announces Google Fit Platform Preview for

https://www.siliconrepublic.com/discovery/2014/05/15/im-afraid-i-cant-invest-in-that-dave-ai-appointed-to-vc-funding-board.
18. Steiner, *Automate This*, 89–101.（『アルゴリズムが世界を支配する』クリストファー・スタイナー著、永峯涼訳、角川 EPUB 選書、2013 年）; D. H. Cope, *Comes the Fiery Night: 2,000 Haiku by Man and Machine* (Santa Cruz: Create Space, 2011). 以下も参照のこと。Dormehl, *The Formula*, 174–80, 195–8, 200–2, 216–20; Steiner, *Automate This*, 75–89.（『アルゴリズムが世界を支配する』クリストファー・スタイナー著、永峯涼訳、角川 EPUB 選書、2013 年）
19. Carl Benedikt Frey and Michael A. Osborne, 'The Future of Employment: How Susceptible Are Jobs to Computerisation?', 17 September 2013, accessed 12 August 2015, http://www.oxfordmartin.ox.ac.uk/downloads/academic/The_Future_of_Employment.pdf.
20. E. Brynjolfsson and A. McAffee, *Race Against the Machine: How the Digital Revolution is Accelerating Innovation, Driving Productivity, and Irreversibly Transforming Employment and the Economy* (Lexington: Digital Frontier Press, 2011).（『機械との競争』エリック・ブリニョルフソン／アンドリュー・マカフィー著、村井章子訳、日経 BP 社、2013 年）
21. Nick Bostrom, *Superintelligence: Paths, Dangers, Strategies* (Oxford: Oxford University Press, 2014).（『スーパーインテリジェンス――超絶 AI と人類の命運』ニック・ボストロム著、倉骨彰訳、日本経済新聞出版社、2017 年）
22. Ido Efrati, 'Researchers Conducted a Successful Experiment with an "Artificial Pancreas" Connected to an iPhone' [in Hebrew], *Haaretz*, 17 June 2014, accessed 23 December 2014, http://www.haaretz.co.il/news/health/1.2350956. Moshe Phillip et al., 'Nocturnal Glucose Control with an Artificial Pancreas at a Diabetes Camp', *New England Journal of Medicine* 368:9 (2013), 824–33; 'Artificial Pancreas Controlled by iPhone Shows Promise in Diabetes Trial', *Today*, 17 June 2014, accessed 22 December 2014, http://www.todayonline.com/world/artificial-pancreas-controlled-iphone-shows-promise-diabetes-trial?singlepage=true.
23. Dormehl, *The Formula*, 7–16.
24. Martha Mendoza, 'Google Develops Contact Lens Glucose Monitor', Yahoo News, 17 January 2014, accessed 12 August 2015, http://news.yahoo.com/google-develops-contact-lens-glucose-monitor-000147894.

12. Steiner, *Automate This*, 178–82.（『アルゴリズムが世界を支配する』クリストファー・スタイナー著、永峯涼訳、角川 EPUB 選書、2013 年）; Dormehl, *The Formula*, 21–4; Shana Lebowitz, 'Every Time You Dial into These Call Centers, Your Personality Is Being Silently Assessed', *Business Insider*, 3 September 2015, retrieved 31 January 2016, http://www.businessinsider.com/how-mattersight-uses-personality-science-2015-9.
13. Rebecca Morelle, 'Google Machine Learns to Master Video Games', BBC, 25 February 2015, accessed 12 August 2015, http://www.bbc.com/news/science-environment-31623427; Elizabeth Lopatto, 'Google's AI Can Learn to Play Video Games', *The Verge*, 25 February 2015, accessed 12 August 2015, http://www.theverge.com/2015/2/25/8108399/google-ai-deepmind-video-games; Volodymyr Mnih et al., 'Human-Level Control through Deep Reinforcement Learning', *Nature*, 26 February 2015, accessed 12 August 2015, http://www.nature.com/nature/journal/v518/n7540/full/nature14236.html.
14. Michael Lewis, *Moneyball: The Art of Winning An Unfair Game* (New York: W. W. Norton, 2003).（『マネー・ボール』マイケル・ルイス著、中山宥訳、ハヤカワ文庫、2013 年）。ベネット・ミラーが監督し、ブラッド・ピットがビリー・ビーンを演じた 2011 年の映画『マネーボール』も参照のこと。
15. Frank Levy and Richard Murnane, *The New Division of Labor: How Computers are Creating the Next Job Market* (Princeton: Princeton University Press, 2004); Dormehl, *The Formula*, 225–6.
16. Tom Simonite, 'When Your Boss is an Uber Algorithm', *MIT Technology Review*, 1 December 2015, retrieved 4 February 2016, https://www.technologyreview.com/s/543946/when-your-boss-is-an-uber-algorithm/.
17. Simon Sharwood, 'Software "Appointed to Board" of Venture Capital Firm', *The Register*, 18 May 2014, accessed 12 August 2015, http://www.theregister.co.uk/2014/05/18/software_appointed_to_board_of_venture_capital_firm/; John Bates, 'I'm the Chairman of the Board', *Huffington Post*, 6 April 2014, accessed 12 August 2015, http://www.huffingtonpost.com/john-bates/im-the-chairman-of-the-bo_b_5440591.html; Colm Gorey, 'I'm Afraid I Can't Invest in That, Dave: AI Appointed to VC Funding Board', *Silicon Republic*, 15 May 2014, accessed 12 August 2015,

fMRI Brain Scan: A Better Lie Detector?', *Time*, 20 July 2009, accessed 22 December 2014, http://content.time.com/time/health/article/0,8599,1911546–2,00.html; Elena Rusconi and Timothy Mitchener-Nissen, 'Prospects of Functional Magnetic Resonance Imaging as Lie Detector', *Frontiers in Human Neuroscience* 7:54 (2013); Steiner, *Automate This*, 217.（『アルゴリズムが世界を支配する』クリストファー・スタイナー著、永峯涼訳、角川 EPUB 選書、2013 年）; Dormehl, *The Formula*, 229.

7. B. P. Woolf, *Building Intelligent Interactive Tutors: Student-centered Strategies for Revolutionizing E-learning* (Burlington: Morgan Kaufmann, 2010); Annie Murphy Paul, 'The Machines are Taking Over', *New York Times*, 14 September 2012, accessed 22 December 2014, http://www.nytimes.com/2012/09/16/magazine/how-computerized-tutors-are-learning-to-teach-humans.html?_r=0; P. J. Munoz-Merino, C. D. Kloos and M. Munoz-Organero, 'Enhancement of Student Learning Through the Use of a Hinting Computer e-Learning System and Comparison With Human Teachers', *IEEE Transactions on Education* 54:1 (2011), 164–7; *Mindojo*, accessed 14 July 2015, http://mindojo.com/.
8. Steiner, *Automate This*, 146–62.（『アルゴリズムが世界を支配する』クリストファー・スタイナー著、永峯涼訳、角川 EPUB 選書、2013 年）; Ian Steadman, 'IBM's Watson Is Better at Diagnosing Cancer than Human Doctors', *Wired*, 11 February 2013, accessed 22 December 2014, http://www.wired.co.uk/news/archive/2013–02/11/ibm-watson-medical-doctor; 'Watson Is Helping Doctors Fight Cancer', IBM, accessed 22 December 2014, http://www-03.ibm.com/innovation/us/watson/watson_in_healthcare.shtml; Vinod Khosla, 'Technology Will Replace 80 percent of What Doctors Do', *Fortune*, 4 December 2012, accessed 22 December 2014, http://tech.fortune.cnn.com/2012/12/04/technology-doctors-khosla; Ezra Klein, 'How Robots Will Replace Doctors', *Washington Post*, 10 January 2011, accessed 22 December 2014, http://www.washingtonpost.com/blogs/wonkblog/post/how-robots-will-replace-doctors/2011/08/25/gIQASA17AL_blog.html.
9. Tzezana, *The Guide to the Future*, 62–4.
10. Steiner, *Automate This*, 155.（『アルゴリズムが世界を支配する』クリストファー・スタイナー著、永峯涼訳、角川 EPUB 選書、2013 年）
11. http://www.mattersight.com.

upon Tyne: Cambridge Scholars Publishing, 2009), 193–218.
4. Matt Richtel and Conor Dougherty, 'Google's Driverless Cars Run Into Problem: Cars With Drivers', *New York Times*, 1 September 2015, accessed 2 September 2015, http://www.nytimes.com/2015/09/02/technology/personaltech/google-says-its-not-the-driverless-cars-fault-its-other-drivers.html?_r=1; Shawn DuBravac, *Digital Destiny: How the New Age of Data Will Transform the Way We Work, Live and Communicate* (Washington DC: Regnery Publishing, 2015), 127–56.
5. Bradley Hope, 'Lawsuit Against Exchanges Over "Unfair Advantage" for High-Frequency Traders Dismissed', *Wall Street Journal*, 29 April 2015, accessed 6 October 2015, http://www.wsj.com/articles/lawsuit-against-exchanges-over-unfair-advantage-for-high-frequency-traders-dismissed-1430326045; David Levine, 'High-Frequency Trading Machines Favored Over Humans by CME Group, Lawsuit Claims', *Huffington Post*, 26 June 2012, accessed 6 October 2015, http://www.huffingtonpost.com/2012/06/26/high-frequency-trading-lawsuit_n_1625648.html; Lu Wang, Whitney Kisling and Eric Lam, 'Fake Post Erasing $136 Billion Shows Markets Need Humans', *Bloomberg*, 23 April 2013, accessed 22 December 2014, http://www.bloomberg.com/news/2013–04–23/fake-report-erasing-136–billion-shows-market-s-fragility.html; Matthew Philips, 'How the Robots Lost: High-Frequency Trading's Rise and Fall', *Bloomberg Businessweek*, 6 June 2013, accessed 22 December 2014, http://www.businessweek.com/printer/articles/123468–how-the-robots-lost-high-frequency-tradings-rise-and-fall; Steiner, *Automate This*, 2–5, 11–52.（『アルゴリズムが世界を支配する』クリストファー・スタイナー著、永峯涼訳、角川EPUB選書、2013年）; Luke Dormehl, *The Formula: How Algorithms Solve All Our Problems – And Create More* (London: Penguin, 2014), 223.
6. Jordan Weissmann, 'iLawyer: What Happens when Computers Replace Attorneys?', *Atlantic*, 19 June 2012, accessed 22 December 2014, http://www.theatlantic.com/business/archive/2012/06/ilawyer-what-happens-when-computers-replace-attorneys/258688; John Markoff, 'Armies of Expensive Lawyers, Replaced by Cheaper Software', *New York Times*, 4 March 2011, accessed 22 December 2014, http://www.nytimes.com/2011/03/05/science/05legal.html?pagewanted=all&_r=0; Adi Narayan, 'The

One Year after the Birth', *Birth* 30:4 (2003), 248–54; Ulla Waldenström, 'Why Do Some Women Change Their Opinion about Childbirth over Time?', *Birth* 31:2 (2004), 102–7.
18. Gazzaniga, *Who's in Charge?*, ch. 3.（『〈わたし〉はどこにあるのか——ガザニガ脳科学講義』マイケル・S・ガザニガ著、藤井留美訳、紀伊國屋書店、2014 年）
19. Jorge Luis Borges, *Collected Fictions*, translated by Andrew Hurley (New York: Penguin Books, 1999), 308–9. スペイン語版は以下を参照のこと。Jorge Luis Borges, 'Un problema', in *Obras completas*, vol. 3 (Buenos Aires: Emece Editores, 1968–9), 29–30.
20. Mark Thompson, *The White War: Life and Death on the Italian Front, 1915-1919* (New York: Basic Books, 2009).

第 9 章　知能と意識の大いなる分離

1. F. M. Anderson, ed., *The Constitutions and Other Select Documents Illustrative of the History of France: 1789–1907*, 2nd edn (Minneapolis: H. W. Wilson, 1908), 184–5; Alan Forrest, 'L'armée de l'an II: la levée en masse et la création d'un mythe républicain', *Annales historiques de la Révolution francais* 335 (2004), 111–30.
2. Morris Edmund Spears, ed., *World War Issues and Ideals: Readings in Contemporary History and Literature* (Boston and New York: Ginn and Company, 1918), 242. 支持者と敵対者の両方に広く引用されている、近年の最も重要な研究は、民主主義国家の兵士のほうがよく戦うことを証明しようと試みている。Dan Reiter and Allan C. Stam, *Democracies at War* (Princeton: Princeton University Press, 2002).
3. Doris Stevens, *Jailed for Freedom* (New York: Boni and Liveright, 1920), 290. 以下も参照のこと。Susan R. Grayzel, *Women and the First World War* (Harlow: Longman, 2002), 101–6; Christine Bolt, *The Women's Movements in the United States and Britain from the 1790s to the 1920s* (Amherst: University of Massachusetts Press, 1993), 236–76; Birgitta Bader-Zaar, 'Women's Suffrage and War: World War I and Political Reform in a Comparative Perspective', in *Suffrage, Gender and Citizenship: International Perspectives on Parliamentary Reforms*, ed. Irma Sulkunen, Seija-Leena Nevala-Nurmi and Pirjo Markkola (Newcastle

10. Oliver Sacks, *The Man Who Mistook His Wife for a Hat* (London: Picador, 1985), 73–5.（『妻を帽子とまちがえた男』オリヴァー・サックス著、高見幸郎／金沢泰子訳、ハヤカワ文庫、2009 年）
11. Joseph E. LeDoux, Donald H. Wilson, Michael S. Gazzaniga, 'A Divided Mind: Observations on the Conscious Properties of the Separated Hemispheres', *Annals of Neurology* 2:5 (1977), 417–21. 以下も参照のこと。D. Galin, 'Implications for Psychiatry of Left and Right Cerebral Specialization: A Neurophysiological Context for Unconscious Processes', *Archives of General Psychiatry*, 31:4 (1974), 572–83; R. W. Sperry, M. S. Gazzaniga and J. E. Bogen, 'Interhemispheric relationships: The Neocortical Commisures: Syndromes of Hemisphere Disconnection', in *Handbook of Clinical Neurology*, ed. P. J. Vinken and G. W. Bruyn (Amsterdam: North Holland Publishing Co., 1969), vol. 4.
12. Michael S. Gazzaniga, *The Bisected Brain* (New York: Appleton-Century-Crofts, 1970); Gazzaniga, *Who's in Charge?*（『〈わたし〉はどこにあるのか——ガザニガ脳科学講義』マイケル・S・ガザニガ著、藤井留美訳、紀伊國屋書店、2014 年）; Carl Senior, Tamara Russell, and Michael S. Gazzaniga, *Methods in Mind* (Cambridge, MA: MIT Press, 2006); David Wolman, 'The Split Brain: A Tale of Two Halves', *Nature* 483 (14 March 2012): 260–3.
13. Galin, 'Implications for Psychiatry of Left and Right Cerebral Specialization', 573–4.
14. Sally P. Springer and Georg Deutsch, *Left Brain, Right Brain,* 3rd edn (New York: W. H. Freeman, 1989), 32–6.（『左の脳と右の脳』サリー・P・スプリンガー／ゲオルク・ドイチュ著、宮森孝史ほか訳、医学書院、1997 年）
15. Kahneman, *Thinking, Fast and Slow*, 377–410.（『ファスト & スロー——あなたの意思はどのように決まるか?』ダニエル・カーネマン著、村井章子訳、ハヤカワ文庫、2014 年）以下も参照。Gazzaniga, *Who's in Charge?*, ch. 3.（『〈わたし〉はどこにあるのか——ガザニガ脳科学講義』マイケル・S・ガザニガ著、藤井留美訳、紀伊國屋書店、2014 年）
16. Eran Chajut et al., 'In Pain Thou Shalt Bring Forth Children: The Peak-and-End Rule in Recall of Labor Pain', *Psychological Science* 25:12 (2014), 2266–71.
17. Ulla Waldenström, 'Women's Memory of Childbirth at Two Months and

4. http://fusion.net/story/204316/darpa-is-implanting-chips-in-soldiers-brains/; http://www.theverge.com/2014/5/28/5758018/darpa-teams-begin-work-on-tiny-brain-implant-to-treat-ptsd.
5. Smadar Reisfeld, 'Outside of the Cuckoo's Nest', *Haaretz*, 6 March 2015.
6. Dan Hurley, 'US Military Leads Quest for Futuristic Ways to Boost IQ', *Newsweek*, 5 March 2014, http://www.newsweek.com/2014/03/14/us-military-leads-quest-futuristic-ways-boost-iq-247945.html, accessed 9 January 2015; Human Effectiveness Directorate, http://www.wpafb.af.mil/afrl/rh/index.asp; R. Andy McKinley et al., 'Acceleration of Image Analyst Training with Transcranial Direct Current Stimulation', *Behavioral Neuroscience* 127:6 (2013): 936–46; Jeremy T. Nelson et al., 'Enhancing Vigilance in Operators with Prefrontal Cortex Transcranial Direct Current Stimulation (TDCS)', *NeuroImage* 85 (2014): 909–17; Melissa Scheldrup et al., 'Transcranial Direct Current Stimulation Facilities Cognitive Multi-Task Performance Differentially Depending on Anode Location and Subtask', *Frontiers in Human Neuroscience* 8 (2014); Oliver Burkeman, 'Can I Increase my Brain Power?', *Guardian*, 4 January 2014, http://www.theguardian.com/science/2014/jan/04/can-i-increase-my-brain-power, accessed 9 January 2016; Heather Kelly, 'Wearable Tech to Hack Your Brain', CNN, 23 October 2014, http://www.cnn.com/2014/10/22/tech/innovation/brain-stimulation-tech/, accessed 9 January 2016.
7. Sally Adee, 'Zap Your Brain into the Zone: Fast Track to Pure Focus', *New Scientist*, 6 February 2012, accessed 22 December 2014, http://www.newscientist.com/article/mg21328501.600–zap-your-brain-into-the-zone-fast-track-to-pure-focus.html. 以下も参照のこと。R. Douglas Fields, 'Amping Up Brain Function: Transcranial Stimulation Shows Promise in Speeding Up Learning', *Scientific American*, 25 November 2011, accessed 22 December 2014, http://www.scientificamerican.com/article/amping-up-brain-function.
8. Sally Adee, 'How Electrical Brain Stimulation Can Change the Way We Think', *The Week*, 30 March 2012, accessed 22 December 2014, http://theweek.com/article/index/226196/how-electrical-brain-stimulation-can-change-the-way-we-think/2.
9. E. Bianconi et al., 'An Estimation of the Number of Cells in the Human Body,' *Annals of Human Biology* 40:6 (2013): 463–71.

笠井亮平訳、白水社、2015年）
13. Mark Harrison, ed., *The Economics of World War II: Six Great Powers in International Comparison* (Cambridge: Cambridge University Press, 1998), 3–10; John Ellis, *World War II: A Statistical Survey* (New York: Facts on File, 1993); I. C. B. Dear, ed., *The Oxford Companion to the Second World War* (Oxford: Oxford University Press, 1995).
14. Donna Haraway, 'A Cyborg Manifesto: Science, Technology, and Socialist-Feminism in the Late Twentieth Century', in *Simians, Cyborgs and Women: The Reinvention of Nature*, ed. Donna Haraway (New York: Routledge, 1991), 149–81.（『猿と女とサイボーグ――自然の再発明』ダナ・ハラウェイ著、高橋さきの訳、青土社、2017年）

第8章　研究室の時限爆弾

1. 詳細な考察は以下を参照のこと。Michael S. Gazzaniga, *Who's in Charge?: Free Will and the Science of the Brain* (New York: Ecco, 2011).（『〈わたし〉はどこにあるのか――ガザニガ脳科学講義』マイケル・S・ガザニガ著、藤井留美訳、紀伊國屋書店、2014年）
2. Chun Siong Soon et al., 'Unconscious Determinants of Free Decisions in the Human Brain', *Nature Neuroscience* 11:5 (2008), 543–5. 以下も参照のこと。Daniel Wegner, *The Illusion of Conscious Will* (Cambridge, MA: MIT Press, 2002); Benjamin Libet, 'Unconscious Cerebral Initiative and the Role of Conscious Will in Voluntary Action', *Behavioral and Brain Sciences* 8 (1985), 529–66.
3. Sanjiv K. Talwar et al., 'Rat Navigation Guided by Remote Control', *Nature* 417:6884 (2002), 37–8; Ben Harder, 'Scientists "Drive" Rats by Remote Control', *National Geographic*, 1 May 2012, accessed 22 December 2014, http://news.nationalgeographic.com/news/2002/05/0501_020501_roborats.html; Tom Clarke, 'Here Come the Ratbots: Desire Drives Remote-Controlled Rodents', *Nature*, 2 May 2002, accessed 22 December 2014, http://www.nature.com/news/1998/020429/full/news020429-9.html; Duncan Graham-Rowe, '"Robo-rat" Controlled by Brain Electrodes', *New Scientist*, 1 May 2002, accessed 22 December 2014, http://www.newscientist.com/article/dn2237-roborat-controlled-by-brain-electrodes.html#.UwOPiNrNtkQ.

第7章　人間至上主義革命

1. Jean-Jacques Rousseau, *Émile, ou de l'éducation* (Paris, 1967), 348.（『エミール』ルソー著、今野一雄訳、岩波文庫、2007年）
2. 'Journalists Syndicate Says Charlie Hebdo Cartoons "Hurt Feelings", Washington Okays', *Egypt Independent*, 14 January 2015, accessed 12 August 2015, http://www.egyptindependent.com/news/journalists-syndicate-says-charlie-hebdo-cartoons-hurt-feelings-washington-okays.
3. Naomi Darom, 'Evolution on Steroids', *Haaretz*, 13 June 2014 .
4. Walter Horace Bruford, *The German Tradition of Self-Cultivation: 'Bildung' from Humboldt to Thomas Mann* (London, New York: Cambridge University Press, 1975), 24, 25.
5. 'All-Time 100 TV Shows: *Survivor*', *Time*, 6 September 2007, retrieved 12 August 2015, http://time.com/3103831/survivor/.
6. Phil Klay, *Redeployment* (London: Canongate, 2015), 170.（『一時帰還』フィル・クレイ著、上岡伸雄訳、岩波書店、2015年）
7. Yuval Noah Harari, *The Ultimate Experience: Battlefield Revelations and the Making of Modern War Culture, 1450–2000* (Houndmills: Palgrave Macmillan, 2008); Yuval Noah Harari, 'Armchairs, Coffee and Authority: Eye-witnesses and Flesh-witnesses Speak about War, 1100–2000', *Journal of Military History* 74:1 (January 2010), 53–78.
8. 'Angela Merkel Attacked over Crying Refugee Girl', BBC, 17 July 2015, accessed 12 August 2015, http://www.bbc.com/news/world-europe-33555619.
9. Laurence Housman, *War Letters of Fallen Englishmen* (Philadelphia: University of Pennsylvania State, 2002), 159.
10. Mark Bowden, *Black Hawk Down: The Story of Modern Warfare* (New York: New American Library, 2001), 301–2.（『ブラックホーク・ダウン――アメリカ最強特殊部隊の戦闘記録』マーク・ボウデン著、伏見威蕃訳、ハヤカワ文庫、2002年）
11. Adolf Hitler, *Mein Kampf*, trans. Ralph Manheim (Boston: Houghton Mifflin, 1943), 165.（『わが闘争』アドルフ・ヒトラー著、平野一郎／将積茂訳、角川文庫、2001年）
12. Evan Osnos, *Age of Ambition: Chasing Fortune, Truth and Faith in the New China* (London: Vintage, 2014), 95.（『ネオ・チャイナ――富、真実、心のよりどころを求める13億人の野望』エヴァン・オズノス著、

原　註

第6章　現代の契約

1. Gerald S. Wilkinson, 'The Social Organization of the Common Vampire Bat II', *Behavioral Ecology and Sociobiology* 17:2 (1985), 123–34; Gerald S. Wilkinson, 'Reciprocal Food Sharing in the Vampire Bat', *Nature* 308:5955 (1984), 181–4; Raul Flores Crespo et al., 'Foraging Behavior of the Common Vampire Bat Related to Moonlight', *Journal of Mammalogy* 53:2 (1972), 366–8.
2. Goh Chin Lian, 'Admin Service Pay: Pensions Removed, National Bonus to Replace GDP Bonus', *Straits Times*, 8 April 2013, retrieved 9 February 2016, http://www.straitstimes.com/singapore/admin-service-pay-pensions-removed-national-bonus-to-replace-gdp-bonus.
3. Edward Wong, 'In China, Breathing Becomes a Childhood Risk', *New York Times*, 22 April 2013, accessed 22 December 2014, http://www.nytimes.com/2013/04/23/world/asia/pollution-is-radically-changing-childhood-in-chinas-cities.html?pagewanted=all&_r=0; Barbara Demick, 'China Entrepreneurs Cash in on Air Pollution', *Los Angeles Times*, 2 February 2013, accessed 22 December 2014, http://articles.latimes.com/2013/feb/02/world/la-fg-china-pollution-20130203.
4. IPCC, *Climate Change 2014: Mitigation of Climate Change – Summery for Policymakers*, Ottmar Edenhofer et al., ed., (Cambridge and New York: Cambridge University Press, 2014), 6.
5. UNEP, *The Emissions Gap Report 2012* (Nairobi: UNEP, 2012); IEA, *Energy Policies of IEA Countries: The United States* (Paris: IEA, 2008).
6. 詳細な考察は以下を参照のこと。Ha-Joon Chang, *23 Things They Don't Tell You About Capitalism* (New York: Bloomsbury Press, 2010).（『世界経済を破綻させる23の嘘』ハジュン・チャン著、田村源二訳、徳間書店、2010年）

図版出典

図 26　Source: Emission Database for Global Atmospheric Research (EDGAR), European Commission.

図 27　© Bibliothèque nationale de France, RC-A-02764, *Grandes Chroniques de France* de Charles V, folio 12v.

図 28　© ullstein bild via Getty Images.

図 29　© Sadik Gulec/Shutterstock/RightSmith.

図 30　© Camerique/ClassicStock/Getty Images.

図 31　© Jeff J Mitchell/Getty Images.

図 32　© Molly Landreth/Getty Images.

図 33　© Bridgeman Images/ アフロ

図 34　© DeAgostini Picture Library/Scala, Florence.

図 35　© Bpk/Bayerische Staatsgemäldesammlungen.

図 36　Staatliche Kunstsammlungen, Neue Meister, Dresden, Germany © LessingImages.

図 37　Tom Lea, *That 2,000 Yard Stare*, 1944. Oil on canvas, 36"x28". LIFE Collection of Art WWII, U.S. Army Center of Military History, Ft. Belvoir, Virginia. © Courtesy of the Tom Lea Institute, El Paso, Texas.

図 38　© Bettmann/Getty Images.

図 39　© VLADGRIN/Shutterstock/RightSmith.

図 40　© UIG/Getty Images.

図 41　© Bettmann/Getty Images.

図 42　© Jeremy Sutton-Hibbert/Getty Images.

図 43　Left: © Fototeca Gilardi/Getty Images. Right: © alxpin/Getty Images.

図 44　© Sony Pictures Television.

図 45　© AFP＝時事

図 46　'EM spectrum'. Licensed under CC BY-SA 3.0 via Commons, https://commons.wikimedia.org/wiki/File:EM_spectrum.svg#/media/File:EM_spectrum.svg.

図 47　Courtesy of Bioacoustics Research Program at the Cornell Lab of Ornithology, Ithaca, NY, USA.

図 48　Illustration: the spectrum of consciousness.

図 49　© Bettmann/Getty Images.

図 50　© Jonathan Kirn/Getty Images.

【ヤ行】

【ラ行】

【ワ行】

【マ行】

【ハ行】

【タ行】

【サ行】

【カ行】

索　引

【数字・アルファベット】

【ア行】

ホモ・デウス 下
テクノロジーとサピエンスの未来《みらい》

二〇二二年 九 月三〇日 初版発行
二〇二五年 三 月三〇日 2刷発行

著 者 Y・N・ハラリ
訳 者 柴田《しばた》裕之《やすし》
発行者 小野寺優
発行所 株式会社河出書房新社
〒一六二-八五四四
東京都新宿区東五軒町二-一三
電話〇三-三四〇四-八六一一（編集）
〇三-三四〇四-一二〇一（営業）
https://www.kawade.co.jp/

ロゴ・表紙デザイン 粟津潔
本文フォーマット 佐々木暁
本文組版 株式会社キャップス
印刷・製本 中央精版印刷株式会社

Printed in Japan ISBN978-4-309-46759-7

21 Lessons

ユヴァル・ノア・ハラリ　柴田裕之〔訳〕　46745-0

私たちはどこにいるのか。そして、どう生きるべきか――。『サピエンス全史』『ホモ・デウス』で全世界に衝撃をあたえた新たなる知の巨人による、人類の「現在」を考えるための21の問い。待望の文庫化。

イヴの七人の娘たち

ブライアン・サイクス　大野晶子〔訳〕　46707-8

母系でのみ受け継がれるミトコンドリアＤＮＡを解読すると、国籍や人種を超えた人類の深い結びつきが示される。遺伝子研究でホモ・サピエンスの歴史の謎を解明し、私たちの世界観を覆す！

アダムの運命の息子たち

ブライアン・サイクス　大野晶子〔訳〕　46709-2

父系でのみ受け継がれるＹ染色体遺伝子の生存戦略が、世界の歴史を動かしてきた。地球生命の進化史を再検証し、人類の戦争や暴力の背景を解明。さらには、衝撃の未来予測まで語る！

人間はどこまで耐えられるのか

フランセス・アッシュクロフト　矢羽野薫〔訳〕　46303-2

死ぬか生きるかの極限状況を科学する！　どのくらい高く登れるか、どのくらい深く潜れるか、暑さと寒さ、速さなど、肉体的な「人間の限界」を著者自身も体を張って果敢に調べ抜いた驚異の生理学。

ヒーラ細胞の数奇な運命

レベッカ・スクルート　中里京子〔訳〕　46730-6

ある黒人女性から同意なく採取され、「不死化」したヒト細胞。医学に大きく貢献したにもかかわらず、彼女の存在は無視されてきた――。生命倫理や人種問題をめぐる衝撃のベストセラー・ノンフィクション。

生物はなぜ誕生したのか

ピーター・ウォード／ジョゼフ・カーシュヴィンク　梶山あゆみ〔訳〕　46717-7

生物は幾度もの大量絶滅を経験し、スノーボールアースや酸素濃度とい
た地球環境の劇的な変化に適応することで進化しつづけてきた。宇宙
学と地球生物学が解き明かす、まったく新しい生命の歴史！

著訳者名の後の数字はISBNコードです。頭に「978-4-309」を付け、お近くの書店にてご